KB093982

개정판

호텔·외식산업
주방관리실무론

김기영·전효진 공저

The Management
Cuisines in the
Kitchen

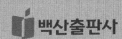
백산출판사

머리말

오늘날의 세계시장은 너무 빠르게 변하고 있다. 최근 국내기업은 시장경쟁력을 확보하기 위해 내부구조의 혁신적 변화를 추구함에도 불구하고 어려운 현실은 지속되고 있다. 일반 기업뿐만 아니라, 외식기업까지도 내·외적 환경변화의 영향에 매우 민감하게 반응을 보이고 있다. 이처럼 어려운 상황에서도 외식기업들의 성장배경에는 시설분위기의 새로운 연출, 다양한 정보와 서비스 제공, 대량 생산성의 개념보다는 고객우선주의의 질적 향상을 위한 지속적인 변화와 도전이 밑바탕이 되었다고 할 수 있다.

기업은 생산주체로서 능률적·효율적으로 기업목적을 달성하기 위하여 소비자의 필요와 욕구를 충족시킬 수 있는 상품이나 서비스를 제공함으로써 교환을 창출할 수 있게 된다. 기업활동의 가장 근본적 과제인 교환을 창출하기 위해서는 고객 지향적 개념을 개발·유지·실행해야 한다. 특히 호텔이나 외식기업은 소비자가 원하는 유형 및 무형적 상품인 서비스를 원활하게 제공함으로써 수익의 증대와 높은 기업성과를 가져올 수 있으며, 타 업체와의 경쟁적 우위를 가져올 수 있다.

특히 호텔이나 외식기업의 주방은 단지 수익발생의 원천부서이기 때문에 중요성을 안고 있는 것만은 아니다. 주방은 조리종사원의 작업공간 또는 생활공간으로서 질 높은 수준의 복지시설과 경제적 부가가치를 창출할 수 있는 조리작업장의 공간배치기준을 마련하는 것이 매우 중요하다.

현대적 감각의 주방개념은 '뒤편에 위치해야 한다'는 과거의 인식을 완전히 벗어나 고객과 매우 근접한 거리에 위치해야 하며, 관리방법 또한 고객과 항상 공감대를 이루는 과정에서 시행해야 한다는 개념이 도입되어야 한다.

주방관리는 조리를 위해 작업공간에서 활동하는 조리종사원이 관리의 주체임과 동시에 대상이 되어야 한다. 또한 종사원들의 조리작업 활동에 있어서 오랜 시간 동안 서서 일하는 특수한 공간임과 음식상품을 생산하는 기능적 시스템임을 감안한다면 피로와 스트레스를 덜 받을 수 있도록 적절한 선택기준에서 계획의 기초를 잡아야 한다.

조리작업 활동공간의 효율적 활용은 곧 조리장비와 조리사 간의 관계가 어떻게 형성되었느냐에 따라 매우 달라진다. 조리사들이 활동하기 편리하도록 장비를 배치하고 적정한 거리를 유지하면 단위면적당 생산량을 증가시킬 수 있으므로 결국 식음료 수익에 커다란 영향을 줄 수 있다.

본서에서는 호텔과 외식기업의 수익중심부서인 주방을 합리적·효율적으로 관리하기 위해 인적·물적·시설적 자원 및 서비스자원으로 한정시켰다.

호텔과 외식조리분야의 학문적 이론배경을 마련하기 위해 PART 1에서는 실무분야인 주방의 일반적 이론을 바탕으로 서술하였다. PART 2와 3은 실무에 직접 활용할 수 있도록 주방관리의 실무와 시설관리를 중점적으로 다루었으며, 특히 주방시설 관리와 배치기법 및 변화를 부분적으로 할애했다.

외식업체에서 생산의 핵심인 주방의 관리활동을 통해 호텔기업이나 외식기업을 경영하고 있는 분이나 중간관리자 및 창업을 준비하는 예비 창업자들뿐만 아니라 조리분야에 관심 있는 모든 분과 선후배 여러분들께 조금이나마 학문적으로 도움이 됐으면 하는 바람입니다. 어떤 일이든 실행 후에 뒤돌아보면 아쉬움이 많이 남듯이 저자 또한 그렇습니다. 여러 선생님들의 아낌없는 질책과 조언을 기다리고 있겠습니다.

끝으로 본서가 만들어지기까지 여러 어려움이 남다르게 있었습니다만 출간될 수 있도록 물심양면으로 도움을 주신 여러분과 특히 백산출판사의 진욱상 사장님을 비롯한 관계자 여러분께 진심으로 깊은 감사를 드립니다.

차례

PART 2 주방관리의 실무론

호텔 · 외식산업 주방관리실무론

주방관리의 원론

01
PART

호텔·외식산업 주방관리실무론

주방관리의 개요

CHAPTER 01

주방관리의 개요

제1절 관리의 의의

일반적으로 관리는 계획을 수립하여 그에 따른 실행과정을 거쳐 수정단계에서 나타난 결과의 피드백정보를 제공하는 업적과 평가로 볼 수 있다. 관리활동은 일반적으로 지속적 활동으로서의 성격을 지닌 것이 특징이다. 그렇기 때문에 관리활동과정에 포함되는 부분적 활동들의 범위를 확정하기가 용이하지는 않다. 생산성이 경영성과에 대한 궁극적인 척도라면 관리과정은 생산성 달성을 위한 수단이라 할 수 있다. 관리활동은 인간의 경제적 활동과 사회적 활동에서 가장 중요한 요소 중 하나라 할 수 있다. 실질적으로 관리활동은 다른 모든 행위들과 마찬가지로 일련의 기술(skill)과 노하우(know-how)로서, 현실의 상황에 입각하여 업무를 수행하는 것이라 할 수 있을 것이다. 관리활동은 개인의 성취의욕만으로는 달성할 수 없고 목표를 달성하기 위해 존재되어 왔으며, 인간이 집단을 이루기 시작한 이래로 관리는 개인의 노력을 결집하기 위한 기본적인 활동으로 인식되어 왔다. 그러한 관리과정에 있어 관리자에게는 기능적 기술(technical skill)과 인간관계 기술(human skill) 및 개념적 기술(conceptual skill), 그리고 설계 기술(design skill) 등의 종합적 기술들이 요구된다고 할 수 있다.

관리과정과 관리활동의 의의를 단순히 경영성과에 따라 차이를 둔다는 것은 의미의 폭이 축소되는 느낌을 받기 때문에 수단과 활동의 범위로 규정지어야 한다.

일반적인 의미에서 관리라고 하면 사람을 통제하고 지휘, 감독하는 것, 또는 시설이나 물건의 유지, 개량 따위를 꾀하는 것, 일을 맡아 처리하는 것으로 표현할 수 있다. 이러한 일반적인 관리의 의미로부터 인간이 주체가 되어 제한된 인적, 물적 자원을 동시에 합리적·복합적으로 결합하여 기업의 경제적 가치창출목적으로 흐르는 과정이 관리임을 발견할 수 있다. 따라서 관리는 다수의 인간 활동의 결합에 의하여 특정한 목적을 달성하고자 하는 행위인데 이것을 단적으로 표현하면 타인으로 하여금 일을 하도록 하는 것이라고 할 수 있다.

제2절 주방관리의 의미

관리의 기본적인 원칙을 전제로 한다면 주방관리도 일반적인 관리와 크게 다르지 않다고 말할 수 있다. 주방관리는 "주방이란 일정한 공간을 중심으로 고객에게 제공될 상품을 가장 경제적으로 생산하여 최대의 이윤을 창출하는 데 요구되는 제한된 인적 자원 및 물적 자원·시설적 자원을 관리하는 과정"이라고 할 수 있다.

이러한 관점에서 주방관리를 단계적으로 살펴보면 호텔이나 외식업체의 전체적인 콘셉트에 바탕을 두고 계획된 각 영업장에서 요구되는 상품을 가장 효율적으로 생산하는 데 요구되는 제반 변수들의 관리를 말한다. 즉 사전에 설정된 콘셉트를 바탕으로 주방의 크기와 위치를 결정하고 주방의 시설과 배치, 저장고의 종류, 크기와 설치위치, 주방기물의 선정, 주방환경 등이 기본적인 원칙을 바탕으로 특정한 업장의 상황적인 변수를 고려하여 기능적으로 계획된 후 디자인되고 실행되도록 관리하여야 한다. 주방이란 주어진 공간에서 고객에게 제공될 상품을 가장 경제적으로 생산하여 최대의 이윤을 창출하는 데 요구되는 사항들을 구체적으로 관리하는 단계로서 인적 자원, 물적 자원, 시설적 자원, 정보적 자원을 관리하는 것이 가장 바람직한 관리기법이다.

그러나 주방관리는 목적달성 시 필요로 하는 충원된 자원에 대한 계획수립(planning),

조직화(organizing) 및 충원(staffing), 지휘(leading), 통제(controlling) 등의 네 가지 기본적 과정을 통해 일련의 관리적 기능을 수행함으로써, 조직의 목표를 설정하고 달성하는 과정으로 정의할 수 있다. 결국 주방관리는 경제적 및 사회적 활동과정까지도 포함하여 조직 목표를 달성하는 일련의 과정으로써 의의가 있다.

제3절 주방관리의 기본 구성

주방관리를 위해 기본적으로 구성하고 있는 형태는 먼저 식재료의 반입에서부터 시작하여 검수공간, 저장공간, 그리고 조리공정과정에서 필요한 장비와 시설물 및 작업동선, 서비스공간이다. 특히 조리작업동선의 흐름을 효과적으로 처리하는 데 중점을 두고 주방의 공간이 구성되어야 한다. 주방의 특성에 약간의 차이는 있지만, 비교적 다음과 같은 모델이 보편적이다.

〈주방관리의 기본구성〉

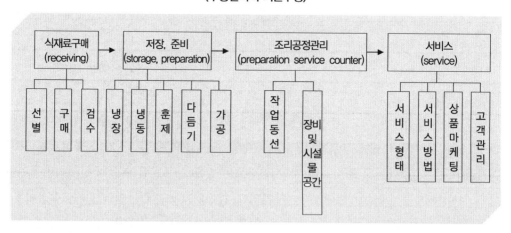

제4절 주방관리기능의 세분화

주방관리기능 중에서 가장 중요한 기능이 바로 주방에 반입되는 식용 가능한 식재료를 물리적, 화학적, 기능적으로 조리하여 고객에게 판매할 수 있도록 제공되는 과정에 대한 관리이다.

주방관리기능의 세분화를 위해서는 시설적 측면의 관리기능, 주방인적 자원의 관리기능, 위생적 측면의 관리기능, 서비스적 측면의 관리기능 등으로 관리절차를 밟아야 한다.

주방관리의 효율성와 합리성을 유지하기 위한 관리기능은 다음과 같은 측면에서 적용해야 한다.

① 고객이 기대하는 시간 내에 서비스를 제공할 수 있도록 주방시설 및 장비를 점검하는 기능이다.
② 식재료의 불필요한 낭비를 막기 위해 정확한 수요예측이 요구되는 기능이다.
③ 주방에서 종사하는 조리사들은 식재료를 직접 접하기 때문에 주방위생, 시설위생, 개인위생관념을 철저히 하도록 반복적인 교육프로그램의 개발과 활용기능을 가져야 한다.
④ 주방의 업장별 크기와 용도에 따른 적재적소배치의 기능을 가져야 한다.
⑤ 중앙공급식 주방과 분산식 주방의 관리기능을 설정하여 각 기능별 업무분담을 세분화하여야 한다.
⑥ 고객에게 제공되는 요리를 특성별로 구체화하여 생산할 수 있도록 지원주방(support kitchen)과 영업주방(business kitchen)의 관리기능을 최대로 한다.

〈주방의 기능별 관리영역〉

구 분	지원주방(support kitchen)	영업주방(bussines kitchen)
특 성	모든 요리의 기본과정을 통해 준비하여 각 업장으로 지원하는 주방	지원주방의 도움을 받아 각 업장별로 요리를 완성하여 제공하는 주방
종 류	• 주요리주방(main) • 어육가공주방(butcher) • 제과 · 제빵주방(pastry & bakery) • 얼음조각실(ice art room)	• 양식주방 • 한식주방 • 일식주방 • 중식주방 • 이태리주방 • 커피숍주방 • 연회주방 • 뷔페주방 • 룸서비스 주방 등

쉬어가기

조리(調理)와 요리(料理)의 어원은?

일반적으로 음식 만드는 것(cooking)을 요리라고도 하고 조리라고도 한다. 요리(料理)란 말의 어원은 황필수(黃泌秀)의 『명물기략(名物紀略)』(中華書局 발행)의 "사해(辭海)"에서 유래된 것으로 음식 만드는 것을 요리(料理)라고 하였다. 일본에서는 멀리 헤이안조시대(平安朝時代)부터 음식 만드는 것을 요리(料理)라고 하다가 개화 이후에 조리(調理)로 바뀌었다. 일본이 요리를 조리로 바꾼 것은 〈料 ; '될(量) –〉요'보다 調; '고를(和)→조'〉가 더욱 합리적이라고 보았기 때문이다. 우리나라는 일본의 영향을 받아 요리나 조리를 혼용하고 있다.

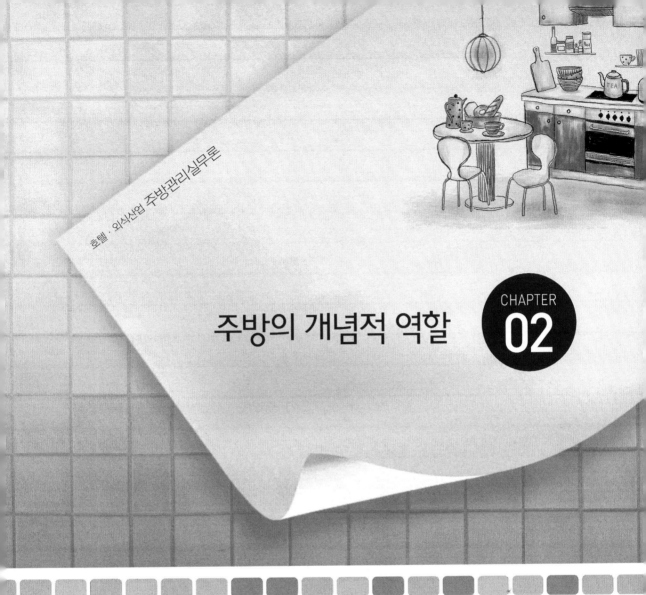

호텔·외식산업 주방관리실무론

주방의 개념적 역할

CHAPTER
02

주방의 개념적 역할

CHAPTER 02

제1절 주방의 개념 및 정의

제1절 주방의 개념 및 정의

주방(廚房)이란 "조리상품을 만들기 위한 각종 조리장비와 기구 그리고 식재료의 저장시설을 갖추어 놓고 조리사의 기능적 및 위생적인 작업수행으로 고객에게 판매할 음식을 생산하는 작업 공간"을 말한다. 다시 말해 주방이란 음식을 만들 수 있는 공간을 말한다.

일반적인 주방과 특정시설 및 규모를 갖춘 주방은 규모 면이나 시설 면에서 상당한 차이를 가진 것도 사실이다. 특히 호텔과 대형외식업체 및 단체급식의 주방은 업무적인 내용으로 보면 일반주방과 다를 바 없지만, 호텔시설의 규모나 영업적 전략에 따라 운영시스템과 제공되는 서비스방법이 다르다.

호텔기업이나 외식기업의 경영과정에서 나타나는 다양한 성과들 중에서도 식음료부분의 경영성과는 기업 전체에 미치는 영향이 매우 크기 때문에 전문적인 경영자의 경영기법을 적용하지 않으면 안 된다. 식음료부분의 경영성과 기능에 가장 핵심적인 역할을 하고 있으면서 차별적 경영시스템을 도입해야만 원활한 업무수행이 진행되는 부서가 바로 주방이다.

주방은 생산과 소비가 동시에 이루어질 수 있기 때문에 상황에 따라 다양한 변수가 존재하는 독특한 특징을 가지고 있는 공간임에는 틀림이 없다. 주방은 조리상품의 생산공장이라 할 수 있으며, 반면에 각 업장은 주방에서 만들어낸 상품을 판매하는 전시장이라 해도 과언이 아니다.

주방설계자인 리차드 플람버트(Richard Flambert)는 "주방은 매일매일 식재료를 구매하고 인수하여 저장과 가공의 과정을 통해 고객에게 서비스하는 유일한 장소"라고 말하였다. 이 는 주방의 공간적인 의미를 다각도로 함축시키고 있는 것이다.

제2절 주방의 역사성

1. 부엌의 유래와 문화

부엌의 역사는 인류의 탄생과 더불어 존재했다 해도 과언이 아니다. 우리나라 최초의 집 은 4, 5천 년 전 신석기시대 움집에서 발견되었다. 또한 부엌에 대한 최초의 기록은 3세기 경의 중국 사서인 『삼국지』의 "변인전"에 있다. 부엌은 집 한가운데 자리하였고, 그 주위 가 방이었다. 따라서 예전부터 방이 부엌에 딸려 있었던 셈이다. 그때의 부엌시설은 깊이 20cm, 지름이 50cm 정도로 바닥을 움푹하게 파낸 자리에 맷돌을 둥글게 둘러놓고 불이 번 져 나가지 않도록 다른 돌이나 진흙을 낮게 쌓아 놓은 것이 전부였다. 토기를 많이 쓰게 되 면서부터는 속이 깊은 단지를 묻어서 화덕으로 이용하였다. 이것은 불을 일으키는 데는 물 론이고 불씨나 뜬 숯 따위를 모아두는 데에도 큰 도움이 되었다.

삼국시대에 접어들면서 부엌은 거의 완전한 모양을 갖추게 되었다. 이 사실은 황해도 안 악에서 발견된 4세기 중엽 고구려 고국원왕 무덤그림과 그 밖의 여러 무덤그림을 통해서 알 수 있으며, 부엌건물을 따로 세운 것은 음식냄새가 안채 등에 이르는 것을 막고 화재도 예 방하기 위해서이다. 이러한 독채 부엌은 조선시대까지 이어져 내려왔는데 창덕궁 연경당의 '반빗간'이 대표적이다.

부엌은 집안의 여러 공간 중에서 매우 중요한 비중을 차지하는 곳임과 동시에 가장 다목 적으로 활용되었던 공간이기도 하다. 이곳에서는 조리와 난방이 동시에 이루어졌을 뿐만 아니라 조왕신을 모시는 종교적 공간이 되기도 하고 절구질 따위를 하는 작업공간으로도 쓰이는 곳이었다.

　　집안의 부녀자들은 이곳에서 몸을 씻었고 아랫사람들은 밥을 먹었으며, 그 집의 며느리는 시집살이의 고달픔을 달랬고 글을 모르는 이는 부지깽이를 붓 삼아 문자를 깨우치는 데 사용했던 공간이기도 하다. 따라서 부엌은 목욕간과 식당을 비롯한 부녀자들의 위안처와 글방 구실도 하였던 다목적 기능을 가진 곳이기도 하다. 또한 새색시에게는 시집와서 사흘째부터 '부엌데기'가 되어 적어도 이삼십 년 동안 하루도 빠짐없이 들락거려야 하는 근무처이기도 하였다. 아낙네는 이처럼 평생의 대부분을 부엌에서 보냈으며, 한집안의 살림뿌리는 이곳에 박혀 있었던 것이다.

〈중세 이후 발전된 주방 전경〉

〈과거 부엌의 모습〉

2. 주방기구의 전래

주방기구의 역사는 곧 인류가 불을 사용하면서부터 전래되었다고 할 수 있다. 주방에서 사용했던 최초의 조리기구는 불 위에 얹혀서 사용했던 돌이나 막대기가 될 것이며, 좀 더 음식을 익혀먹거나 온도를 유지하기 위해 동물의 위주머니 속에 돌을 달구어 넣어 사용했으리라 본다.

18세기 이전까지만 해도 조리에 사용했던 연료나 기구는 주로 동물의 기름과 숯이 대부분이었다. 특히 음식을 익혀먹기 시작하면서 본격적인 금속류의 주방기구와 장비가 만들어져 음식을 끓이거나 굽는 것이 가능해지게 되었다.

오늘날과 같이 주방에서 사용하는 기구와 장비의 모습이 갖추어지기 시작한 배경은 그리스·로마시대에 발견한 조리장면의 벽화에서 그 유래를 찾을 수 있다. 현재 주방에서 사용하는 것과 비슷한 당시의 철제 석쇠와 직화오븐(open fire oven) 및 스토브(stove)는 당시에는 등이 높고 위는 평평하게 하여 사용한 형태였다. 그 후 조리용 기구와 장비의 발전은 눈부시게 지속되어 19세기 말에는 냉장기능과 가스시설을 갖춘 주방이 등장하면서 찜통(steamer), 그릴(grill), 프라이팬(fry pan), 믹서기(mixer), 슬라이서기(silcer) 등의 다채로운 주방기구들이 갖추어지기 시작했다. 우리나라에서도 조선시대 말기에 개화기를 맞으면서 서양문물과 함께 서비스방법이 도입되어 주방시설의 현대화가 본격화되었다. 주방 또한 서양문화의 유입이 결정적인 발전의 계기를 마련하면서 오늘날과 같은 냉동·냉장을 통한 대량생산시스템을 갖춘 놀랄 만한 주방기구의 발전을 거듭하고 있다.

제3절 주방의 역할

1. 개화기 이전

4~5천 년 전 신석기시대에 부엌의 역할은 단지 불을 일으켜 먹거리를 익히거나 몸을 덥히고 집안을 밝히는 것이 가장 중요한 역할이었다. 반면에 청동기시대(기원전 7~8세기)와 초

기 철기시대(기원전 4세기 전후)에는 부엌의 기능이 주로 난방을 위한 중앙의 화덕과 조리를 위한 벽쪽의 부뚜막으로 나누어져 역할을 다했다. 그리고 삼국시대에 접어들면서 부엌의 모습이 거의 완전하게 모양을 갖추게 되었고 특히 오늘날과 같은 '직각굴뚝'을 만들게 되면서 방의 보온효과가 한층 더 강화된 시설이 등장하게 되었다.

2. 개화기 이후

1) 생산적인 측면

주방의 생산적인 측면은 주로 조리업무과정에서 나타나는 결과로, 식용 가능한 식재료를 선별구매하고 검수하여 조리상품을 생산하고 판매서비스 과정에서 발생할 수 있는 제반사항을 말한다. 다음은 조리업무의 영역이다.

〈조리업무의 영역〉

구분	지원주방(support kitchen)	영업주방(business kitchen)
특성	모든 요리의 기본 과정을 준비하여 각 업장으로 지원하는 주방	지원주방의 도움을 받아 각 업장별로 요리를 완성하여 제공하는 주방
종류	• 주요리주방(main) • 어육가공주방(butcher) • 제과 · 제빵주방(pastry & bakery)	• 양식주방　　• 한식주방 • 일식주방　　• 커피숍주방 • 연회주방　　• 뷔페주방 • 룸서비스 주방

2) 비생산적인 측면

주방의 조리사들에게는 주방작업이 생계유지의 수단이 되고 공동생활에 참여하는 통로이며, 자아실현과 인격성장의 터전이 되는 의미를 가진다. 이처럼 조리사에게 주방이라는 공간은 직장이 되고 조리업무가 직업이 되는 것이다. 사회가 요청하는 바람직한 직업인의 자세로는 직업적 양심의 확립, 연대의식과 상부상조의 정신, 전문적인 기술과 지식의 연마, 최선의 덕으로서 모든 윤리의 근본이 되는 인간애 정신이 필요한 곳이다.

제4절 주방의 변천과정

주방의 변천과정은 개화기 때 서구식 숙박시설의 발달과 더불어 발전해 왔다고 볼 수 있다. 이는 서구식 숙박시설로서 우리나라에 호텔 개념을 가지고 최초로 등장한 외국인을 대상으로 숙박과 숙식을 동시에 제공하였다는 사실에서 알 수 있다.

일반적인 주방과 시설을 갖춘 호텔 주방과의 차이는 있었겠지만, 초창기 대부분의 주방은 단순히 외국인을 위한 주방시설이었기 때문에 규모나 시설 면에서 보잘것없는 초라한 모습이었다. 그러나 관광산업발전의 계기로 이용고객의 욕구가 다양하게 변화되면서 식음료사업의 형태가 주방의 규모나 운영방법을 달리하도록 주도하였다.

1. 개화기 전 · 후의 주방

1598년(태조 7년) 지금의 명륜동에 국립대학인 성균관의 명륜당에서 공부하던 유생들을 위한 식당과 주방이 있었다는 기록이 있다. 여기에서 처음으로 식당이라는 용어를 사용하였고, 그에 따른 주방의 규모와 시설이 있었음을 알 수 있다. 개화기에 접어들면서 근대적 숙박시설인 주막 또는 그 이후 인(Inn), 여관과 같은 숙박시설은 주로 내국인을 대상으로 구조가 형성되었다. 특히 외국인의 식생활에 맞는 음식과 숙박을 제공하기 위한 호텔이 자연발생적으로 탄생하게 되었는데, 우리나라 최초의 호텔은 바로 인천의 대불(大佛)호텔이었다.

대불호텔은 개화기 인천항을 중심으로 외국과의 교역이 성행하면서 일본인의 손에 의해 건설된 것이다.

그 당시 대불호텔의 영업이 번창하는 것을 본 청국인 이태(怡泰)라는 사람이 대불호텔 바로 건너편에 2층으로 된 건물인 스튜어드(Steward)호텔을 개업하였다. 이러한 호텔들은 주로 외국인에 의해 운영되었고, 또한 외국인을 상대로 영업을 하였기 때문에, 서양음식을 만들기 위한 기본적인 주방시설이 갖추어져 있었을 것으로 추정된다. 그러나 그 규모는 가족단위 식사를 만들기 위한 소규모시설이었을 것이다.

우리나라에서 서양요리가 처음 소개된 것은 이러한 호텔 건립 이전인 1876년에 체결된 병자수호조약에 의해 제물포, 부산, 원산항 등 3개 항구가 개항되어 서양문물이 들어오면서

부터이다. 그러나 그 이전 궁중에 양식주방이 설치된 시기는 1840년경에 윤비(尹妃)가 살던 낙선재(樂善齋)와 대왕전(大主殿)에서였다고 볼 수 있다.

한편, 서울에서 가장 먼저 세워진 양식호텔은 1902년 독일인 Sontag이 세운 손탁호텔 (Sontag Hotel)을 들 수 있다. 2층으로 된 이 호텔의 구조는 위층은 귀빈들의 객실로 사용하였고, 아래층은 보통객실과 식당으로 만들어 외교관 및 고관들이 출입한 고급사교장으로 이용되었다.

러·일전쟁 때 영국의 처칠이 당시 종군기자의 임무를 띠고 만주로 가는 길에 이곳에서 숙식한 사실이 있고, 일본의 이토 히로부미(伊藤博文)도 머문 일이 있는 사실로 미루어보아 대체로 전문적인 고급서양음식을 만들어 제공할 수 있는 주방시설이었음을 쉽게 짐작할 수 있다.

개화기 당시의 초기숙박시설을 갖춘 호텔들은 대부분 외국인에 의해 세워졌고 또 외국인을 상대로 하는 영업이었기 때문에 서양요리를 제공하기 위해서라도 주방시설은 필수적이었다.

그러나 시설과 규모에 있어서 완벽한 주방은 아니었으나, 기본적으로 갖추어야 할 시설과 인원이 있는 주방이 등장한 시기였기 때문에 이 시기를 '호텔주방의 태동기'로 볼 수 있다.

2. 일제시대의 주방

이 시기 호텔은 전적으로 철도의 발전에서 기인됐는데, 철도는 부산에서 만주에 이르기까지 개설되면서 한반도를 경유하여 만주로 가는 많은 외국인들을 위한 서양식 건축양식을 겸한 숙박시설 설립의 계기가 되었다.

1905년 경부선의 개통을 기점으로 1910년 2월 부산역을 벽돌 2층으로 개축하여 1층은 여객을 위한 대합실과 철도사무소를, 2층은 숙박기능을 갖추어 1912년 7월 영업을 하게 되었다. 또한 1912년 8월 신의주역사를 서양식 숙박시설로 개보수하면서 부산역 호텔과 신의주역 호텔이 역사를 겸한 서구식 철도호텔(Station Hotel)로 탄생하게 되었다.

1914년에 본격적인 서구식 시설과 규모를 갖춘 숙박시설인 조선호텔이 탄생하게 되었는데, 이 호텔에서 全조선기자대회가 개최되어 호텔이 연회장 겸 회의장소로 이용되는 특기할 만한 사실로 부각되었다. 이 시기를 기점으로 호텔주방은 인원구성이나 음식상품의 제공면에서도 비약적인 전환기를 맞았다.

당시 시대적인 상황으로 보아 조선호텔의 주방은 주로 일본인으로 구성되었으며, 서양요리를 직접 만들었기 때문에 외국인들의 이용이 많았다. 또한 우리나라에 서양요리를 전래한 것도 일본인이다. 그리고 이 시기에는 서양요리의 발전에 크게 이바지한 서울역 그릴이 1925년에 본격적인 영업으로 케이터링산업(catering industry) 발전의 시초가 되었다.

일제시대에 조선호텔과 서울역 그릴식당(grill restaurant), 그리고 각 철도역사의 철도호텔식당, 호텔객실의 서구화 현상이 점차 확대되면서 호텔주방 역시 과도기를 맞게 되었다. 대부분의 호텔주방은 단순히 외국음식을 만들기 위한 기본적인 공간과 시설 및 인원이 배치되어 있으며 운영방법 또한 단순하였다.

3. 해방 후의 주방

일제 말기에 세워진 반도호텔은 우리나라 호텔산업의 인식을 변화시키는 데 크게 기여했으며, 주방도 미국의 최신시설과 규모를 갖추었기 때문에 해방 이후의 관광호텔 발전에 크게 영향을 미쳤다.

일제시대를 마감하면서 우리는 해방의 기쁨을 제대로 느껴보지도 못한 채 비극적인 남북분단과 6 · 25전쟁 등으로 인해 1960년대 이전의 관광산업은 실로 보잘것없는 것이었다.

이 시기에 특기할 만한 사실은 민영호텔이 탄생하기 시작했다는 것이다. 교통부에서 관여하는 호텔도 있었으나 주로 민영호텔이 주류를 이루면서, 사업자는 고객들에게 다양한 식음료를 제공해야만 수익에 영향을 미친다는 사실을 체험적으로 터득하여 대부분의 주방구조를 현대식으로 개축하려고 노력하였다.

1952년 대원호텔이 개관되고, 1955년 금호장호텔, 1957년 해운대관광호텔, 사보이호텔, 뒤이어 온양호텔, 1959년 대구 관광호텔과 유엔센타호텔, 1960년에는 설악산 관광호텔과 메트로호텔이 개관하였다. 이처럼 계속적인 호텔 설립에도 불구하고 이 시기의 호텔은 불과 10여 개에 지나지 않았으나 60년대 이후의 관광사업기반을 구축하는 데는 중추적인 역할을 담당하였다고 볼 수 있다.

각 호텔마다 현대식 주방규모와 시설 및 인력을 확보하여 국제경쟁력에 도전하려는 의지로 보아 호텔주방 발전의 개발기에 접어들었다고 본다. 정부주도형의 호텔보다는 민간주도

형의 호텔이 건립되었던 것은 「관광사업법」을 제정하기 전 단계였기 때문에 호텔경영이 매우 소극적이고 여관의 틀을 벗어나지 못했다.

그러나 외국인관광객을 유치하려는 의도에서 식음료사업은 점차 발전을 거듭하게 되었고, 아울러 식음료의 지원부서로서 주방 또한 비약적인 발전의 기틀을 마련하였다.

4. 현대적 감각의 주방

관광산업에 대한 전반적인 법적 기반을 갖추고 활발하게 움직임을 보이면서 계속적인 정부의 정책지원과 꾸준한 민간기업인들의 노력으로 외화획득산업으로서 발전을 거듭해왔다.

국가전략산업으로서 관광은 특히 호텔분야에 집중적인 개발과 더불어 발전을 시도하게 되었다. 국가의 경제적 안정과 함께 국민의 문화의식수준이 국제적 감각을 갖게 된 이후 외래 관광객의 급증은 곧 호텔식음료사업에 촉진제 역할을 하게 되었다.

1963년 국내 최초의 리조트호텔(resort hotel)로서 특히 현대식 식당과 주방을 갖추고 영업을 하게 된 워커힐호텔(Walker Hill Hotel)은 외식산업발전에도 지대한 영향을 끼쳤다. 이로써 본격적인 현대적 시설과 장비를 갖춘 호텔주방이 우리나라에도 모습을 보이게 되었다.

1970년에는 구조선호텔을 재건설하여 개관한 지금의 조선호텔이 국제수준급의 대형호텔로서 최초의 외국과의 합작투자로 이루어진 호텔이었기 때문에 호텔의 모든 시설과 인력이 외국과 공동으로 운영된다는 점에서 획기적인 방법이란 평가를 받았다.

1970년부터 전국적으로 관광호텔의 등급화제도가 실시되면서 호텔서비스를 국제 수준화하는 데 크게 기여했을 뿐 아니라, 호텔에서 국제적인 대규모 행사를 유치하는 등 호텔산업은 성숙기에 접어들었다.

호텔주방 역시 점차적으로 발전하여 호텔마다 각 업장에 따른 주방의 역할이 세분화되어 있기 때문에 현대적 감각의 호텔들은 계획 초기단계부터 합리적인 주방의 규모와 배치를 설정하여 주방시설과 장비에 인체공학적인 측면을 적용하는 등 국제적 수준에 접어들게 되었다.

5. 단체급식 주방

80년대 초부터 외식업계에 외국계 체인 패밀레스토랑과 외국계 패스트푸드점, 단체급식, 학교급식이 체계적 시스템을 겸비하여 국내에 진입하여 급속한 발전을 가져왔다. 특히 국제적인 행사를 기점으로 고품격서비스를 동반한 패밀리레스토랑이 외식업계를 주도하기 시작하였다.

아담한 시설과 업장의 분위기에서 대형 주방과 시스템적 시설을 갖춘 주방의 등장은 운영기법과 인적 자원의 활용방안을 새롭게 전환시키기에 손색이 없었다. 또한 단체급식의 주방은 식수인원의 규모가 주방의 규모를 확대시키는 데 주력했다.

쉬어가기

손탁호텔이야기

구한말 러시아 공사 베베르의 처형인 존탁(한국말 : 손탁)이 건립한 호텔이다. 독일 국적을 가지고 재정러시아에서 활동했던 32살의 노처녀인 손탁은 한, 영, 불, 노어에 능통하여 서양에 티켓을 고종과 민비에게 가르친 데 대한 배려로 정동 29번지 대지 184평의 2층 한옥을 하사받았다. 그 자리에 왕실의 귀빈을 모시는 곳으로 객실, 식당, 회의장, 사무실 등을 만들어 그 당시 상류사회 사교계를 주름잡았던 이완용, 이범진, 윤치호, 서재필 그리고 궁전의 의전관 이학균, 거부 이봉래 등이 드나들며 조니워커를 마시며 불란서요리를 즐겼다. 1917년 이화학당에 매각되었다가 1922년에 사라졌다.

호텔 · 외식산업 주방관리실무론

주방관리의 특성

CHAPTER
03

CHAPTER 03

주방관리의 특성

제1절 주방관리조직의 개요

　일반적인 주방은 음식을 만들고 고객에게 직접 서비스를 제공해야 하는 동시적 조직으로 구성되어 있지만, 주방조직은 다른 조직과는 인적 구성, 시설배치 및 운영 면에서 매우 다른 성격을 지니고 있다.

　주방조직은 음식상품을 창출하는 중앙센터(center)로서 주방조직이 추구하는 목표는 유연성(flexibility)과 조정성(modification), 단순성(simplicity), 종사원 이동의 효율성(efficiency), 위생 및 관리의 용이성(easiness), 공간활용의 효율성 등을 고려해야 한다.

　주방조직이 종래의 실존적 실체로서의 조직개념을 넘어 기능적 실체 그리고 인적 자원이 복합적으로 형성되어 이루어져야 하는 조직으로서의 특성을 가져야 한다.

　주방조직의 소프트(soft) 결정요인은 생산, 구매, 인력관리, 업소의 형태, 규모, 고객서비스의 방법과 유형, 메뉴개발 범위 등이지만, 호텔주방의 하드(hard) 결정요인은 다음과 같은 형태에 따라 조직이 형성된다.

주방조직의 소프트 결정요인

① 생산　　　　　⑤ 규모
② 구매　　　　　⑥ 고객서비스 방법과 유형
③ 인력관리　　　⑦ 메뉴개발
④ 업소의 형태

 주방조직의 하드 결정요인

① 규모별 조직　　　③ 기능별 조직
② 부서별 조직

제2절 주방구성의 일반적 형태

주방의 형태는 음식이 상품가치와 동반하여 고객에게 제공되는 과정이기 때문에 음식의 수량, 서비스의 형태, 상품가격, 서비스 시간 등에 의해 다음과 같이 나누어진다.

1. 전통형 주방

식재료를 구매하여 조리 전의 식재료를 준비하는 절차와 음식을 만드는 마무리 과정의 내용이 같은 장소에서 함께 이루어지는 주방의 형태이다.

2. 혼합형 주방

조리업무에 있어서 준비내용과 조리업무의 마무리 내용이 같은 공간 안에서 행해지지만, 구획은 서로 분리되어 있는 주방의 형태이다.

3. 분리형 주방

조리업무에 있어서 준비내용과 조리업무의 마무리내용이 공간적으로 서로 떨어져서 운영되는 주방의 형태이다.

4. 편의형 주방

완전 또는 반가공된 식재료만 구입하기 때문에 준비 조리업무의 주방은 없으며, 단지 마무리 업무주방만 있는 형태이다.

〈주방의 형태〉

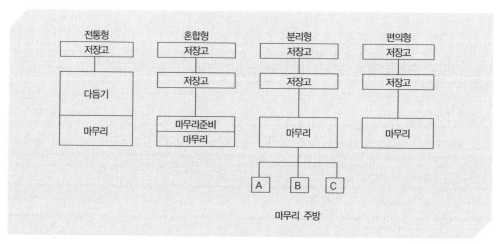

제3절 주방의 규모에 따른 분류

일반적으로 주방은 규모나 기능의 역할, 그리고 영업의 형태에 따라 분류할 수 있다. 그러나 가장 중요하게 여겨지는 외식업체주방의 조직은 업장의 형태와 종류, 규모에 따라 조직의 범위가 차이를 보이기 때문에 정확하게 일정한 기준을 가지고 분류한다는 것은 매우 어려운 일이다.

보통 호텔의 경우에는 관광관련 법에 나타난 법규상 등급에 따라 일정한 기준이 부여되는 관계로 2급 이하의 호텔주방, 즉 소규모 주방, 1급 이하는 중규모 주방, 특2급 이상은 대규모 주방으로 분류할 수 있다.

1. 기능에 의한 분류

주방은 구체적으로 일정한 공간에서 음식을 만들어 판매할 수 있도록 생산적인 기능과 서비스적 기능을 유지하고 있다.

생산적인 기능의 내용은 각 업장별 영업의 형태에 따라 생산되는 메뉴가 다르기 때문에 기능별로 주방동선과 시설이 알맞아야 한다. 또한 서비스적 기능은 생산된 메뉴에 따라 업장의 유형이 다르기 때문에 준비주방과 영업주방으로 나누어 분류하는 것이 바람직하다.

1) 중심지원주방(main production kitchen)

(1) 온요리 주방(hot kitchen)

중심지원주방은 업장의 핵심주방으로서 보통 메인주방(main kitchen)이라고도 한다. 온요리 주방에서는 모든 음식에 열을 가하여 만들어낸다. 각 영업주방에서 고객에게 판매할 음식을 준비하여 알맞은 시간에 지원하는 기능을 하고 있다.

온요리 주방의 직무기능은 저장창고에서 공급받은 각종 기초 식재료를 roasting, poaching, braising, boiling, blanching, steaming, deep fat frying, sauteing, baking, broiling, grilling 등 주로 스토브를 사용하여 조리하고 stock, soup, sauces, warm vegetable 등을 준비하여 각 업장주방에 지원하는 역할을 한다.

(2) 냉요리 주방(cold kitchen)

고객에게 제공되는 모든 요리는 조리과정이 더운 요리라도 차갑게 만들어 영업주방에 지원하는 주방이다. 온요리로 만들어지는 경우에는 맛과 음식의 양을 중요시하지만, 냉요리는 그릇에 담는 음식의 모양과 색상 및 조화를 중요시하는 요리이기 때문에 무엇보다도 청결해야 하며, 작업대 높이 및 조명시설이 매우 적합해야 한다.

지원주방(main kitchen) 내에서도 냉요리를 담당하는 주방은 과일, 채소, 어류 및 육류와 가금류 등의 식재료를 다양하게 이용하여 업장별 주방에 공급하는 중요한 부서이다.

냉요리 주방은 주로 냉전채요리(cold appetizer), 냉소스(cold sauce), 냉수프(cold soup), 각종 샐러드(salad), 안티페스토(antipasto), 테린(terrine), 빠테(pate), 갈란틴(galantine) 등을 만들어 각 업장별로 공급한다.

(3) 어육가공 주방(부처주방 : butcher kitchen)

부처주방은 각 업장별 주방에 필요한 각종 어패류, 육류, 가금류 등을 주문한 방법에 따라 부위별 모양과 크기 및 형태별 크기, 양을 조절하여 제공한다. 또는 여러 종류의 어패류와 육류를 이용하여 햄(ham)이나 소가공식품을 만들어 업장별 주방에 제공한다.

(4) 제과 · 제빵 주방(pastry & bakery)

제과 · 제빵 주방은 지원주방으로서 대부분 독립된 시설과 규모 및 기능을 갖추고 각 업장별 주방에서 필요로 하는 디저트(dessert)를 만들어 제공한다. 그러나 경우에 따라서는 제과 · 제빵 주방이 메인주방에 소속되기도 한다.

연회행사와 각 업장에서 주문한 다양한 빵과 케이크, 초콜릿, 쿠키, 파이, 프티푸아 등의 디저트를 만들어 배분하는 역할을 하는 주방이다.

그리고 독립된 판매의 공간을 확보하여 주방에서 만들어낸 각종 제과 · 제빵류의 제품을 고객에게 직접 판매하기도 한다.

(5) 얼음조각실(ice art room)

대규모 조직을 갖춘 주방조직은 얼음조각실이 분리되어 있지만, 대부분의 일반 외식업체에서는 지원주방 내에서 함께 이루어지고 있다. 주로 얼음조각, 스티로폼 조각을 하여 연회행사장의 분위기와 음식의 미각을 돋우는 역할을 한다. 특히 얼음조각의 근본적인 취지는 음식을 위한 보조역할이다.

2) 영업주방(business kitchen)

(1) 커피숍주방(coffee shop kitchen)

영업주방은 지원주방에서 만들어진 음식을 제공받아 고객의 주문에 따라 완성하여 제공하는 역할을 한다. 따라서 지원주방과의 유기적인 관계를 맺고 최상의 상품을 만드는 데 최선을 다해야 한다.

커피숍주방은 대개 커피나 차 또는 주스 등을 음식과 함께 제공하는 경우가 많으며, 주기적으로 음식을 특색있게 개발하여 제공하는 것이 바람직하다. 그리고 커피숍에서 아침(breakfast)을 판매하는 경우가 있기 때문에 기본적인 조리시설도 갖추고 있어야 한다.

(2) 연회주방(banquet kitchen)

연회주방은 주로 지원주방과 각 업장별 주방의 지원을 받아 연회행사의 내용에 맞게 음식을 제공하는 주방이다. 호텔운영에 따라 독립형태의 주방으로 조직이 형성되어 있는 호텔이 있거나 독립된 연회주방 없이 고객의 주문에 따라 지원주방과 함께 사용하기도 한다.

대부분의 연회주방은 자체 주방에서, 온요리는 직접 만들어 제공하고, 또한 독립된 주방을 갖추고 있다 하더라도 냉요리와 디저트 및 제과 · 제빵류는 지원주방의 도움을 받아야만 한다.

(3) 각 업장별 주방(section kitchen)

호텔이나 외식업체의 각 업장별 종류와 크기에 따라 호텔의 등급 결정에 영향을 미치는 경우가 있다. 등급별 호텔은 관광법적 규정에 의해 필수적인 부대시설을 갖추어야만 등급을 인정받을 수 있다. 업장별 주방은 한국식당 주방을 비롯하여 양식주방, 일식주방, 중식주방, 프랑스식 주방, 이태리식 주방, 라운지 칵테일바 등의 주방이 있다.

〈주방조직의 직무별 업무내용〉

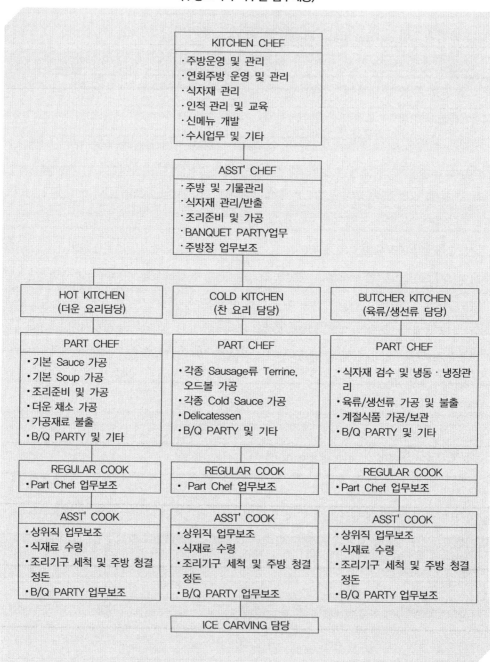

KITCHEN CHEF
- ·주방운영 및 관리
- ·연회주방 운영 및 관리
- ·식자재 관리
- ·인적 관리 및 교육
- ·신메뉴 개발
- ·수시업무 및 기타

ASST' CHEF
- ·주방 및 기물관리
- ·식자재 관리/반출
- ·조리준비 및 가공
- ·BANQUET PARTY업무
- ·주방장 업무보조

HOT KITCHEN (더운 요리담당)	COLD KITCHEN (찬 요리 담당)	BUTCHER KITCHEN (육류/생선류 담당)
PART CHEF	**PART CHEF**	**PART CHEF**
·기본 Sauce 가공 ·기본 Soup 가공 ·조리준비 및 가공 ·더운 채소 가공 ·가공재료 불출 ·B/Q PARTY 및 기타	·각종 Sausage류 Terrine, 오드볼 가공 ·각종 Cold Sauce 가공 ·Delicatessen ·B/Q PARTY 및 기타	·식자재 검수 및 냉동·냉장관리 ·육류/생선류 가공 및 불출 ·계절식품 가공/보관 ·B/Q PARTY 및 기타
REGULAR COOK	**REGULAR COOK**	**REGULAR COOK**
·Part Chef 업무보조	· Part Chef 업무보조	·Part Chef 업무보조
ASST' COOK	**ASST' COOK**	**ASST' COOK**
·상위직 업무보조 ·식재료 수령 ·조리기구 세척 및 주방 청결 정돈 ·B/Q PARTY 업무보조	·상위직 업무보조 ·식재료 수령 ·조리기구 세척 및 주방 청결 정돈 ·B/Q PARTY 업무보조	·상위직 업무보조 ·식재료 수령 ·조리기구 세척 및 주방 청결 정돈 ·B/Q PARTY 업무보조

ICE CARVING 담당

이들 각 업장별 영업은 특정국가의 문화와 향토색이 짙은 음식을 만들어 내국인은 물론 외국인 고객들에게 제공하도록 준비하는 주방이기 때문에 지원주방의 지원을 덜 받는 편이다.

(4) 룸서비스 주방(room service kitchen)

룸서비스는 객실에 투숙한 고객에게 제공하는 일련의 식음료서비스를 말한다. 룸서비스 주방은 객실에 투숙한 고객을 대상으로 주문한 음식을 만드는 주방이다. 대부분의 룸서비스 주방은 독립된 주방으로서 역할을 하지만 경우에 따라서는 메인주방(main kitchen)이나 커피숍 주방과 같은 장소에서 이루어진다.

3) 조직직무별 업무내용

음식을 만들거나 서비스를 제공하는 곳의 모든 조직은 규모와 기능에 따라 주어지는 업무와 형태의 내용이 다르다. 특히 주방조직의 직무내용은 전체 업장경영조직의 구성원들보다는 전문적인 기능을 소유하고 있는 종사원으로 구성되었기 때문에 각 직무의 역할이 매우 중요하다.

주방 인적 구성원들 간의 직무분담이 명확하게 구분되어 업무를 진행해야만 주방의 단위 면적당 생산량과 업무의 효율성을 얻을 수 있다.

국내 호텔주방의 경우 주방조직의 직무별 업무내용을 구분하기 위하여, 주방조직을 크게 두 가지로 나누어볼 수 있다. 하나는 단독호텔경영체계(local management hotel system)로 운영하고 있는 경우는 주방의 조직이 〈이사−부장−주방장−1st cook−2nd cook−cook−helper〉와 같이 단순하지만, 외국호텔과의 체인경영체계(chain management hotel system)로 운영하는 호텔주방조직은 대부분 〈executive chef−executive sous chef−sous chef−chef de partie−demi chef de partie−1st cook−2nd cook−3rd cook−cook−helper(apprentice)〉로 구성되어 업무내용을 세분화시켜 운영하고 있다.

① Executive Chef(Grand chef) : 조리부의 가장 높은 직책으로 조리부를 대표하며, 직원의 인사관리, 메뉴의 개발, 식자재의 구매 등 조리부의 원활한 운영을 위한 전반적인 업무를 수행하며 이에 대한 책임을 진다.

② Sous Chef : 총 주방장 부재 시 그 역할을 대행하며 메뉴의 개발 및 정보수집과 직원

조리교육 등 주방운영의 실질적인 책임을 진다.

③ Outlet Chef(Chef de Tournant) : 단위 영업장 부재 시 그 역할을 대신하거나 특별 행사 시 지원, 파견되는 주방장으로 조리부 전 영업장에 대한 일반적 지식을 갖추고 있어야 한다.

④ Training Chef(Chef de Traiteur) : 조리에 관한 전문지식을 갖추고 교육에 관한 자료수집, 기획, 강의를 담당한다.

⑤ Head Chef(chef de Partie) : 단위 영업장의 주방 책임자로 업장의 신메뉴 개발, 고객접대, 인력관리, 원가관리, 위생, 안전관리 및 조리기술 지도 등 단위 영업장의 주방업무를 총괄하며 그 책임을 진다.

⑥ Assistant H. Chef(Commis Chef de Partie) : Head Chef 부재 시 그 역할을 대신하며 단위 주방장의 지시에 따라 실무적 일을 수행함과 동시에 주방업무 전반에 관하여 함께 의논하며 부하직원의 고충을 수렴하여 해결한다.

⑦ Supervisor(1ème Commis Chef de Partie) : 수련과정의 견습주방장으로 Ass't Head Chef에 준하는 업무를 수행하며 Section Chef와 함께 모든 조리업무의 적재적소상황(Mise-en-Place)을 수행, 점검한다.

⑧ Section Chef(2ème Commis Chef de Partie) : Hot Section, Cold Section, Dessert Section 등으로 크게 나눌 수 있으며, 주방장의 지시에 따라 실무적 조리업무를 수행한다.

⑨ Cook(1èm Commis de Cuisine) : Section Chef를 보좌하여 조리업무를 수행하며, 냉장고 정리, Guy Load의 청결상태 등 주방 내 위생환경에 대한 업무를 수행한다.

⑩ Assistant Cook(2èm Commis de Cuisine) : Cook을 보좌하여 조리업무를 수행하며, 주방장의 지시에 따라 식재료를 수령하고 이에 따른 Bin Card를 작성한다.

⑪ Trainee(Stagiaire) : 견습사원으로 주방업무에 관한 기본적인 사항을 신속히 습득하려는 노력이 필요하며, 채소 등 식재료의 기초적인 취급에 대하여 정확히 배워 기본기를 익힌다. 특히 칼의 사용법 및 보관, 방화, 안전 및 위생에 대한 교육을 철저히 받아야 한다.

⑫ Chief Steward : 각종 주방용기 및 식기류의 구매의뢰 및 기물 관리와의 인력관리와 교육을 담당한다.

⑬ Assistant Chief Steward : Chief Steward 부재 시 그 역할을 대행하며, 각종 연회행사 시 기물 공급 및 설치를 담당한다.

⑭ Steward : 일선 영업장의 쓰레기 수거 및 처리와 조리기물의 세척을 담당한다.

⑮ Stewardess : 일선 영업장에 배속되어 각종 식기류의 세척과 Dish washer의 관리를 담당한다.

제4절 주방과 환경의 관계

1. 주방환경에 대한 견해

환경(environment)에 대한 사전적 의미는 "생활체를 둘러싸고 그것과 일정한 접촉을 유지하고 있는 외계"를 말한다. 즉 사람 또는 생물이거나 생활하는 주체에 대하여 그것과 기능적 연관을 가지는 모든 사물을 환경이라 부른다.

환경이란 인간을 둘러싼 유형·무형의 외부조건에 대한 모든 것을 가리키며, 여기에는 자연환경에 사회환경과 문화환경 등이 포함된다. 우리나라의 「환경정책기본법」 제3조의 정의에 의하면 "환경이라 함은 자연환경과 생활환경을 말한다. 자연환경이란 지하·지표(해양을 포함한다) 및 지상의 모든 생물과 이들을 둘러싸고 있는 생물적인 것을 포함한 자연의 상태를 말하며, 생활환경이라 함은 대기, 물, 폐기물, 소음·진동, 악취 등 사람의 일상생활과 관계되는 환경을 말한다"고 규정하고 있다.

주방환경은 작업환경을 둘러싸고 있는 요소들의 독립체(Entities)이며, 상대적인 의미로는 어떤 주체를 둘러싸고 있는 유형 및 무형의 객체들을 의미한다. 따라서 구조적인 속성에서 볼 때, 자극을 주고 방향과 정도에 따라 변화가 수반되고 그 속에서 생물이 감지하고 감응할 수 있는 힘과 여건 및 사물로 구성되어 있는 총체적인 것이 주방환경의 테두리라고 부연설명을 할 수 있다.

여기에서 세부적인 절차를 통해 볼 때 주방환경은, '일정한 기술을 가진 사람이 식품에 열과 기타 필요한 향신료를 첨가하여 조리기구를 이용하여 굽거나 끓이거나 볶는 행위를 위한 공간'과 '식품을 보다 소화되기 쉽게 만들고 음식을 안전하게 하여 맛을 더욱 돋우어 고객에게 안전하게 전달하기 위한 제반 서비스여건'이라 한다.

특히 조리된 음식을 섭취하는 데 있어 누구에게나 소화흡수를 돕고 조리과정을 통하여 비

위생적인 상태를 위생적으로 변화시킴으로 인해 이용하고자 하는 고객에게 심리적인 안정감을 준다는 데에도 커다란 환경적 의의가 있다.

2. 주방환경의 중요성

주방은 고객에게 안전하고 위생적이며, 최상의 상품을 만들어낼 수 있는 공간, 즉 음식을 만드는 곳이며 식당은 고객을 직접 접대하는 판매장소이다. 음식을 상품으로 생산하는 주방은 고객에게 음식의 맛은 물론이며, 분위기도 연출할 수 있어야 한다. 따라서 이러한 음식을 준비하는 조리사는 주방의 인적 구성·시설·공간·안전·위생과 같은 주방환경에 많은 영향을 받게 된다. 그러므로 호텔이나 외식업체의 식음료 대부분을 생산하는 장소가 주방이라는 점을 감안할 때 주방과 이의 주변 환경에 많은 영향을 받게 된다. 주방환경의 합리적인 운영관리 기법에 따라 제반비용과 생산성에 상당한 영향을 미치며 경영성과의 결과로 나타난다는 것을 인식할 때 주방환경의 중요성은 더욱 뚜렷해진다.

3. 주방환경의 구성요소

1) 인적 자원요소

외식산업과 관련된 기업들은 인적 자원과 물적 자원의 효율적인 활용, 즉 경영의 합리화를 최우선 과제로 삼지 않을 수 없게 되었다. 일반적으로 인적 자원이란 경제적 자원으로서 조직 및 기업에 고용된 종업원의 용역잠재력(service potential)을 의미한다고 할 수 있는데, 이는 생산성의 기본적 결정요소 중 하나이다. 지금까지 호텔에서의 인적 자원관리는 주로 생산지향적인 관점에서 고려되어 왔으나, 최근에는 인간으로서 종사원이라는 관점에서의 접근이 중요시되고 있다.

인적 자원관리는 기업의 종사원이나 노사관계를 대상으로 행해지는 여러 가지 경영의 시책을 의미하며 종사원의 채용, 교육, 배치, 이동, 승진, 퇴직 등 일련의 인사행정체계를 의미한다. 특히 주방의 인적 자원은 직급별, 업장별, 전문분야별 특성을 고려하여 적절하게 이루어져야만 동료관계와 상하직급의 관계가 원활하게 이루어지게 될 것이다. 그리고 개인이 소속된 조직의 업무를 성공적으로 수행하기 위해서 요구되는 의무와 활동이 적성과 흥

미에 맞게 뒤따라 주어야 한다.

2) 시설요소

주방에서의 시설은 주방이 차지하고 있는 공간에서부터 식품을 다루는 모든 기구와 장비들을 말하는데, 이러한 시설들은 식품조리 과정의 다양한 작업을 합리적으로 수행하기 위한 것으로서 주방계획에서부터 세심한 주의를 필요로 한다. 주방에 있어서 시설계획은 최소의 인원으로 능률적인 조리를 할 수 있는 시설과 작업능률 면에서 기술성, 경제성, 위생성이 발휘될 수 있는 계획을 의미하며, 이러한 주방시설계획은 최대의 작업능력을 최소의 공간에 계획하는 것이 궁극적인 목적이다.

3) 기타 요소

주방의 노동력 절약 중에서 가장 효력을 발휘하는 것은 주방기물이다. 이러한 주방기물의 가치는 그 기물이 필요한 정도와 그때의 기능을 만족스럽게 수행하느냐에 달려 있다. 그러므로 최상의 음식을 조리하기 위한 기물을 선택할 때에는 다음과 같은 점에 주안점을 두어야 한다.

첫째, 필요성의 본질이다. 둘째, 비용적인 면이다. 셋째, 기물의 성능이다. 넷째, 특별한 요구에 대한 만족도이다. 다섯째, 안정성과 위생이다. 마지막으로 모양과 디자인이다. 이외에도 제반시설의 가치, 제작원칙, 기물의 재료, 설계와 제작기준 등을 고려하여 선택해야 하며, 능률적이고 안전한 작업수행을 위해서 각종 기물을 효과적으로 구비하여 배치하고 무엇보다도 조리사의 올바른 사용과 유지관리가 필요하다.

설렁탕의 유래

　우리들의 대중음식 중 하나인 설렁탕은 조선시대 선농단과 적전에서 거행된 친경행사에서 유래했다. 동대문 용두 2동 138번지 위치한 선농단에서는 조선시대 국왕이 만조백관을 거느리고 그해 풍년을 기원하는 제사를 지낸 후 친히 소를 몰아 밭을 갈면 뒤를 따라서 신하들이 밭을 갈았다. 하루는 선농단에서 농사의 신께 제를 올린 뒤 세종대왕이 논을 경작하는 본을 보일 때였다. 갑자기 심한 비바람이 몰아쳐 오도가도 못하게 된 임금의 배고픔을 달래느라 백성들이 농사짓던 소를 잡아 맹물을 넣고 끓였는데 이것이 설렁탕이 됐다고 한다.

　또한 설렁탕은 제사를 지내고 나면 제사에 바친 쇠고기를 음식으로 만들어 참석한 백관, 인근지역 농민, 주민들에게 나누어주었는데, 이는 제사를 지낸 후 제사 참가자들이 술을 나눠 마시는 음복 풍습과 유사하다. 많은 사람에게 제사고기를 골고루 나누어줄 수 없었기 때문에 쇠고기국에 밥을 말아 많은 사람이 먹도록 한 것이다.

　선농제가 없어진 후에는 음식점에서 소머리, 내장, 무릎도가니, 그리고 족을 삶고, 쌀을 넣어 끓여 먹었는데, 이것이 후에 설렁탕이라는 대중음식으로 자리 잡았다.

조리사의 개념적 접근

CHAPTER
04

조리사의 개념적 접근

제1절 조리사의 정의

　현재 우리나라의 조리관련 각종 법규에는 조리사법 자체가 없기 때문에, 조리사에 대한 법적 개념은 현실적으로 정립되어 있지 않다. 따라서 「식품위생법」이나 기타 관련법규 등의 참고사항을 근거로 해서 살펴보는 것이 가장 근접된 내용일 것이다.

　「식품위생법」 및 동 시행령에는 "집단급식소와 대중음식점영업 중 복어를 조리 · 판매하는 영업과 식품접객중 허가면적이 120제곱미터 이상인 업소, 또는 출장조리 · 판매업 등일 경우에만 조리사를 두어야 한다"고 되어 있다.

　또한 조리사의 면허를 받고자 하는 자는 「국가기술자격법」에 의한 해당 기술분야의 자격을 얻은 후 시 · 도지사의 면허를 받아야 한다.

　조리기능사의 국가기술자격시험에 응시할 수 있는 한계를 규정지어 놓지 않았기 때문에, 누구나 조리사가 될 수 있다는 것이다. 그렇다면 조리사란 "국가기술자격을 취득한 자가 식용 가능한 식품군들을 선별 · 검수하여 물리적 · 화학적 · 기술적 방법을 통하여 새로운 형태의 식품으로 만드는 일에 종사할 수 있는 사람"이라고 조리사의 정의를 내릴 수 있다.

　일단 법적 규정에 의한 개념이 정립되어 있지 않다는 점에서 대중적으로 조리사의 개념을 사용한다는 것은 타당성이 없다. 그러나 우리나라의 외식산업규모와 호텔산업의 방대한 경제적 위치를 감안하여 볼 때, 조리사법 자체에 대한 법 제정이 시대적으로 절실히 필요한 사안으로 여겨진다. 그래야만 일백만 이상으로 추정되는 조리사들의 권익과 업무의 일관성을 보장할 수 있다.

일본의 경우 "도지사의 면허를 받은 자로서 조리업무에 종사할 수 있는 사람이다"라고 하는 정의와 우리나라의 경우를 비교하여 보면 거의 비슷한 점을 발견할 수 있다. 단지 조리사에서 한국은 '士'를 일본은 '師'를 쓰는 이유는 조리사로서 사회적인 역할의 차이점 때문으로 보인다.

제2절　조리사의 자격이론

1. 한국의 경우

「식품위생법」 및 동 시행령·시행규칙에 규정되어 있는 내용에 따르면 식품접객영업자와 집단급식소의 운영자는 조리사를 반드시 두어야 한다. 또한 「관광진흥법」 및 시행령·시행규칙에 의한 관광숙박업의 등록기준에 의하면 관광호텔과 관련업소의 주방에는 조리사 면허를 취득한 자만이 종사할 수 있도록 규정하고 있다.

그러기 때문에 식품을 직간접적으로 관리하고 조리할 수 있는 주방은 식품의 위해 여부에 관계되는 중요한 부서임과 동시에 이곳에서 종사하는 조리사의 역할은 매우 중요하다. 조리를 담당하는 조리사의 자격기준과 업무성격이 명확하게 설정되어야 하는 것이 급선무일 수도 있다.

조리업무를 담당할 수 있는 조리사의 자격등급은 조리기능장과 조리기능사로 구분하고 있으며, 특히 정신질환자, 정신지체자, 전염병환자, 마약, 기타 약물중독자와 같이 결격사유에 해당하는 자는 조리사가 될 수 없는 엄격한 법적 규제가 있다.

그러나 조리사들의 업무규정이 명확하지 않다는 점이 차후 우리가 풀어나가야 할 매우 시급한 과제이다.

조리사의 결격사유

① 정신질환자 또는 심신박약자
② 전염병환자(소화기계 전염병환자, 결핵 및 성병, 피부병, 화농성 질환, B형 간염, 후천성 면역결핍증)
③ 상습적인 마약자, 기타 약물중독자에 대해서는 자격기준에서 조리사의 결격사유로 규정을 적용시키고 있다.

조리기능장(조리장)의 자격기준

① 조리기능사 자격을 취득한 후 당해 직종에서 7년 이상 실무에 종사한 경력이 있는 자
② 동일 직종분야를 전공한 전문대학 이상 졸업자 등으로 조리기능사 자격을 취득한 후 당해 직종에서 5년 이상 실무에 종사한 자
식품 또는 첨가물관련 종사자는 "위생분야 종사자 등의 건강진단규칙"이 정하는 바에 따라 정기적인 건강진단을 받아야 한다.
만약 건강진단을 받은 결과 타인에게 위해를 끼칠 우려가 있는 병명이 인정되는 자는 어떠한 영업이라도 종사하지 못한다는 규정은 국민보건 및 건강증진의 위해와 안전을 위한 것이다.

2. 일본의 경우

일본의 경우 우리나라와는 달리 직접적인 조리사법이 공포되어 시행되고 있기 때문에 구체적이고 세분화된 조리사에 대한 자격요건이 명시되어 있다.
먼저 조리사가 될 수 없는 구체적이고 세분화된 결격사유에 대하여 살펴보면 다음과 같다.

┌───┐
│ 조리사로서 결격사유
│
│ ① 정신질환자 또는 마약, 아편, 대마초 등을 상습적으로 복용한 자나 흡연한 자
│ ② 소행이 현저하게 불량한 자
│ ③ 법 규정에 따라 조리사면허의 취소처분을 받은 후 1년이 경과되지 않은 자
└───┘

또한 면허를 취득하고자 하는 자는 학교교육법(고등학교 입학자격)의 규정에 따라 정부에서 지정하는 조리사 양성시설에서 1년 이상 조리, 영양, 위생에 관해 조리사가 되는 데 필요한 지식과 기능을 습득한 자로서 가능하다. 그리고 학교교육법의 규정에 위배되지 않는 자로서 다수인에게 음식물을 조리하여 공급하는 시설, 영업에 후생성이 규정한 결격사유가 없는 사람으로서 2년 이상 조리업무에 종사한 후 조리사 시험에 합격을 해야만 면허를 취득할 수 있는 엄격한 자격기준을 두고 있다.

반면, 조리업무과정에서 식중독이나 기타 위생상의 중대한 사고를 발생시켰을 때에는 지체없이 자격을 취소하는 규정이 있다.

이만큼 일본에서는 조리사의 자격기준을 엄격하게 규정해서 조리사의 질을 향상시키고 있으며, 자격기준에 따라 결격사유가 없이 종사하는 조리사에 대한 권익보장과 법적인 제도가 뒷받침하고 있는 것이 특징이다.

제3절 조리사의 기본자세

법적인 규정에 따라 엄격한 자격기준을 부여하여 조리사를 양성해야 하는 이유는 국민보건과 식생활환경에 지대한 영향을 미친다는 이유 하나만으로도 조리사 자격의 엄격성에 대한 설명이 가능하다고 본다.

이처럼 사회적으로 국민생활수준의 향상 측면에서 매우 중요한 위치를 차지하고 있는 조리사는 어떠한 의식과 사명감을 갖고 업무에 임해야 하는가에 대하여 살펴보자.

① 항상 자세를 바르게 갖는다

올바른 자세가 바른 생활의 근간임을 명심하고 모든 생활자세를 항상 바르게 갖도록 노력한다.

② 건강에 유념하여 심신을 바르게 한다

건강한 신체를 가짐으로써 바른 정신이 깃들 수 있음을 주지하여 늘 건강한 신체를 유지할 수 있도록 노력한다.

③ 위생관념이 투철해야만 한다

위생은 조리사들의 생명임을 명심해야 한다. 조리작업환경의 청결을 항상 철저히 유지시킬 수 있도록 하고, 식자재 선별에서부터 음식이 완성되어 고객에게 제공될 때까지 투철한 위생관념으로 위생상 문제가 생기지 않도록 주의를 게을리하지 않는다.

④ 마음과 정성을 다한 음식상품을 만든다

한 가지 한 가지 조리상품마다 최고의 마음과 정성을 다해 고객이 감동할 수 있는 음식을 제공할 수 있도록 한다. 또한 고객의 기호에 맞는 영양가 높고 더 맛있는 요리를 만들 수 있도록 노력한다.

⑤ 철저한 시간관념을 갖는다

정확하고 철저한 시간관념이 자기관리의 기본임을 명심하고 일상생활 및 제반업무에 있어서 투철하고 정확한 시간관념이 필요하다.

⑥ 바르고 순화된 언어를 사용한다

조리사들은 조리과정에서 나타나는 일상적인 행위가 바로 질 좋은 음식상품으로 연결되기 때문에 항상 자신의 언어와 행동이 일치해야 한다.

⑦ 상부상조하며 협동하는 정신이 필요하다

조리사들 상호 간에 서로 돕고 협조하여 모든 업무를 효율적으로 처리할 수 있는 능력을 길러야 한다. 서로 인화단결하는 작업분위기를 조성하기 위하여 솔선수범하는 자세가 필요하다.

⑧ 꾸준히 연구하고 개발하는 자세가 필요하다

항상 음식을 개발하려는 자세가 필요하며, 고객 서비스차원에서 꾸준한 연구와 새로운 음식패턴을 살펴 제공하려는 노력이 절대적으로 필요하다.

⑨ 근검절약하는 자세와 생활이 필요하다

일상생활에 있어서는 근검절약을, 제반업무에 있어서는 원가절감을 실천하고 관리능력을 향상시킬 수 있는 노력이 필요하다. 그래야만 회사와 본인에게 발전이 있는 것이다.

⑩ 예술적 감각을 기른다

조리는 과학이며, 예술이라는 의식을 갖고, 예술적인 감각을 가미시킬 수 있는 자질을 향상시킬 수 있도록 노력하여 고객에게 다시 한번 기억될 수 있도록 노력해야 한다.

⑪ 직업인으로서의 자부심과 미래 비전을 가져야 한다

조리사들 간의 유기적인 관계 속에서 다른 사람의 기술, 태도, 직업에 대한 고귀함을 전수받고 인간미와 기술 사이의 가치균형을 이루며, 조리에 대한 직업은 더욱 발전하리라는 생각을 가져야 한다. 미래에 대한 비전이 확실한 직업으로서 누구에게나 자신있게 전달할 수 있는 자부심이 필요하다.

제4절 조리사의 사회적 역할

식용 가능한 식품을 조리한다는 것은 우리 인간이 영위할 수 있는 가장 기본적인 생리적 욕구를 충족시켜 주는 한편의 창작 드라마인 동시에 완성된 예술작품이라 할 수 있다.

또한 식품을 조리하는 조리사는 창작 드라마의 연출자이면서, 예술가라고도 할 수 있다. 조리사는 식용 가능한 모든 식품군들을 물리적 · 화학적 · 기술적 방법으로 조리 · 가공하여 판매하는 일련의 과정에서 1차적인 제공자이기 때문에 후생적으로 발생한 인간의 병을 치

료하는 의사와는 그 의미가 근본적으로 다르다.

그렇기 때문에 각 개인의 건강과 건전한 사회생활을 해 나가는 데 없어서는 안 되는 가장 중요한 사회적 접근자로서의 역할을 담당하고 있다.

식품이나 첨가물을 조리사가 조리 및 가공하여 제공할 때, 다음과 같은 사항을 위반하였을 때에는 법적 구속력과 사회적인 책임이 따른다.

① 썩었거나 상하였거나 설익은 것으로서 인체의 건강을 위해할 우려가 있도록 조리했을 때

② 유독 또는 유해물질이 들어 있을 때

③ 병원 미생물에 의하여 오염된 음식일 경우

④ 불결하거나 다른 물질의 혼입 또는 첨가, 기타 사유로 인하여 사람의 인체에 커다란 영향을 주었을 때에는 제조 · 조리 · 가공 · 저장 등의 행위가 법적인 구속력을 받게 된다.

특히 식품과 관련한 위생상의 위해 방지와 국민건강에 직접적 영향을 주는 식품영양의 질적 향상을 도모하는 데는 조리사의 개인적 책임이 아니라 사회적 책임의 범주 안에서 최선을 다해야 한다.

1. 개인으로서의 역할

조리사는 개인의 능력과 기술의 숙련도에 의해 조리상품을 만들어낼 수 있는 자격을 갖춘 전문기능인이다. 그렇기 때문에 조리업무가 개인의 소유라는 틀을 벗어나지 못하고 조리행위를 할 경우, 매우 위험하다. 표준양목표(standard recipe)에 의해 철저한 기준을 지켜 일정량의 조리상품을 만들어낸다는 자긍심과 전문성의 자부심이 필요하다.

조리업무 진행과정은 개인능력으로 창조해 낼 수 있는 상품이지만, 사회구성원임과 동시에 사회 전체에 막대한 영향을 미친다는 사회성을 저버리는 행위는 절대 삼가야 한다.

2. 사회구성원으로서의 역할

사회환경과 조리환경의 관계는 역할적 차원에서는 매우 밀접한 의미를 갖고 있다. 그러나 조리사들은 조리업무과정에서 나타날 수 있는 제반여건을 충분히 분석하여 개인보다는 사회 전체에 미치는 영향에 더 집착해야 한다.

국가가 존립하기 위해서는 국가에 소속된 국민의 구성원 형태는 매우 다양해질 필요가 있다. 그러나 사회환경에 속하는 영향요인들은 일정한 흐름 속에서 진행되고, 그 결과를 예측해야 한다.

조리사 개인의 무책임한 실수가 사회 전체에 확산될 수 있는 혼란을 미연에 방지하고 활기있는 사회활동에 도움을 주어야 하는 책임과 의무가 동시에 부여되는 것이다.

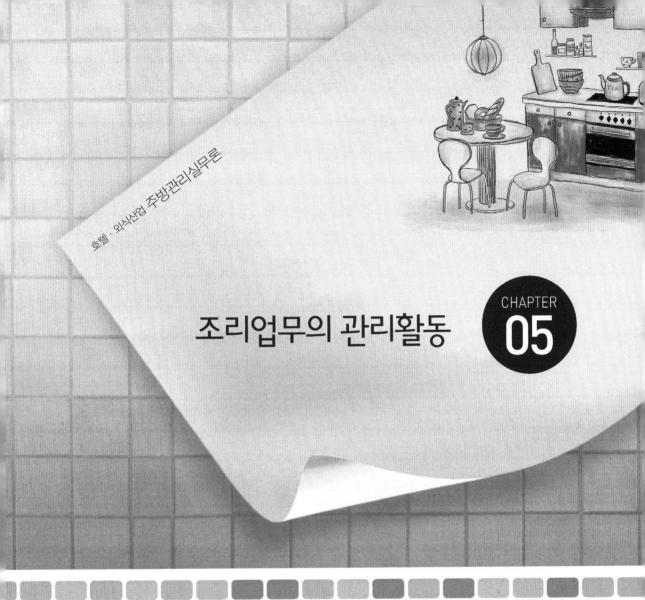

조리업무의 관리활동

CHAPTER
05

조리업무의 관리활동

제1절 조리의 법리적 개념접근

1. 조리의 개념 및 의의

우리 인류가 식용가능한 식재료를 이용하여 음식을 만들어 먹기 시작한 것은 불을 발견한 이후라고 예측한다. 기술문명의 발달과 더불어 조리방법과 형태에도 많은 변화가 있었다. 어떠한 형태든지 간에 우리 인류는 지금까지 음식을 조리하여 먹고 있으며, 미래에도 그러할 것이다.

조리라 함은 일정한 기술을 가진 사람이 식용 가능한 식재료에 물리적, 화학적 방법과 기타 향신료를 첨가하여 조리기구를 이용하여 굽거나 끓이거나 볶는 행위를 말한다. 식품을 선별하고 검수과정을 거쳐 조리상품으로 만들어 제공하는 이유는 인간에게 주어진 각자의 건강과 생활환경에 적응하기 위한 것이 대부분이다. 시대의 흐름에 따라 소비자들의 욕구는 다양해지기 때문에 조리방법과 조리형태를 바꾸는 데 결정적인 역할을 담당하게 되는 것이 바로 조리사들이다. 또한 바쁜 생활환경의 영향으로 편의식(fast food)의 이용이 점점 늘어나고 있어 조리의 의미가 간편화 추세로 변하고 있는 것도 피부로 느낄 수 있다.

이런 점을 고려하여 볼 때 조리를 하는 의미는 영양소의 섭취보다는 건강식(health-care

food)에 대한 배려가 더 중요할 수도 있다. 편의식이 갖는 영양상의 불균형 및 각종 첨가물에 대한 허용기준 등이 과거에 비해 건강식 섭취에 대한 관심을 심각하게 가져야 하는 시기에 와 있는 것이다.

조리의 시각적인 표현에 있어서는 단순하면서도 자연스러운 표현의 의미를 가져야 하며, 또한 미각적인 면에서는 인공적인 맛을 가미하지 않은 순수미가 있어야만 조리의 의미를 갖는다. 그러기 위해서는 신선한 식재료를 구매하여 사용하는 것이 절대적인 과정이다. 조리사들은 시각적, 미각적 측면을 충분히 가미하기 위해 섬세한 조리기술개발과 과학적인 조리방법을 터득하여 직접 적용시키는 것이 매우 시급한 상황임을 인식해야 한다.

제2절 조리의 목적과 중요성

1. 조리의 목적

모든 사람들의 건강을 유지하기 위한 방법으로 각 개인들은 다양한 기호를 선택하여 나름대로의 사회환경에 맞는 조리방법과 형태를 모색하여 시행해야 한다.

특히 음식섭취, 운동, 휴양, 정신적 및 신체적 안정 등의 여러 가지 요건이 기본적으로 충족되어야 하는 것이다. 그리고 인간의 기본적 충족 요인 중에서 가장 비중이 높은 것이 다양한 음식섭취임은 두말할 필요가 없는 것이다.

정신적인 건강과 육체적인 건강을 위해서는 섭취하고자 하는 식품의 특성과 조리방법적 기술을 익히는 것이 하나의 과제이다.

보통 조리의 목적은 식품으로서의 가치와 영양소를 파괴하지 않도록 하며, 위생적으로 안전하게 소화 흡수되도록 하는 것이라 할 수 있다. 이러한 경우 위생적인 시설을 바탕으로 위생적인 음식의 제공이 가장 우선적으로 시행해야 할 과제인 것이다.

아무리 맛이 있고 영양가가 풍부하더라도 고객에게 건강상의 위해와 장애를 줄 수 있는 음식을 만들었다면 궁극적이고 기본적인 조리목적은 상실되는 것이다. 조리의 궁극적인 목적은 "식품을 조리함으로써 식품 자체의 성분 및 형태의 변화를 일으켜 미각적·시각적·영양적·후각적 효과를 최대로 이끌어 위생적으로 처리하여 소화흡수가 잘되면서 모든 사

람에게 안전성을 주어야" 하는 것이다.

이러한 내용을 구체적으로 살펴보면 다음과 같다.

① 식품 섭취에 따른 위생상의 안전을 기해야 한다.

② 식품이 지니고 있는 영양분을 최대로 보존해야 한다.

③ 소화, 흡수를 증진시켜야 한다.

④ 식품 고유의 향기를 보존하고 매력성을 증대시켜 누구에게나 맞도록 조리를 해야 한다.

⑤ 독특한 모양을 가져 상품으로써의 가치가 있어야 한다.

2. 조리의 중요성

1) 위생적 측면의 중요성

인류 질병의 80%가 소화기 질환으로서 직간접적으로 식생활과 관련이 있기 때문에 조리와 위생은 절대적인 관계를 형성하는 매우 중요한 구성요소이다. 위생은 국민보건과 생활의 기본수단일 가능성이 매우 높다.

모든 주방에서 조리사 한 사람이 만드는 조리식품의 내용은 수많은 사람의 생명과 직결되는 필연적인 사실을 내포하고 있는 것이다.

어느 특정인이나 특정한 기관에서 주관하여 위생을 담당한다는 것은 그리 쉬운 일이 아니기 때문에 조리사 자신이 위생의식을 투철하게 갖춰 조리업무에 임해야 한다.

2) 영양적 측면의 중요성

식용가능한 식품에 물리적·화학적·기술적 방법을 이용하여 음식을 만드는 과정에서 조리사는 고객에게 제공될 음식에 소화 흡수 및 영양을 고려하여 만들어야 한다. 과거의 조리는 섭취하는 모든 사람에게 영양적인 측면보다는 포만감을 주는 형태가 더 강조되었다.

그러나 지나친 영양은 인간의 체형과 체질을 변하게 만드는 기현상을 연출할 수 있는 문제가 나타난 점에 유의하여 적정한 방법을 선택하는 것도 필요하다.

정확한 표준양목표(standard recipe)에 의해 각각의 요소를 적용시켜 최대의 영양에 도달하도록 노력해야 한다.

3) 사회적 측면의 중요성

국가경제수준은 곧 국민생활수준 및 식생활수준과 비례적인 입장에서 다루어져야 하며, 개인의 소득수준이 향상될수록 여가시간이 늘어나 가족단위 외식의 형태에 많은 시간을 소비하게 된다.

외식에 따른 지나친 영양섭취와 불규칙한 식사패턴을 이루는 과정에서 발생할 수 있는 것이 바로 성인병 발생의 기초이다.

조리기술과 조리방법에 현대적인 의미가 절대적으로 부합될 때, 국민체력의 향상과 체위 발전에 능동적으로 결합되는 범사회적인 의무가 있다.

그래서 사회변천의 흐름을 정확하게 파악하여 그 시대의 환경과 국민의 요구사항에 걸맞은 조리형태가 되어야 한다.

제3절 조리업무관리의 개요

조리사의 조리업무란 "조리를 위해 식용가능한 식재료를 선별구매·검수·조리상품의 생산, 상품 판매 서비스에 이르는 공정과정에서 발생하는 제반 업무"를 말한다.

덧붙여 조리업무 내용의 포괄적 의미는 주방인원에 대한 관리업무와 주방시설에 관한 관리업무도 포함된다고 볼 수 있다. 결과적으로 이러한 궁극적인 목적은 합리적인 조리업무를 통해 조리상품으로서의 가치를 극대화하여 다양한 소비자의 욕구를 충족시킴으로써 주방경영의 목표를 달성하는 데 있다.

조리업무의 원활한 흐름은 주방 내의 다양한 환경의 조화와 조리사 간의 협의하에서 이루어져야만 하는 것이다.

제4절 조리업무의 단계

1. 조리업무의 의사결정단계

① 조리업무의 의사결정단계로써 전년도 매출기록, 객실예약 상황, 당일예약 상황 등의 기초자료를 이용하여 기초업무를 파악해야 한다. 그리고 예상 이용객 수를 예측함과 아울러 소요 식재료의 구매의뢰, 신 메뉴의 계획 및 개발과 평가 등의 절차를 먼저 실시해야 한다.

② 업무의 효과적인 수행을 위하여 시장경제에 늘 관심을 가져야 하며 벤치마킹과 정기적인 시장조사 등을 통하여 항상 외식시장 변화에 민감하게 대처해야 한다.

③ 비수기에 대비한 식재료의 구매저장과 적정 재고량 유지를 위하여 정기적인 재고조사 및 구매물품에 대한 철저한 검수 등을 해야 한다.

2. 조리상품의 생산단계

① 표준양목표에 맞춰 조리상품의 생산과 기타 생산에 필요한 여러 조리공정을 심도있게 실행해야 하는 단계이다.

② 고객의 욕구에 합당한 조리상품의 생산이 올바르게 진행될 수 있도록 품질관리에 신경을 써야 한다.

③ 부적격한 조리상품을 사전에 방지하기 위하여 예방적 측면의 조리공정관리를 철저히 해야 하고 이를 통하여 낭비를 최대한 줄일 수 있다.

3. 조리상품의 판매와 사후관리단계

① 조리상품을 통해 고객의 욕구를 극대화해야 하는 단계로 서비스맨들로 하여금 음식이 신속하고 정확하게 전달될 수 있도록 한다.

② 고객들의 반응을 수시로 점검하고 고객들의 특성을 정확하게 파악하여 새로운 메뉴개
　발의 기초자료로 활용할 수 있어야 한다.
③ 고객들에 대한 데이터베이스를 통해 사후 단골고객으로 확보할 수 있도록 해야 한다.

제5절　조리작업관리

외식산업에 있어서 작업관리라 하면, 일반제조업의 생산개념에서 부가적으로 서비스 마
인드를 포함한 무형적 생산작업을 설계하고 감독하는 과정으로, 동일한 제품이라 해도 관
리여하에 따라 품질특성에 큰 차이를 나타낸다. 여기에서는 작업관리의 기본적 조직구성과
인력계획에 대해서 설명하기로 한다.

1. 인력의 조직구성(staffing)

조직은 목표를 달성하기 위해 체계적으로 결합되어 함께 일하는 사람들의 집단이라고 정
의할 수 있다. 이상적인 조직은 모든 유용자원을 이용하여 최대한의 효율을 만들어내는 것
이다. 조직의 구조는 조직관리의 목표와 각종 실행계획 또는 운영프로그램 등을 기초로 하
여 여러 가지 형태로 나타나게 된다. 조직구조는 상명하복의 권위적인 명령체계를 확보하
기 위해 만들어지는 경우가 대부분이다.

이러한 형태의 조직은 대개 다음과 같은 특징을 가지고 있다.

- 조직구성표 및 직무명세표 또는 직급별 상관도
- 각 부서 간 다양한 업무를 규정하는 부서별 차별화
- 개별적인 업무에 대한 효율적 통합
- 조직 내 원활한 명령체계 확보를 위한 권한의 위임
- 조직 내 규정, 절차, 통제를 통한 모든 업무활동과 조직원의 관리체계

1) 인력구성 가이드

필요한 작업에 소요되는 인력을 구성하는 기본 요소로써, 다음의 사례는 학생식당의 주방과 홀서비스 운영에 필요한 인력의 구성안이다. 이는 기타 외식산업분야에서도 동일하게 적용할 수 있다.

750명 학생식당 운영인력	
정규직원	
오전근무(05:00~14:30)	오후근무(10:00~19:00)
1 Lead cook 1 Second cook 2 Salad and line workers 1 Dishwasher 1 Potwasher/porter 1 Hostess/cashier	1 Lead cook 1 Second cook 2 Salad and line workers 1 Dishwasher 1 Potwasher/porter

※ 정규직원은 9시간/일 근무를 기준으로 하며, 2회의 30분 휴식을 갖는다.

시간제 근무직원		
조식(07:30~09:30)	중식(11:15~13:30)	석식(07:30~09:30)
1 Dining room runner 1 Serving line 1 Serving line runner 1 Dishroom 총 8시간	1 Dining room runner 4 Serving line 2 Serving line runner 3 Dishroom 총 22.5시간	1 Dining room runner 4 Serving line 2 Serving line runner 3 Dishroom 1 Hostess/cashier 총 29.25시간

※ 상기 예시를 통한 인력생산성을 보면 시간당 약 10식으로 나타난다.
  750명 * 3식/일 = 2,250식/일
  (빼기) 29% 손실 감안 = 약 1,600식/일
  총 작업시간/일 : 정규직 96시간 + 시간직 59.75시간 = 155.75시간/일
  작업시간별 생산식수 = 1,600/155.75=10.3(식)

2) 적정인력의 예시

인력구성 가이드를 통해 적정인력을 산출하는 경우, 고객의 수요에 따라 투입인력을 조정하는데, 다음은 주방과 홀서비스에 투입되는 적정인력을 산출한 것이다.

주방 인력				
직무 구분	고객 규모			
	0~49	50~99	100~175	175 이상
Chef	1	1	1	1
CooK	1	2	3	4
Salads-pantry	1	2	2	3
Dishwasher	1	2	3	3
Potwasher	1	1	1	1
Cleaner	0	1	1	1
Storeroom Person	0	1	1	1
Baker	0	1	1	1

홀 인력									
직무	고객 규모								
	1~37	38~58	59~75	76~95	96~112	113~129	130~145	146~166	167 이상
Hostess	1	1	1	1	1	1	1	1	1
Wait Staff	2	3	4	5	6	7	8	9	10
Bus Person	1	2	2	3	3	3	3	4	5
Bar Staff	1	1.5	1.5	2	2	2.5	2.5	2.5	2.5

3) 인건비 계획표

적정인력을 산출하는 기준으로 작업인력에 대한 인건비를 파악하고 그에 따른 인건비 계획을 수립하여 관리함으로써 보다 정확한 인력 산출이 가능하다. 다음의 예시를 통해 실제 인건비 계획을 수립한다.

직무구분	소요인력	주당시간	급여기준($)	총인건비($)
관리직				
총지배인	1	40	650/주	650
부지배인	1	40	500/주	500
경리직원	1	40	350/주	350
사무직원	1	40	7/시간	280
소 계	4	160	1,780	–
생산라인				
Exec. Chef	1	40	600/주	600
Cooks	2	80	10/시간	800
Kitchen Worker	2	70	8/시간	560
Baker	1	40	400/주	400
Kithcen Utilities	2	70	5/시간	350
소 계	8	300	–	2,710
서비스라인				
Cafeteria Sup.	1	40	400/주	400
Cafeteria Workers	10	350	5/시간	1,750
Cashiers	3	75	6/시간	450
Waitstaff	6	120	7/시간	840
소 계	20	585	–	3,440
시설유지관리				
Head Utility	1	40	10/시간	400
General Utility	6	210	5/시간	1,050
Porters	2	70	5/시간	350
소 계	9	320	–	1,800
합 계	41	1,365	–	9,730

4) 직무별 작업명세표

각 직무별 작업시간과 필요 인력계획이 수립되고 나면, 각 직무별 할당된 작업시간에 대한 직무를 명확히 구분하여 작업할 수 있도록 해준다. 직무별 작업계획은 다음과 같은 양식을 이용하여 수립한다.

직무 구분	Kitchen Worker
근 무 조	06:30~15:30
작업구역	중식주방 내 Grill Station
작업내역	Chef의 지시에 따른 정식세트 조리
청소구역	Grill과 주방 내 작업구역

2. 작업계획(scheduling)

인력을 구성하는 일과 작업계획을 수립하는 일은 명확히 구분되어 있지만, 기능적인 측면에서는 상호 유기적인 관계를 갖고 있다. 인력구성은 목표한 업무에 대하여 필요한 적정인력을 결정하는 작업이므로 직무의 분석과 수행업무의 표준 등이 제시되어야 한다. 이에 비해 작업계획(Scheduling)은 주어진 적정인력에게 목표한 바에 따라 업무를 수행할 수 있도록 의무를 부여하는 작업이다. 따라서 작업계획에는 구체적인 업무시간과 기간 등의 내용이 포함된다.

1) 작업스케줄 가이드

각 직무별 해당작업 소요시간과 시간대별 작업의 내용을 명시해 주는 기준으로 생산, 서비스, 시설관리 등을 들 수 있으며 직무구분에 따른 고유업무를 부서별로 명시해 준다. 다음의 표를 참고하여 작성한다.

직무	소요시간			작업 시간대									■ 휴식시간	
	S	P	M	11	12	13	14	15	16	17	18	19	20	21	22
①	2	4	2	생산		서비스								정리
	2	3	3											
	1	4	3											
									④					
											③			
						②								
총	5	11	8											

부서명 : _____   작업일자 : _____

작업스케줄 가이드의 작성순서는 다음과 같다.

① 직무구분 항목을 기입한다(예 : 조리원, 홀서빙 등)

② 서비스작업에 필요한 소요시간에 따라 작업내용을 기입한다.

③ 휴식시간을 표시해 준다(예 : 1회 30분).

④ 작업스케줄표를 완성한다. 생산과 정리정돈 작업을 표시한다.

2) 종합 인력계획표

목표하는 작업을 위해 투입되어야 하는 인력의 산출과 인건비계획, 그리고 필요한 작업시간과 내용을 명확히 하고 난 후, 1주일 단위의 종합적인 인력계획을 수립한다. 다음은 Fast Food 운영에 필요한 인력계획을 수립한 것으로 일반 외식산업에서도 동일한 방법으로 활용할 수 있다.

직무 구분	급여	작업 예정시간							1주 종합		비 고	
		토	일	월	화	수	목	금	시간	금액		
1조 관리자	$8	6	–	4	4	4	4	6	28	224	예상매출액	$8,600
조리작업	$5	6	–	4	4	4	4	6	28	140	예상인건비	$1,242
조리작업	$5	6	–	4	4	4	4	6	28	140	복리후생비	$195
											총인건비용	$1,437
											총인건비율	16.7%
2조 관리자	$8	7	7	5	5	5	5	7	41	328		
조리작업	$5	7	7	5	5	5	5	7	41	205	기타 의견:	
조리작업	$5	4	4	5	5	5	5	7	41	205		
총작업시간		39	21	27	27	27	27	39	270	$1,242	작성일자	
이용고객 수		500	150	250	250	250	250	500	2,150			
고객객단가		4.06	4.00	4.00	4.00	4.00	4.00	4.00	4.00		작 성 자	
예상매출액		2,000	600	1,000	1,000	1,000	1,000	2,000	8,600			
시간당 매출		51.3	28.4	37.0	37.0	37.0	37.0	57.3	41.6		확 인 자	

※ 작성순서

① 직무구분란에는 다음 주에 필요한 인력에 대한 직책명만을 기입한다.
② 급여란에는 시간급의 경우 1시간 기준급여를 기입한다.
③ 작업예정시간에는 각 직무별 소요되는 작업시간을 각각 기입한다.
   필요한 작업시간을 기입하는 것이므로, 휴가 등은 반영하지 않는다.
   이것은 작업시간에 대한 계획이며, 인건비 산출표는 아님을 확인한다.
④ 1주 종합란에는 시간과 해당금액을 모두 표시한다.
⑤ 1주 종합란의 금액은 1주일간 예상되는 인건비를 나타낸다.
⑥ 이용고객 수에는 요일별 예상고객 수를 기입한다.
⑦ 고객 1인당 매출단가를 예상하여 기입한다.
⑧ 예상매출액에는 당일 예상고객 수와 객단가를 곱한 값을 기입한다.
⑨ 시간당 매출액은 예상매출액을 당일 총작업시간으로 나누어 계산한다.

※인력계획표 분석자료의 활용

1주간 종합 인력계획표를 통해 예상되는 매출과 고객 수, 그리고 소요인력, 작업시간 등을 파악할 수 있으며, 이를 통해 처음 수립한 인건비 예산과의 상관관계를 분석하여 조정할 수 있다. 즉 처음 수립한 인건비 예산보다 계획된 1주의 인건비 계획이 2% 초과되어 예상되었다면 다음과 같은 방식으로 재조정하여 관리할 수 있다.

① 초과된 비율×예상 매출액
② (1)의 결과 / 시간당 평균 인건비
   예를 들어, 예상매출액이 10,000,000원이고 인건비가 2% 초과 예상되었고 시간당 평균인건비가 10,000원이라면,

① 2%×10,000,000원=200,000
② 200,000원 / 10,000원=20 시간이 조정되어야 하는 부분이다.
   따라서 20시간만큼 작업시간을 감소시키는 방법 또는 인력을 이동하여 작업량을 조절하는 방법 등을 사용하여 인건비 예산과 일치시켜야 한다.

3. 인력 생산성 관리

작업인력을 관리하는 데 있어 우선 고려되어야 하는 부분이 바로 생산성 측면이다. 인건비를 절감하고자 하는 목표에는 반드시 인력 운영의 효율, 즉 인력생산성을 분석해야만 품질에 악영향을 주는 부작용을 방지할 수 있다.

1) 생산성 영향요소

일반적으로 인력의 생산성에 변화를 주는 다음과 같은 요인을 고려하여 동일업종의 평균 생산성과 비교하는 것이 좋다.

영향 요인	내 용
메뉴	조리하기 손쉬운 내용인지의 여부
주방환경	조리기기 또는 기물의 구성 여부
직원 기술능력	조리능력 또는 근무경력 등 개인적인 편차

2) 생산성 측정지표

보통 외식산업의 운영효율을 평가하기 위해서는 종사원 작업시간에 대한 매출규모, 즉 1인당 생산성의 측정지표로 삼는다. 보통 생산성이라 함은 산출물에 대한 투입량의 비율로 계산되므로, 생산성을 높이기 위해서는 투입량을 절감하거나 산출물을 증가시키는 방법, 또는 두 가지를 병행하는 방법을 사용한다. 외식산업에서 생산성을 측정하는 방법으로는 다음의 공식을 이용할 수 있다.

 생산성 측정지표

1. 작업시간당 판매식수=총 판매식수/총 작업시간
2. 총 급여=총 직원의 시간급여 기준 합계×총 작업시간
3. 총 인건비=총 급여+기타 인건비용(복리후생비 등)
4. 판매식수당 인건비=총 인건비용/총 판매식수

일반적으로 외식산업에서의 인력 생산성은 낮은 편이다. 이는 높은 이직률, 인건비 상승에 따른 매출액 대비 높은 인건비율 등이 주 원인이다. 따라서 외식산업 관리자들은 인력생산성을 높이기 위한 방안을 연구해야 할 필요성이 있는데, 낮은 생산성을 나타내는 주요 원인은 잘못된 생산작업의 설계, 작업방식, 작업관리 또는 부적합한 작업인력의 운영 등이 있다. 인력 생산성이 떨어지게 되면 궁극적으로 메뉴 품질의 저하와 직결되므로, 외식산업 관리자들은 원가절감뿐만 아니라 품질향상에 따른 고객만족을 위해서 생산성 관리에 많은 노력을 기울여야 할 것이다.

호텔·외식산업 주방관리실무론

주방관리의 실무론

02
PART

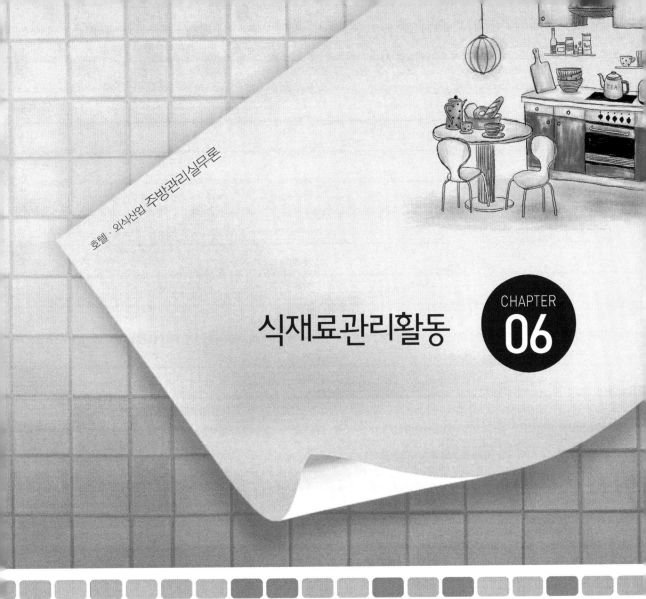

호텔 · 외식산업 주방관리실무론

식재료관리활동

CHAPTER
06

CHAPTER
06

식재료관리활동

제1절 식재료관리의 개요

우리나라 식품성분표에는 식품을 약 1,130여 종으로 분류하고 있으나, 각 지방이나 지역에 따라 다양한 식재료가 사용되고 있다. 외식업체의 식재료비는 급식원가의 절반가량을 차지하는 비용으로 좋은 상품의 적정한 구입은 기업운영에 있어 매우 중요한 일이며, 식재료의 질은 음식의 맛과 품질을 결정하는 요소가 된다.

이처럼 식단에 따라 적정한 식품의 종류를 구입 또는 보관하고 이를 사용하기 위한 방법을 시스템화하여 급식의 운영을 원활히 하는 것이 식재료관리의 목적이라 할 수 있다. 품질이 우수하고 가격이 저렴한 식재료를 선정하고자 할 때 먼저 메뉴계획에서 제시하고 있는 식품의 종류와 양을 정확하게 파악해야 한다. 그리고 음식의 종류에 적합한 품질과 규격이 가격 대비 적정한가를 검토하여 조달하는 것이 필수적인 사항이다.

〈식재료관리 업무의 흐름〉

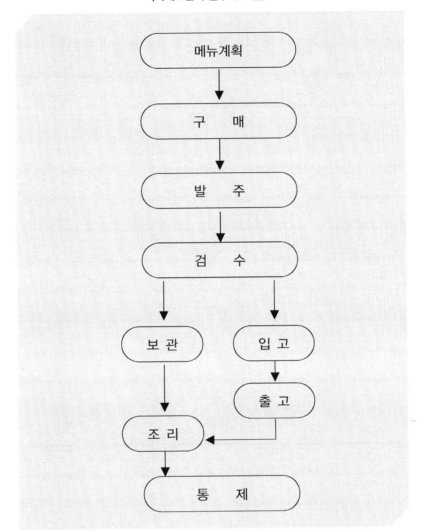

제2절 식재료관리업무

식품은 제철에 나온 것이 영양가 면에서 우수하고 가격 면에서도 유리하기 때문에 각 지방에서 생산 출하되는 농수산물의 작황을 인지하여 구매하는 것이 중요하다. 물가변동에 따라 식재료관리업무에 영향을 주기 때문에 계절, 기후의 변화, 농수산물의 변동상황 등을 잘 파악하여 가격을 설정하고 식재료와 선택 기준을 설정해야 한다.

① 공급업체의 선정 및 구매의 합리화 : 식단의 기간 또는 요리의 종류, 발주시기에 따라 공급업체 선정

② 발주업무 : 납품의 일시와 가격, 발주방법을 정하여 재고확인 후 발주

③ 정확한 검수의 책임 : 검수 담당자가 납품전표에 따라 식재료의 양과 질 확인

④ 보관과 입고 및 출고 : 보관기준에 따라 식재료의 입·출고량을 통제

⑤ 식재료비 예산의 통제 : 계획된 예산에 맞춰 식재료비를 관리

제3절 구매관리의 활동과정

1. 구매관리의 의의

구매관리활동은 적정한 물품을 적정한 시기에 구매하는 것뿐만 아니라, 식음료 사업을 계획·통제·관리하는 경영활동으로 인식되어야 한다. 즉 경영주체가 업장의 기능유지를 위해 필요한 시기에 최소한의 비용으로 최적의 상품을 구입하는 경영활동이다. 식재료의 구매는 계절의 변화, 물가 변동 등의 경제적 요인이 직접 작용하게 되므로 식재료의 구매 및 선정에 있어서 더욱더 세심한 주위가 필요하다. 특히 구매담당자는 복잡한 유통구조에 관한 사전지식, 식품의 감별법, 식재료의 구매 시 고려사항 등이 중요시되어야 되며, 그 식품이 가지고 있는 특성과 영양성분, 보존기간 및 변질에 관한 전반적인 지식을 습득해야 한다.

구매담당자는 식재료의 구매활동을 원활하게 수행하기 위해서 식재료의 생산과정부터 조리, 판매에 이르기까지 많은 경험과 끊임없는 연구가 필요하다.

식재료의 합리적이고 효율적인 구매관리를 위해서는 정기적이고 치밀한 시장조사와 구매품목에 대한 특성을 고려하여 구매절차를 거쳐야 한다.

그러기 위해서는 구매품목의 품질, 규격, 무게, 수량, 기타 특성을 세부적으로 기술한 표준구매명세서를 작성하여 검토해야 하는 것이 기본적인 단계이다.

2. 구매 집행과정

주방의 식재료를 적정한 시기와 필요한 양, 또한 최소의 비용으로 최상의 상품을 구입한다는 것은 결코 쉽게 이루어지지 않는다. 그렇기 때문에 구매담당자와 주방관리자는 구매관리를 위한 공동 노력이 절대적으로 필요하다.

구매관리를 위한 집행과정은 조리목적에 따라 필요한 식재료를 적절한 납품예정자와 구매처를 탐구 파악하여 교섭·발주과정을 거쳐 관련주방이나 창고에 입고시키는 일련의 과정을 말한다.

주방에서 사용되는 식재료의 구매는 그 품목의 종류와 사용시기가 현저한 차이를 보이는 품목이 많기 때문에 구매담당자는 구매수행과정의 업무를 적절하게 조절하는 기능을 발휘해야 한다.

식재료에 대한 구매수행의 과정을 일반적으로 수행되는 구매과정과 동일시하는 경향은 그리 바람직하지 못하다는 점을 감안하여 본다면 다음과 같은 내용으로 요약할 수 있다.

1) 적정재고량의 파악

호텔업장이나 레스토랑의 주방에서는 필요한 만큼의 각 품목별 식재료의 적정재고량을 항상 유지하여야 한다. 따라서 구매담당자는 신속하고 정확하게 재고량을 파악하여 구매의뢰에 영향을 주어야 한다.

과소한 재고량의 경우에는 특정음식을 제공하지 못하여 서비스의 질이 떨어질 수도 있으며, 반대로 과잉재고량의 경우에는 불필요한 원가비용이 발생하는 요인이 된다. 그런 이유

로 식재료의 적정재고량을 유지하는 것은 주방 고유의 업무를 수행한다는 입장에서 진행되어야 한다.

2) 구매량 결정 : 메뉴의 확정

구매량을 결정하는 것은 외식업체의 수익에 커다란 영향을 미치는 중요한 결정수단이다. 구매담당자는 업장의 주방이나 레스토랑에서 사용한 식재료의 품목과 수량 등을 파악하여 식재료 제공자에게 의뢰한다.

조리를 위해 필요한 식재료량의 내용을 충분하게 검토하여 구매의뢰자는 구매량을 결정해야 한다.

이때 구매청구서를 작성하여 특정품목이나 총괄적인 물품소요량에 대해 서류로 작성해야 한다.

3) 품질기준 설정

구매담당자는 필요한 구매품목과 양이 결정되면 각각의 구매품목에 대한 품질을 설정하여 납품업자를 선정해야 한다.

품목별 품질의 정도는 결과적으로 납품업자를 선정하는 평가기준의 역할을 한다.

4) 납품업자 선정

적정한 기준에 의해 구매할 식음료 품목이 선정되었을지라도 지속적으로 품질을 믿을 만한 납품업자와 업체를 선정하는 것은 결코 쉬운 일이 아니다. 거래를 위해 작성한 견적서의 내용과 실제 납품되는 내용의 일치여부를 확인하는 작업이 필수적이다.

일정기간 거래관계를 유지했더라도 납품업자의 신뢰성은 곧 상품의 질과 수량에 미칠 수 있는 요인이라는 점을 감안한다면 품목선정보다도 신뢰성과 진실성을 겸비한 납품업자를 선정하는 것이 더 중요하게 작용한다.

5) 구매가격결정

구매하는 물품의 품목별 가격을 결정하는 단계로서, 우선 생산성과 수익성을 고려하여야 한다. 최소의 비용으로 최고의 상품을 구매하려는 것이 구매담당자가 기본적으로 취해야 할 구매업무의 목적이다.

6) 결재조건과 납품시기 결정

구매담당자와 납품업자는 상호협상의 결과에 따라 결재조건과 시기를 결정하는 단계이다. 이러한 과정의 흐름은 계약서의 내용에 구체적으로 포함되어 납품업자의 납품이 완료되더라도 계약서 내용과 일치여부를 확인하는 자료가 되어야 한다.

특히 반품에 대한 조건을 결정하는 것도 매우 중요한 수단이다.

7) 송장의 점검

구매담당자는 구체적이고 세부적으로 기록된 구매조건의 내용과 송장의 기록내용을 비교하여 물품의 내역과 가격결정에 따른 일치여부를 확인하여 물품을 받는 단계이다.

구매를 위한 송장은 현금과 일치한다는 인식을 갖고 검수에 앞서 철저하게 점검하는 업무이다.

8) 검수작업

구매주문서에 의해 현물을 확인하고 대조하여 주문내용에서 발견할 수 있는 반품의 처리방법을 해결하는 과정이다. 특히 검수작업과정에서 일어날 수 있는 예기치 못한 사항에 대처할 수 있는 대안을 마련하는 것도 마찬가지로 중요하다.

〈식음료 구매절차〉

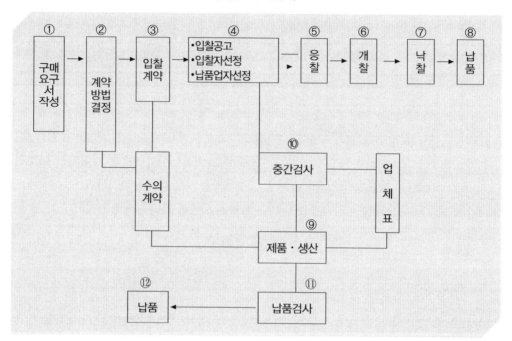

9) 기록 및 기장관리

주문서사본, 구매청구서, 물품인수장부, 검사 또는 반품에 대한 보고기록서를 작성하여
비치 · 보관하여야 한다.

구매주문 관련업무에 필요한 서류들은 곧바로 구매의뢰 과정상 절대적으로 참고해야 할
자료가 된다.

3. 식재료 구매 시 주의사항

식재료를 구매하는 과정에서 다음과 같은 몇 가지 주의할 점이 있다. 특히 구매하고자 하
는 식재료의 종류와 특성에 따라 특별히 주의해야 할 점이 많은 이유는 결과적으로 호텔 수
익결정 요인과 직결되며 나아가 국민보건 및 건강에도 직접적으로 영향을 미치기 때문
이다.

① 신선할 것

식재료가 신선할 때 맛이 가장 좋을 뿐만 아니라, 영양가도 높다. 이렇게 신선한 식재료를 선택해야 하는 것은 결국 양질의 서비스를 제공하여 수익증대에도 영향을 주기 때문이다.

② 위생적일 것

모든 식재료는 항상 신선하고 위생적으로 처리된 재료를 구매해야 하는 것이 원칙이다.

③ 안전할 것

주방에서 소모될 식재료는 위해 및 변질 등 위험성이 내포된 식품을 사용하면 안 된다. 특히 농약이나 중금속, 유해첨가물은 허용기준치를 초과한 상태로 사용할 경우 사회적으로 커다란 물의를 일으킬 염려가 많다는 사실을 인식해야 한다. 또한 유해색소의 삽입문제, 무허가 식품, 품질표시 등 일반적인 내용이 대체적으로 안전해야 한다.

④ 적정가격일 것

소비시장구조의 가격변동은 시대상황에 따라 급격한 변화를 가져온다. 어떠한 식재료이든 가격은 적정한 선에서 구매계약이 이루어져야 한다. 필요이상의 높은 가격으로 구매비가 지불된다든지 또는 실제가격보다 낮게 책정되어 식재료를 구매한다면, 원가상승률에 영향을 줄 수 있는 요소로 바뀐다.

4. 구매방법

1) 계약에 따른 방법

(1) 경쟁입찰

자격을 갖춘 희망자 사이에 상호경쟁을 통해 계약체결에 관한 유리한 내용을 표시한 사람과 계약할 조건으로 각자의 견적가격을 써내게 하여 그중 가장 적당한 조건을 내세운 사람을 낙찰자로 정하는 입찰이다. 입찰을 위해서는 일정한 시간적 여유를 두고 공고해야 하며,

입찰공고에는 품명, 수량, 입찰장소 및 일시, 납품장소 및 시기, 보증금관계, 등록마감일, 계약조건, 품질기술서, 입찰조건 등이 명시되어야 한다.

(2) 수의계약

경쟁을 붙이지 않고 계약을 이행할 자격을 가진 업체와 계약을 체결하는 방법이다. 복수 및 단일 견적으로 나누며, 일반 소규모 영업점에서는 복수견적을 통하여 가격과 품질을 비교하여 계약조건이 가장 좋은 납품업자에게서 납품을 받는다.

2) 구매기간에 따른 방법

① 수시구매

• 각 식재료를 구매 의뢰서에 따라 필요할 때마다 수시로 구매하는 방법이다.

② 정기구매

• 각 식재료의 기간별 소모량을 파악하여 정기적으로 구매하는 방법이다.

③ 장기계약구매

• 쌀과 같이 계속적으로 대량필요한 경우, 장기적으로 계약을 체결하고 일정기간마다 일정량을 납품받는 방식

④ 위탁구매

• 구매하고자 하는 식재료가 종류는 다양하고 소량일 경우, 구입단가를 명백히 책정하여 특정업자에게 일괄적으로 구매하는 방법이다.

3) 구매주체에 따른 방법

① 중앙구매 : 구매담당부서에서 구매
② 비중앙구매 : 관련부서나 팀내에서 독자적으로 구매
③ 공동구매 : 소규모의 영업점끼리 모여 공동으로 구매

쉬어가기

식재료구매자의 지식과 태도

① 식재료의 주산지 및 계절적 변동요인
② 표준 구매명세서 내역
③ 구매방법 및 발주절차
④ 식재료의 특성과 저장조건 및 시간
⑤ 식재료의 산출률 및 관련 음식
⑥ 긴급구매, 가치분석과 창조적 구매의 수행능력
⑦ 정직, 성실한 인품
⑧ 불법행위 배척(뇌물, 사기, 횡령)
⑨ 내외적 인간관계에 대한 무편견

제4절 검수관리활동

1. 검수관리의 의의

주방 각 업장에서 사용될 식재료에 대한 식음료 구매관리과정의 절차가 완료되어 본격적으로 식용가능한 식재료가 업장으로 유입되기 시작하면서 동시에 이루어지는 관리활동이 바로 검수관리이다. 검수관리 진행과정의 다음 단계가 배달된 식재료를 구매명세서에 의해 검사하고 수령하여 관리하는 활동이다.

검수관리의 원칙은 납품된 물품이 주문한 요건에 맞는가, 또는 불량품이 발견되는지를 확인하여 적절한 조치를 취하는 것이다.

2. 검수관리의 절차

1) 납품된 물품과 구매청구서의 대조

납품 시 서류는 검수업무의 기준이 된다.

2) 배달된 물품과 거래명세표의 대조

거래명세서는 배달된 식재료의 수량과 가격에 대하여 납품업자가 작성하는 전표로 납품된 식재료와 대조한다.

3) 물품의 인수 또는 반품

발주에 따른 물품의 수량 및 가격과 품질이 적합하면 인수하고 부적합하면 반품처리한다.

4) 꼬리표의 부착

지방식품의 경우 반드시 입고일을 표시하고 창고에 1일 이상 보관할 물품에는 꼬리표를 부착하며, 포장품인 경우 용기 위에 라벨을 붙인다.

5) 입고 및 운반

완전하게 납품되어 검수가 끝난 식품들은 종류에 따라 분류하고, 창고나 냉장고 등에 선입선출과 후입선출의 원칙에 따라 정리보관하거나 적절한 정소로 운반한다.

6) 검수일지 작성 및 확인

검수일지의 기록은 검수기능 중 하나이다. 납품서는 구매부서에서 발주부서와 대조하고 점검하여 이상이 없으면 한 장은 대금 지불을 위하여 경리부서에 넘기고 한 장은 발주서와 같이 보관한다.

3. 검수방법

1) 송장 검수법(invoice receiving)

가장 널리 사용하는 검수방법으로, 구매명세서의 송장에 기록한 내용에 따라 수량, 품질, 특성, 가격 등을 검수하여 입고시키는 과정이다.

2) 표준순위 검수법(standing order receiving)

송장 검수법과 거의 비슷한 방법이다. 그러나 송장 검수법에 비해 느슨한 점이 있다. 송장 대신 배달 티켓을 물품과 함께 검수원에게 보내는 방법으로 동일한 물품을 정기적으로 보낼 때 사용한다.

3) 무표식 검수법(blind receiving)

물품의 정보 외에 다른 정보 없이 품목별 이름, 가격, 수량, 특징 등만을 기록하여 보내진 자료를 보고 검수하는 방법이다.

4) 우편배달 검수법(mailed deliveries receiving)

주문한 물품이 우편이나 항공에 의해 배달되는 경우 화물표가 송장의 역할을 대신하기 때문에 신뢰성을 유지하는 거래업자와의 관계에서 성립하는 검수법이다.

5) 대금상환 검수법(code deliveries receiving)

검수원이 배달원으로부터 물품을 직접 받는 동시에 대금을 지불하는 방법이다.

식품군	식품류	감별내용
감자 및 토란	감 자 류 고구마류	병충해, 외상, 부패, 발아 등이 없는 것. 형태가 바르고 겉껍질이 깨끗한 것이 좋다.
	토 란	신선하고 입자가 고르며 겉이 마르지 않은 것을 고른다. 씻겨진 것이나 표면이 딱딱한 것은 피하고 잘랐을 때 끈적끈적한 것이 좋다.
버섯류	송이버섯	봉오리가 적은 것을 선택하고, 줄기가 단단한 것을 고른다. 색채가 선명한 것은 독이 있는 것이 많으므로 좋지 않다.
	말린 버섯	건조가 잘 되고 변색, 변질되지 않은 것으로 잎이 반드시 형태를 유지하고 있는 것이 좋다. 육질이 두껍고 잎이 찢어지지 않은 것이 좋다.
해조류의 가공품	미 역	건조가 잘 되고 육질이 두껍고, 찢어지거나 흐트러지지 않은 것이 좋다.
	김, 다시마	건조가 잘 되고 검은 색깔에 광택이 있고 표면에 구멍이 뚫리지 않은 것이 좋다.
과일류	생 과 일	제철의 것으로 성숙하고 신선하며 청결한 것이 좋다. 또 반점이나 해충 등이 없고 특유의 색, 향이 있는 것이 좋다.
난류	달 걀 (메추리알, 오리 알, 칠면조알)	표면이 거칠거칠하고 광택이 없는 것으로 햇빛에 투시해 보면, 신선한 것은 모양이 선명하고 난황 부위가 농후하며 흔들리지 않는 것이 좋다. 대 60~70g, 중 50~60g, 소 44~50g
우유 또는 유제품	우 유	용기 뚜껑 등이 위생적으로 처리된 것으로 외관상 청결해야 하며, 오래 되지 않은 것이 좋다.
	버 터	포장, 용기 등이 위생적인 것으로서 특유의 방향을 갖고 있고, 변색되지 않은 담황색으로 색조가 균일하고 냄새가 좋고 부패취 등이 없는 것이 좋다.
조미료	간 장	색은 적색이고, 맛이 강하고 투명하며, 광택이 있는 것으로 특유의 향기가 있고, 맛이 있어서 온화하며 자극적인 맛이 나지 않고 이취가 없는 것이 좋다.
	식 초	색은 담황색을 띠며 초산 냄새를 갖는 것으로 색은 선명하며 특유의 향미가 있고 이취가 없는 것이 좋다.
	토 마 토 통 조 림	중등 정도의 고형으로 색은 선명하고 특유의 향미가 있으며 이취가 없는 것이 좋다.
저장식품	통조림 또는 병조림	통조림을 고를 때에는 외부가 더럽지 않고, 상표가 변색되지 않은 것으로서, 뚜껑이 돌출되거나 들어가지 않고, 두드렸을 때 맑은 소리가 나는 것이 좋다. 병조림의 밀착부분은 안전한 것이 좋다.

식품군	식품류	감별내용
어육류, 가금류 또는 가공품	우육, 돈육	「식품위생법」에 저촉되지 않는 것으로 규격품을 구입하지 않으면 안심할 수 없다. 우육의 색은 적색이고, 돈육은 선홍색인 것이 좋다. 지방은 모두 담황색으로 탄력 있고 향이 있는 것으로 이취가 나는 것은 좋지 않다.
	닭고기	신선한 광택이 있고, 이취가 없으며 특유의 향취를 갖고 있는 것이 좋다.
	고래고기	색은 암적색이고 이취가 없으며 특유의 향취를 갖고 있는 것이 좋다.
	소시지 또는 햄	제조연월일은 가능한 최근 것이 좋고, 햄을 절단했을 때 신선하며 탄력이 있고 육 질이 밀착되어 있고 특유의 향과 냄새가 있으며, 소시지는 절단했을 때 담황색이고 향이 육질과 함께 조화를 이루고 있는 것이 좋다. 이상한 냄새가 있는 것은 피하는 것이 좋다.
	베이컨	특유의 훈취가 있고 광택이 있으며, 지방이 끈적거리지 않는 것이 좋다.
어패류, 갑각류 또는 가공품	생어류	눈이 불룩한 것이 좋고, 눈알이 선명한 것이 좋다. 비늘은 광택이 있고 단단히 부착 된 것이 좋으며, 육질은 탄력이 있고 뼈에 단단히 밀착해 있으며 물속에 두었을 때 가라앉으며 불쾌한 냄새가 나지 않는 것이 좋다.
	건어류	광택이 좋고, 탄력이 있으며, 불쾌취가 나지 않는 것으로, 반 정도 마른 것은 먹기 1 일 전에 사는 것이 좋다.
	패류	봄은 산란시기로 맛이 없어지는 때이므로 겨울철이 더 좋다. 패류가 농후한 것은 먹기 1일 전에 사는 것이 좋다.
	어육 연제품	각각의 특유한 향기를 갖고 있고, 부패취가 나지 않는 것으로 미세하고 탄력이 있 으며, 구이용 소시지, 햄의 경우에는 상품의 가치를 좋게 하기 위해서 색소를 이용 하고 있는지 주의한다. 표면에 점액질의 액즙이 있는 것은 고르지 않도록 한다.

　식재료의 납품은 현품과 함께 물품송장을 첨부함이 원칙이다. 특히 호텔 식재료의 다양한 품종이나 복수의 납품회사에 의한 매일의 반복적 구매라는 특성을 감안할 때, 그리고 현행의 「부가세법」이 요구하는 필수적 요식행위인 관계로 송장은 필히 현품에 수반되어야 한다. 그러한 관계로 대다수의 호텔에서는 각 회사가 인쇄한 요식화된 거래명세표를 납품업자에게 미리 배부하여 납품할 때 사용하게 함으로써 업무에 능률을 기하고 있다.

　검수단계에서 합격된 식재료의 송장에 수령절차의 완료를 확인하는 도장을 날인함으로써 납품이 완료된다. 도장의 날인을 통해 인가된 관계자의 서명과 검수 및 수령 날짜를 단일한

방법으로 확정시키게 되며, 대부분의 송장도장은 ① 수령일자, ② 수령인, ③ 가격검사인, ④ 금액검사인, ⑤ 대금지불승인, ⑥ 대금지불일, ⑦ 검사번호와 같은 사항을 내용으로 한다.

〈송장도장의 예〉

```
┌─────────────────────────────────┐
│   Date Received _____   │
│   Quantity _____  │
│   Price OK _____  │
│   Extension OK _____  │
│   Entered _____  │
│   Paid _____  │
└─────────────────────────────────┘
```

쉬어가기

HACCP(Hazard Analysis Critical Control Point)란?

식품위해요소중점관리기준으로 식품의 원재료 생산부터 제조, 가공, 보존 및 유통단계에서 최종소비자가 섭취하기 전까지의 각 단계에서 발생할 수 있는 위해요소를 규명하고 이를 중점적으로 관리하는 제도이다.

제5절 저장관리활동

1. 저장관리의 의의

저장관리란 식재료의 사용량과 일시가 결정되어 구입한 식재료에 대하여 철저한 검수과정을 거쳐 출고할 때까지 손실없이 합리적인 방법으로 보관하는 과정을 말한다.

이렇게 식재료를 본래의 의도대로 사용할 수 있도록 보존하는 상태를 저장(storing)이라고 한다.

저장된 식재료는 언제 어디서나, 누구든지 쉽게 찾을 수 있도록 해당 식재료명과 규격별 분류, 식재료의 특성에 따른 분류법을 통해 손쉽게 분류하여 식재료의 손실을 적게 해야 한다.

2. 저장관리의 목적

식재료는 누구나 손쉽게 식별하고 그 위치를 확인할 수 있도록 저장 초기단계에서 종류별, 특성별, 사용용도별 등 다양한 분류방법에 의해 저장관리되어야 한다. 식재료를 합리적으로 저장해야 한다는 것은 결국 합리적으로 보존한다는 것과 마찬가지로서 재료별로 식별하기 쉽고 온도, 습도, 통풍 등 제반 여건을 충분히 고려하여 저장해야만 저장관리의 목적을 수행할 수 있다. 저장관리의 목적은 다음과 같다.

① 부패, 폐기, 발효에 의한 손실을 최소화함으로써 적정재고량을 유지
② 식재료의 손실을 방지하기 위한 출고관리 수행
③ 저장된 재료는 매일 그 총계를 내어 관리 유지
④ 저장·출고는 사용시점에서 바로 이루어지도록 관리
⑤ 식품군별 적정 저장온도 및 습도 등의 환경유지를 통한 품질 유지

〈식품군별 적정저장온도〉

식 품 류	저장온도(℃)	최대 저장기간	보존방법
•육류 로스트, 스테이크, 찹스	0~2.2	3~5일간	보존용기로 싼다.
간 것과 국거리감	0~2.2	1~2일간	보존용기로 싼다.
각종 육류	0~2.2	1~2일간	보존용기로 싼다.
햄(한 덩이)	0~2.2	7일간	보존용기로 싼다.
햄(반 덩이)	0~2.2	3~5일간	보존용기로 싼다.
햄조각	0~2.2	3~5일간	보존용기로 싼다.
햄(통조림)	0~2.2	1년	통조림상태로 보존
Frankfurters(독일 소시지)	0~2.2	1주	본 포장상태로 보관
베이컨	0~2.2	1주	보존용기로 싼다.

식 품 류	저장온도(℃)	최대 저장기간	보존방법
Luncheon meats(런천미트)	0~2.2	3~5일간	보존용기로 싼다.
남겨진 조리된 고기	0~2.2	1~2일간	보존용기로 싼다.
육수	0~2.2	1~2일간	완전 식혀서 보관
• 가금류 생통닭, 칠면조 거위, 오리	0~2.2	1~2일간	보존용기로 싼다.
가금류 내장	0~2.2	1~2일간	가금류와 별도로 싼다.
스터핑(Stuffing: 얇게 썬 고기를 양념한 것)	0~2.2	1~2일간	뚜껑 있는 용기에 가금류와 별도로 보관
조리된 가금류	0~2.2	1~2일간	뚜껑을 덮어둔다.
• 생선류 고지방 생선	−1.1~1.1	1~2일간	보존용기로 싼다.
비냉동 생선			
냉동 생선		3일간	얼음으로 인해 생선살이 망가지지 않도록 한다.
• 조개류		1~2일간	뚜껑 있는 용기에 보관
• 달걀류 달걀	4.4~7.2	1주	물에 씻지 말 것, 달걀판에서 꺼내둔다.
남겨진 노른자, 흰자		2주	노른자를 물에 띄워둔다.
건조달걀		1년	뚜껑을 단단히 덮어둔다.
가공된 달걀		1주	
달걀, 육류, 우유, 생선	0~2.2	당일조리	달걀과 같은 요령
가금류 등의 조리식품	0~2.2	당일소비	
크림페이스트리	0~2.2	당일소모	
• 유제품류 액상우유	3.3~4.4	용기에 표시된 날짜 로부터 5~7일간	본 용기에 밀봉해서 보관할 것
버터		2주	카턴팩에 보관
고형치즈 (체다, 파머산, 로마노)		6개월	습기방지를 위해 단단히 봉해 둘 것
소프트치즈류			
코티지치즈		3일	밀봉

식 품 류	저장온도(℃)	최대 저장기간	보존방법
기타 소프트치즈		7일	밀봉
농축밀크	10~21.1	밀폐된 상태에서 1년간	개봉 후 냉장
탈지우유			
가공탈지우유	3.3~4.4	밀폐된 상태에서 1주	1년간 개봉 후 냉장 액상우유와 같은 방법으로 보관
• 과일류 사과	4.4~7.2	밀폐된 상태에서 2주	완전히 익을 때까지 상온에 보관
아보카도		밀폐된 상태에서 3~5일간	
바나나			
체리, 딸기류	4.4~7.2	2~5일간	냉장고에 넣기 전에 물로 씻지 말 것
감귤		1개월	본 용기에 보관
크랜베리		1주	
포도		3~5일간	완전히 익을 때까지 상온에 보관
배			
파인애플			썬 후에는 뚜껑을 살짝 덮고 냉장고에 보관
• 채소류 고구마, 양파, 호박	15.6	실내온도: 1~2주간	양파는 통풍이 잘되는 장소와 용기에 보관
순무	7.2~10	15도 이상: 3개월간 30일간	저장 시에는 물로 씻지 말고 보관
감자	4.4~7.2	최장 5일	
기타 모든 채소		양배추나 근채소류는 최장 2주간	

〈냉동식품의 보존기간〉

자재	−23.3℃∼−17.7℃상에서 최장 보존기간
• 육류	
쇠고기: 로스트와 스테이크	6개월
쇠고기: 간 것, 국거리감	3∼4개월
돼지고기: 로스트와 저민 것	4∼8개월
돼지고기: 간 것	1∼3개월
양고기: 로스트와 저민 것	6∼8개월
양고기: 간 것	3∼5개월
송아지고기	8∼12개월
쇠간과 혀	3∼4개월
햄, 베이컨, 소시지, 쇠고기 통조림	2주간(냉동보관은 바람직하지 않음)
조리된 육류의 잉여분	2∼3개월
쇠고기 육수	2∼3개월
고기를 넣은 샌드위치류	1∼2개월
• 가금류	
생통닭, 칠면조, 거위, 오리	12개월
Giblets	3개월
조리된 가금류	4개월
• 기타류	
보관 아이스크림	3개월, 본 용기에
과일	(최적온도는 −12.2℃)
과일주스	8∼12개월
채소류	8∼12개월
프렌치 프라이용 감자 2∼6개월	8개월
제과류	2∼6개월
케이크	4∼9개월
케이크반죽	3∼4개월
과일파이	3∼4개월
파이껍질	1.5∼2개월
쿠키류	6∼12개월
이스트를 넣은 빵류	3∼9개월
이스트를 넣은 빵 반죽	1∼15개월

〈건식자재의 보존기간〉

식자재	개폐 후 최장 보존기간
• 베이킹 재료	
베이킹 파우더	8~12개월
제과용 초콜릿	6~12개월
고당분 초콜릿	2년
전분가루	2~3개월
식용녹말	1년
인스턴트 커피	8~12개월
엽차	12~18개월
인스턴트 차	8~12개월
탄산음료	무한정
• 캔류	
일반적인 과일 캔	1년
밀감, 딸기류, 체리 등	6~12개월
과일주스	6~9개월
해산물	1년
식초절임생선	4개월
수프	1년
채소류	1년
토마토와 독일산 양배추김치	7~12개월
• 유제품	
가루형 크림	4개월
농축밀크	1년
증류 밀크	1년
도넛가루	6개월
반만 익힌 쌀	9~12개월
현미	냉장
• 양념류	
향신료	무한정
화학조미료	무한정
겨자	2~6개월
일반소금	무한정
스테이크용 소스, 간장	2년
허브	2년 이상
고춧가루	1년
이스트	18개월
베이킹 소다	8~12개월

식자재	개폐 후 최장 보존기간
• 음료	
커피(진공포장)	7~12개월
일반커피	2주
가공소금	1년
식초	2년
• 당미료	
알갱이 설탕	무한정
정제설탕	무한정
흑설탕	냉장
시럽, 꿀	1년
• 기타	
마른 콩	1~2년
쿠키, 크래커	1~6개월
마른 과일	6~8개월
젤라틴	2~3년
말린 자두	1년
잼, 젤리	1년
너트류	1년
피클, 단무지	1년
포테이토 칩	1개월
• 식용유와 지방	
마요네즈	2개월
샐러드 드레싱	2개월

3. 저장방법

호텔 주방이나 외식기업체에서 사용되는 식재료의 저장은 검수 직후의 관리활동이다. 양질의 식재료를 충분하게 보존하여 실제 식재료를 사용하기 전까지의 문제로 물질보존의 안전성을 확보할 수 있도록 적절한 공간에서 적정한 온도, 습도 등의 조건하에서 보존하는 품질관리이다.

품질 좋은 식재료를 안전하게 구입했다 하더라도 저장상태가 부적절하다면 생각하지 않은 많은 손실이 발생하여 식음료 매출에 지대한 영향을 끼칠 수 있다. 이러한 문제를 위한 일반적인 저장방법은 다음과 같다.

1) 식품창고에 저장

식품창고에 저장할 수 있는 식재료는 곡물, 건물류, 조미료류, 근채류 등 상온에서 보존이 가능한 식품을 저장하는 방법이다.

저장방법의 유의사항은 직사광선을 피하고 실온을 유지해 주어야 하며, 방습, 통풍, 환기 등의 조건을 제공해 주어야 하며, 방서, 방충 등의 대책을 세워야 한다.

2) 냉장고에 저장

냉장고에 저장하는 식재료는 식품을 넣거나, 출입문의 개폐에 따른 온도의 하강과 상승을 가져올 수 있으므로 계측온도계 등을 이용하여 냉장고의 보존온도가 보통 5~10℃ 이하의 식품들을 저장할 수 있도록 유지되어야 한다.

주로 생선류, 어류, 육가공품, 버터, 마가린 등의 고형 유지류, 우유, 유제품, 마요네즈와 같은 것 등은 상온에서 품질의 저하를 초래하기 쉬우며, 냉동에도 적합하지 않은 식품류이다.

3) 냉동고에 저장

냉동고에 보존하는 대부분의 식재료는 저온상태에서 장기간 저장을 요하는 식품이 많이 이용된다. 그러기 위해서는 세균의 번식을 방지해서 품질의 저하를 억제해야 하므로 냉동고의 온도 관리는 특히 중요하다.

냉동고의 적정온도는 -20℃ 이하를 유지할 수 있도록 철저한 시설관리를 해야 함과 동시에 냉동식품의 저장공간 또한 충분히 확보해야 한다. 냉동고에 저장할 수 있는 식품은 주로 냉동어류, 냉동육류, 소스 등의 냉동저장 캔류이다.

제6절 출고관리활동

1. 출고관리의 의의

출고관리는 식재료 관리 활동과정에서 이루어지는 가장 마지막 단계의 관리활동으로서 사용의뢰자의 식재료 청구서에 의해 적절한 방법을 적용하여 출고시켜야 한다. 출고관리책임자는 식재료 보존상태의 점검능력과 입고순서에 따라 출고할 수 있는 능력을 갖추어야 한다.

즉 저장된 식재료를 각 사용부서에 공급하는 일련의 과정으로 담당자의 권한과 책임이 동시에 부여되는 관리이다. 출고관리의 기본방향과 목적은 매일 적정한 재고량을 유지하면서 식재료의 출고행위를 하는 것이다.

2. 출고관리절차

1) 식재료청구서 내용의 절차에 의한 식재료의 출고관리

식재료의 출고는 반드시 식재료청구서(food requisition)의 작성내용과 제출절차에 의해 이루어져야 한다. 특히 저장고로부터 식재료 인출에 필요한 청구서(storeroom requisition)는 식재료의 재고 및 출고사항 파악에 사용할 뿐 아니라, 월 식음료 매상원가율(month to date cost percent to sale)을 구하는 데도 이용된다.

2) 출고업무담당자의 처리과정

저장창고에서 출고되는 모든 식재료는 출고업무담당자(issuing agent)가 원활한 처리를 위해 '수입품목'과 '국산품목', 종류별 및 특성별로 청구서를 각각 구분하여 출고할 수 있도록 해야 한다.

3) 식재료청구서의 처리순서

식재료청구서의 처리는 제출된 수령의뢰서의 순서에 따라 물품의 출고가 이루어지는 것이 원칙이다. 그러나 예측하지 못했던 식음료 행사 예약으로 인한 긴급한 식재료 소요에 따른 물품청구가 있을 때에는 필요에 따라 예외적 조치가 가능하다.

4) 물품취급에 따른 업무의 효율성

출고관리자가 식재료의 물품을 취급할 때에는 일의 능률을 위해서나 물품의 위생적 취급을 위해서도 손수레(hand cart) 등을 이용하는 것이 바람직하다. 또한 수령의뢰자도 마찬가지로 각 주방부서에 운반할 때에는 운반수레에 물품을 수령하여 운반해야 한다.

5) 식재료 출고 이후의 사후관리

식재료 물품청구서의 내용에 따라 물품을 출고시킨 뒤에는 그 내용을 장부에 기록하고, 접수한 계원의 사인을 받아두었다가 재고관리(stock control)의 목적에 이용한다.

또한 물품청구서는 원가관리부서에 보내는 것 외에도 그 사본을 창고관리장부(storeroom file)에 보관하고 형태별, 품목별로 식재료를 종합 집계하여 재고량 파악과 구매관리에 필요한 자료로 보충해야 한다.

〈출고관리절차〉

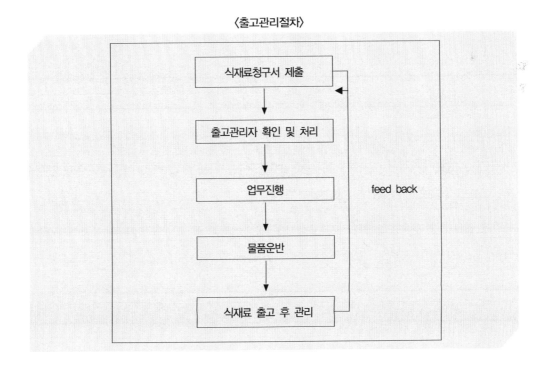

3. 출고관리방법

모든 식재료는 공정한 검수과정을 거쳐 저장창고에 저장되는 과정을 거친다. 이렇게 저장된 식재료는 저장창고로부터 식음료 각 생산부서로 출고될 때, 식재료의 청구요구서 양식에 따르지 않는 한 어떠한 식재료의 출고도 제한된다. 일부 식재료는 특성과 종류 및 생산상황에 따라 검수과정에서 직접 출고되는 직접출고재의 경우와 일시적으로 저장창고에 보관되었다가 출고되는 임시출고재가 있으며, 식재료를 장기적으로 보관해 두었다가 출고하는 저장출고재로 나누어진다. 저장과정에서 출고과정에 이르기까지 업무의 흐름은 매우 민첩하고 세밀성을 유지해야 하며, 출고관리방법에 따라 철저하게 진행되어야 한다. 출고관리방법은 단순하게 처리할 수 있는 오류행위를 안고 있기 때문에 출고관리담당자의 능력성을 요구한다.

1) 선입선출법(first-in, first-out)

먼저 입고되었던 순서에 따라 식재료를 차례로 출고하는 방법이다. 이는 구매과정에서부터 출고되기 전까지 생산날짜, 구입일이 빠른 식재료를 선별하여 출고하는 방법이다. 식재료 부패, 유통기한초과를 방지하여 신선하고 안전하게 소모할 수 있도록 하기 위한 절차이다.

대부분의 식재료 출고방법은 선입선출법을 사용한다.

2) 후입선출법(last-in, first-out)

선입선출법의 반대개념으로 나중에 입고된 물품이 먼저 출고되는 방법이다.

이는 식재료의 사용방법과 업장의 특별행사로 인해 진행될 수 있는 출고로서 가능한 한 후입선출법의 사용은 자제하는 것이 바람직하다.

헬리코박터(Helico Bactor pylori)란?

대부분의 사람들은 위에서 강한 위산이 분비되어 어떤 미생물도 살 수 없다고 생각했지만, 최근 위암환자 거의 대부분의 위점막조직에서 헬리코박터라는 박테리아가 검출되고 있다는 사실을 밝혔다. 헬리코박터는 만성위염 및 위궤양의 원인균이라 추측하고 있으며, 감염 시 위장기능에 장애가 초래될 수 있다.

제7절 재고관리활동

1. 재고관리의 의의

식품저장의 입·출고량은 전표를 통해 파악하는데 현물과 재고량이 일치하도록 관리해야 한다. 납품된 식재료는 모두 전표처리해야 한다. 식재료의 구매과정에서부터 출고과정에 이르기까지 식재료의 수량은 정확하게 일치해야 한다. 항상 적정한 재고량이 유지되는 것이 원칙이지만, 적절하게 파악하지 못한 식재료의 재고량 때문에 식음료 수익에 지대한 영향을 줄 수도 있다. 그러기 때문에 재고관리는 구매관리와 마찬가지로 중요한 업무 중의 하나이다.

2. 재고관리의 흐름

① 정기적으로 재고량을 점검한다. 장부상의 재고와 현물의 재고량을 대조하고 큰 차이가 생기면 원인을 조사해 월말에 장부를 정리한다.

② 원가관리를 위해서는 월초, 월말 재고량을 조정하여 원가계산기간 중에 실제 식재료비를 산정하는 자료로 활용한다.

③ 재고량 조사를 능률적으로 하기 위해서는 일상적으로 보관 관리하는 것을 정리하고 상

비식품 목록표를 작성해 구입계획을 확립한다.

④ 입·출고관리는 전산처리가 가능하다. 이를 위해서는 식품을 식품군별, 규격별, 가공도별, 저장기간별 등에 따라 카드화하고, 식단작성, 발주, 검수, 보관, 조리 등의 흐름을 시스템화하는 것이 필요하다.

〈재고관리의 흐름도〉

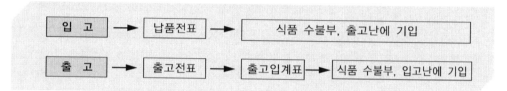

호텔·외식산업 주방관리실무론

원가관리활동

CHAPTER
07

원가관리활동

제1절 원가관리의 개요

1. 원가관리의 의의

식재료의 원가관리는 구매, 검수, 저장, 출고의 관리활동 단계에서부터 시작하여 주방에서 음식을 조리하여 판매에 이르기까지 제반 업무에 적용되는 특별관리활동이다.

그러나 원가관리(cost control)는 근본적으로 기업경영의 목표이면서 목적이라고 할 수 있다. 원가관리는 기업이익의 극대화에 지대한 영향을 미치기 때문에 경영관리 측면에서 접근하여야 한다.

식음료부서에서 소비되는 모든 식재료의 원가를 효율적으로 관리하기 위해서는 관리자의 권한과 책임으로만 한정할 수 없는 것이다. 반면에 관련부서에 소속되어 있는 종사원이라면 누구든지 협조관계를 유지하면서, 경제적 의미의 가치로서의 인식전환이 중요하게 작용되는 독특한 경영기법이다.

〈원가관리 시스템 분석〉

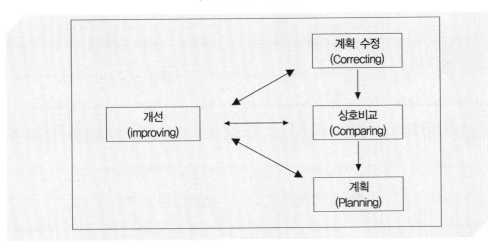

2. 원가관리 시스템

외식기업경영에서 가장 지속적이고 체계적인 시스템을 개발하여 적용해야 하는 경우가
바로 식음료 원가관리 시스템이다.

원가에 대한 기초관리시스템은 계획(planning)과정, 비교(comparing)과정, 수정(correcting)
과정, 개선(improving)과정의 단계를 끊임없이 순환시킬 수 있는 관리시스템이 되어야 한다.

외식업체의 주방에서 사용·소비되는 식재료는 구입으로부터 저장 및 조리하여 판매에
이르기까지 원가소비점유율이 상당히 많이 발생한다. 그러기 때문에 4단계의 관리시스템의
원가관리 기능이 계속적으로 활동과정을 거쳐야만 효과적으로 원가절감을 할 수 있다.

〈원가의 분류〉

발생형태에 따라	재료비, 노무비, 경비
제품과의 관련에 따라	직접비, 간접비
조업도와의 관련에 따라	변동비, 고정비
원가산정의 시점에 따라	과거원가, 미래원가
제품제조의 전후에 따라	실제원가, 견적원가, 표준원가
집계하는 원가의 범위에 따라	전부원가, 부분원가
매출액과의 대응관계에 따라	제품원가, 기간원가
원가의 관리가능성에 따라	관리가능원가, 관리불가능원가

제2절 원가요소와 계산

1. 원가요소

원가는 특정제품의 제조 판매 서비스를 위하여 소비된 경제가치로 제품을 생산하는 데 소비한 경제가치이다. 그러므로 식음료원가는 "메뉴음식을 조리 판매 서비스하기 위하여 소비된 경제가치"라고 정의할 수 있다.

원가는 크게 생산을 위하여 소비되는 물품의 원가인 재료비와 직원들에게 제공되는 임금, 급료, 수당과 같은 생산을 위하여 소요되는 노동의 가치인 노무비가 있다. 그리고 수도, 광열비, 전력비, 보험비, 감가상각비와 같은 재료비와 인건비 이외의 가치를 말하는 경비로 구성되어 있다.

〈판매가격 결정〉

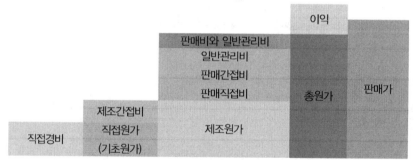

〈직접원가와 간접원가〉

	직접재료비	주요 재료비
직접원가	직접인건비	임금
	직접경비	외주가공비
간접원가	간접재료비	보조재료비
	간접인건비	급료, 수당
	간접경비	감가상각비, 보험료, 수선비, 전력비, 가스비, 수도광열비

- 판매가 = 총원가 + 이익
- 총원가 = 제조원가 + 판매 및 일반관리비
- 제조원가 = 직접원가 + 제조간접비

2. 원가계산의 원칙

원가계산은 1개월을 원칙으로 하나 경우에 따라서는 3개월이나 1년을 단위로 하기도 한다. 외식업체에 있어서는 1일, 1개월, 1년을 원가계산의 기간으로 하지만, 원가계산은 일정한 기준을 원칙으로 한다.

1) 진실성의 원칙

음식생산에 소요된 원가를 정확하게 계산하여 진실하게 표현하는 것을 원칙으로 한다.

2) 발생기준의 원칙

현금의 수지에 관계없이 원가발생의 사실이 있는 발생시점을 기준으로 하여야 한다.

3) 계산경제성의 원칙

경제성을 고려해야 한다는 원칙으로 하는 것, 즉 금액과 소비량이 적은 직접비는 간접비로 계산하는 경우를 말한다.

4) 확실성의 원칙

여러 방법 중 가장 확실성이 높은 방법을 선택하는 것이다.

5) 정상성의 원칙

정상적으로 발생한 원가만을 계산하는 것이다.

6) 비교성의 원칙

다른 일정기간의 것과 비교할 수 있어야 한다는 것으로 유효한 경영관리의 수단이 된다.

7) 상호관리의 원칙

원가계산, 일반회계, 요소별 계산, 부문별 계산, 그리고 제품별 계산 상호 간에 서로 밀접

한 하나의 유기적 관계를 구성함으로써 상호관리가 가능해져야 한다.

3. 원가계산의 목적

원가를 계산하는 목적은 경제 실제를 계수적으로 파악하여 (경영방침 또는 이익계획에 따라 손익의 산정과 재정상태를 파악하고) 판매가격의 결정 및 경영능률을 증진하는 데 있다.

① 가격결정의 목적 : 제품의 판매가격을 결정할 목적

② 원가관리의 목적 : 원가관리의 기초자료를 제공하여 원가를 절감하도록 함으로써 관리표준원가계산이 원가관리목적에 기여한다.

③ 예산편성의 목적 : 예산편성의 기초자료로 이용한다.

④ 재무제표 작성의 목적 : 경영활동결과를 재무제표에 기록하여 보고하는데 이때 기초자료로 제공된다.

〈원가계산의 목적〉

기업외부의 이해관계자	결산서를 작성보고하기 위해
기업내 부의 각 계층관리자	① 가격결정을 위해 ② 원가관리를 위해 ③ 예산편성을 위해 ④ 재무제표 작성을 위해

 제3절 표준원가계산

1. 원가계산의 체계

원가에는 여러 종류가 있기 때문에 원가계산도 여러 가지 관점에서 분류될 수 있다. 원가계산의 체계에 의하면, 제도로서의 원가계산은 원가계산제도란 말로 회계장부를 통해서 경상적으로 행하는 것이다.

이것에 대해서 제도 외의 원가계산은 특수원가조사라고도 말한다. 이것은 임시적인 것으로 회계장부를 통하지 않는다.

〈원가계산의 체계〉

이와 같이 원가계산은 관점에 따라 여러 가지로 분류할 수 있는데 대표적인 원가계산방법을 원가집계방법, 제품원가계산방법 그리고 원가측정방법으로 분류하기도 한다.

〈원가계산의 방법〉

원가집계방법	제품원가계산방법	원가측정방법
개별원가계산 종합원가계산	전부원가계산 직접원가계산	실제원가계산 예정원가계산 표준원가계산

원가측정방법은 원가계산의 시점에 따른 분류이다. 예정원가계산은 사전원가계산이라고도 하는데 제품을 제조하기 전에 미리 그 원가를 예정하여 계산하는 방법이다. 여기에는 추산원가계산과 표준원가계산이 있는데, 추산원가계산은 과거의 실제원가를 기초로하여 장래에 예상되는 원가를 설정하는 방법이고, 표준원가계산은 과학적 분석을 통하여 미리 표준이 되는 원가를 정하고 이것과 실제원가를 비교하여 그 차이를 분석하는 방법이다. 반면 실제원가계산은 사후원가계산이라고도 하는데, 제품을 생산한 후에 실제로 발생한 실적자료에 의해 원가를 계산하는 것이다.

〈원가측정방법〉

실제원가	확정원가 또는 보통원가로 그 제품의 제조를 위하여 실제로 소비된 경제가치이다.
예정원가	예상원가, 견적원가, 기대원가 또는 추정원가로 제품의 제조 이전에 예상되는 원가관리에 도움을 주는 자료가 된다.
표준원가	업체가 정상적으로 운영될 경우에 예상되는 원가로 영업활동이 최고수준에 이르렀을 때 최소원가의 역할을 하여 실제원가를 통제하게 된다.

원가집계방법은 생산형태에 따른 분류이다. 종류나 규격이 다른 여러 가지 제품을 생산하거나 특별주문에 따라 생산하는 개별생산의 형태에는 개별원가계산 방식이 된다. 한편, 일정기간의 시장 수요를 예측하고, 그에 따라 동종제품을 계속적으로 생산하는 대량생산의 형태에는 종합원가계산 방식을 적용하게 된다. 종합원가계산에서는 일정기간 단위로 발생한 원가를 모두 집계하고 이를 기말에 완성품과 제공품으로 배분하여, 완성품 제조원가를 완성품 수량으로 나누어 평균적인 단위원가를 계산한다.

원가측정방법은 제품원가에 고정비를 포함하느냐에 따라 구분되는 것이다. 전부원가계산에서는 제품을 제조하는 데 소요된 모든 원가(직접비와 간접비를 포함한 재료비, 노무비, 경비의 모든 원가)를 제품원가로 집계한다. 한편, 직접원가계산이란 제조원가를 변동비와 고정비로 분리하여 변동비만으로 제품원가를 계산하는 것으로, 이 방법을 따르면 전부원가계산과는 달리 제조원가에 포함되어 있는 고정제조간접비(고정비)가 제품원가에서 제외되어 기간원가로 취급된다.

2. 원가계산의 단계

원가계산은 생산활동에 있어서 소비된 재화, 용역을 제품단위로 집계하여 계산하는 절차이다.

실제 기업활동에서는 여러 종류의 제품을 생산하는 경우가 많고, 또한 동일한 제품이라도 크기나 형태가 서로 다른 제품을 생산하기 때문에 모든 원가요소를 직접비로 집계할 수 있을 만큼 단순한 경우는 거의 없다. 즉 기계설비에서의 감가상각비와 관리직 사원의 급여, 소모품비 등의 간접비는 제품에 직접 배부할 수 없는 것이다. 그러므로 이러한 간접비는 어떠한 방법으로든 제품에 정확히 배부해야 할 것이다. 이에 따라 원가계산에서 세 가지 단계로 원가를 집계하고 있다.

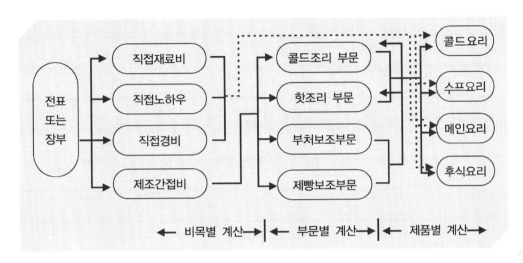

3. 표준원가계산

표준원가는 원가통제를 통하여 원가를 합리적으로 절감하려는 경영기법으로 표준원가계산방법이 원가관리에 공헌할 수 있는 원가계산방법이다.

표준이 되는 원가를 과학적 통계적 방법으로 미리 정해 놓고 실제원가와 비교 분석하여 차이를 분석함으로써 보다 효과적인 정보 및 자료에 의한 원가를 관리하는 데 그 목적을 두고 있다. 표준은 표준분량, 표준양목표, 구매명세서, 그리고 표준산출률에 따라 설정되며, 표준원가에 의한 원가관리의 필요성은 일반적으로 다음과 같다.

 원가관리의 필요성지표

① 원가 · 절감
② 표준원가의 공정한 계산
③ 메뉴 및 표준원가 카드 작성
④ 판매분석의 용이
⑤ 변동원가계산의 용이
⑥ 합리적인 인건비의 계산
⑦ 원가보고서 작성
⑧ 경영성과 분석에 의한 적당한 이익관리

1) 표준분량

표준분량이란 고시된 가격으로 고객에게 판매되는 모든 요리에 대한 중량, 분량, 크기, 모양, 품질 그리고 수량의 일치를 나타낸 것이다.

표준분량의 목적은 다음과 같다.

① 고객에게 제공되는 음식의 표준을 유지하여 고객이 지불한 요금에 합당한 가치의 품질을 제공함으로써 고객의 욕구를 충족시키는 데 있다.

② 과도한 분량의 생산 및 판매로 인한 손실을 방지하여 적정 원가율을 유지함으로써 목표이익 실현에 기여하는 데 있다. 표준분량의 설정과 지속적인 실행은 경영진의 책임으로 과다한 분량으로 소비를 촉진하거나 분량미달로 고객을 잃지 않도록 하여야 한다.

2) 표준양목표

표준양목표는 경영목적에 적합한 사내표준으로써 품질과 분량에 맞는 음식을 생산하기 위하여 설정된 음식의 표준에 관한 기술서이다. 또한 표준양목표는 합리적인 음식생산의 처방서라 할 수 있으며, 상품가격을 결정하는 근거가 되고, 공정과정에서 재료의 낭비가 없도록 정한 지시서라고 한다.

품질, 수량, 절차, 시간, 온도, 장비 그리고 산출량이 시험된 양목표를 표준양목표라 할 수 있기 때문에, 양목표에 의하여 항상 모든 측면에서 같은 상품을 생산하여 품질을 통제할 수 있는 효과적인 관리도구가 될 수 있다. 표준화는 신중한 평가, 시험, 그리고 최종선택 이전에 양목표를 평가하여야 가능하다. 그러나 표준양목표는 약간의 장비와 온도의 차이에 따라 상당한 차이가 발생할 수도 있기 때문에 한 업체의 표준양목표를 다른 업체에 똑같이 적용할 수는 없다. 그러므로 실제의 음식생산을 위해 이용될 장비와 절차를 이용하는 곳에서 시험해 보아야 하며, 다음과 같은 것을 원칙으로 하여 만들어야 한다.

① 간단하고 이해하기 쉬운 언어

② 읽기 쉬운 행태

③ 표준단위의 이용

표준양목표의 장점

① 이용될 재료와 절차, 장비를 명확하게 해주기 때문에 직원이 달라도 음식의 품질이나 수량이 달라지지 않는다.
② 양목표의 원가를 쉽게 분석할 수 있게 한다.
③ 음식의 품질을 예측할 수 있고, 향후 개선방향을 파악할 수 있다.
④ 이용될 수량과 재료를 정확히 알 수 있어 구매를 용이하게 한다.
⑤ 분량과 장비가 정해져 있기 때문에 분량을 통제할 수 있다.
⑥ 메뉴의 판매가격을 결정하는 데 도움이 되고, 재료원가가 변할 때 가격의 변화를 용이하게 한다.
⑦ 이용시간과 절차가 표준화되어 있기 때문에 근무조를 편성하는 데 도움이 된다. 효과적인 근무편성으로 합리적인 근무배분과 직무만족의 결과를 가져올 수 있다.
⑧ 음식의 품질과 크기가 일관되기 때문에 고객욕구를 충족시켜 주게 된다.
⑨ 빈약한 관리와 음식조리가 잘못될 기회를 줄여줄 수 있고, 혼돈을 피할 수 있다.

표준양목표의 목적

① 특정음식의 식재료원가를 산정하는 기준이 되며, 원가에 의한 판매가격결정에 도움을 준다.
② 표준식재료원가를 산정하는 데 도움을 준다.
③ 음식조리에 일관성을 유지한다.
④ 음식의 표준화와 식재료의 공급관리에 도움을 준다.
⑤ 조리사의 업무숙련에 도움을 준다.

3) 표준산출률

산출이라는 용어는 구매된 상태의 식재료로부터 재료의 손질작업결과로 얻어진 순중량으로, 식재료가 가공되어 고객에게 판매될 수 있게 된 상태에서의 수 또는 중량을 의미한다.

식재료 구매 당시의 중량(AP : As Purchased)과 상품화된 상태의 중량(RE : Ready to Eat)과의 차이 발생을 작업상의 손실이라 한다. 이러한 조리작업의 단계는 기초손질의 작업과

조리작업의 단계로 구분되며, 앙트레의 경우에는 전술한 표준분량의 작업단계가 추가되기도 한다.

이러한 조리작업단계, 즉 원가의 흐름 과정상에서 발생되는 수량의 감량은 손실을 의미하기 때문에 최소화하기 위한 관리방안의 하나가 산출률을 표준화하는 것이다. 표준산출률이란 설정된 표준의 기초 조리작업과 조리작업 및 정육과 절육작업의 결과로 얻어질 수 있는 표준 수량의 비율이다.

표준산출률의 목적은 다음과 같다.

① 식재료 원가산출에 사용되는 원가요인의 설정과 1인분당 원가승수의 산정에 있다.

② 보다 높은 산출률을 얻기 위한 각종 조리작업방법의 개선책 강구에 있다.

표준산출률 결정방법은 다음과 같다.

판매중량의 비율 (ration of servable weight)	$\dfrac{\text{판매중량(servable weight)}}{\text{구매중량(original weight)} \times 100}$
판매중량당 원가 (cost per servable weight)	$\dfrac{\text{구매가격(as purchased price)}}{\text{판매중량의 비율(ratio of servable weight)}}$
원가팩터 (cost factor)	$\dfrac{\text{판매중량당 원가(cost per servable weight)}}{\text{구매가격}}$
분량 판매원가 (portion servable cost)	$\dfrac{\text{kg당 판매원가(servable cost per kg)}}{\text{kg당 분량의 수(No. of portions per kg)}}$
분량 원가승수 (portion cost multiplier)	$\dfrac{\text{원가팩터(cost factor)}}{\text{kg당 분량의 수}}$

구매된 재료의 순중량의 가치를 환산하기 위해 항목별 부처 시험요인을 산출한다. 부처 시험요인은 주로 육류, 생선, 채소 그리고 과일에 적용한다. 예컨대 텐더로인비프 1kg을 손질하여 800g의 필렛이 얻어지면, 1,000g÷800g=1.25가 된다. 이때 중량차이 200g은 가치가 없는 것으로 간주한다.

4) 표준원가의 차이

표준원가차이란 표준원가와 실제원가와의 차액을 말한다. 표준원가의 차이분석은 직접재료비, 직접인건비 그리고 제조간접비의 차이로 구분하여 실시한다.

실제원가와 표준원가의 비교는 제조 시 표준양목표에 지시된 수량과 방법을 정상적으로 수행하였는지를 가늠하는 자료가 된다.

실제원가는 다음과 같은 원칙에 의하여 산출된다.

① 운영의 책임소재를 밝힐 수 있도록 직재를 확립함과 동시에 이에 해당하는 원가부문을 주방단위로 설정한다.

② 실제원가의 능률을 판단하는 기준으로 원가표준을 설정한다.

③ 운영의 활동결과로 발생한 실제원가를 파악하여 원가표준과 비교한다.

④ 표준과 실적의 차이를 분석한다. 즉 표준원가와 실제원가의 차이를 분석한다.

⑤ 원가차이의 원인을 분석한 결과에 따라 개선의 조치를 취한다.

실제원가가 표준원가를 초과하게 되는 원인은 다음과 같다.

① 조리의 단위당 분량가격

② 과잉생산

③ 비능률적인 구매와 출고관리

④ 부적합한 조리절차 및 방법

⑤ 과도한 변질과 부패의 발생

⑥ 잔여분의 식료활동 미숙

⑦ 도난, 절도행위의 발생

<표준원가의 차이>

표준원가	제품원가	원가차이
(1) 표준직접재료비(표준소비량×표준가격)	실제재료비	직접재료비 차이
(2) 표준직접노무비(표준작업시간×표준임금)	실제노무비	직접노무비 차이
(3) 표준제조간접비	제조간접비 차이	
고정예산(고정예산액)	실제발생액	
변동예산(허용예산액)	실제발생액	
(4) 표준제품비원가[(1)+(2)+(3)]		

〈표준원가 계산〉

	수량	가격	합계
직접재료비	5kg	10,000원	50,000원
직접노무비	2hr	20,000원	40,000원
변동제조간접비	2hr	20,000원	60,000원
고정제조간접비	2hr	5,000원	20,000원
표준원가			170,000원

원가차이의 발생원인에는 다음과 같은 요소들이 있다.

① 목표매출액과 실제매출액 간에 많은 차이가 발생했을 때

② 설비기자재의 불완전 가동

③ 품질상의 변화

④ 재료취급 시 부주의, 파손, 폐기 및 분실

⑤ 매입가격의 변동이 심할 때

⑥ 종사원의 태만 및 노동이 비능률적일 때

⑦ 관리감독이 불충분할 때

⑧ 자산이나 자본구성상의 변화로 고정비의 변동이 발생할 때

제4절 원가관리방법

주방에서 만들어지는 모든 음식에 대한 원가관리방법은 식재료의 판매수익과 원가를 각 재료에 따라 부문별로 원가요소를 계산하고, 부문별로 원가분석을 하여 관리하는 것이다.

음식의 원가관리는 단위생산원가를 계산할 수 있도록 되어 있어 특정품목의 판매일지라도 재료비는 그 재료의 양을 결정할 수 있게 해주는 것이다.

실질적으로 각각의 음식에 소비된 식재료를 세부항목별로 구분하여 원가를 관리하는 것이 그리 쉬운 일은 아니다. 그러나 이 방법이 원가관리의 기초적인 정보자료이기 때문에 효과적으로 원가를 절감할 수 있어 널리 이용하고 있다.

1. 표준양목표(standard recipe)에 의한 원가관리

음식에 대한 단위별, 품목별 가격과 수량이 정확하게 명시되어 있는 명세서는 원가분석의 기초자료가 되며, 판매가격을 결정할 수 있는 유일한 원가관리의 자료가 된다.

소량, 즉 1인분에 대한 원가계산은 많은 양의 재료를 가지고 만들 때 소비되는 원가를 계산하여 판매상품별 개수로 나누면, 1개 혹은 1인분의 재료비 원가를 산출할 수 있다.

예를 들어 어떤 steak를 만들어 원가계산을 한다고 가정할 때, 고기와 채소의 기준량을 정하여 단가를 곱해 주고 그 외의 재료들은 단위당 개별원가를 산정하여 재료비 원가를 산출하는 것이다.

이와 같이 표준양목표에 의해 원가관리를 하는 것은 조리사들의 조리업무를 합리적으로 수행할 수 있게 하고, 또한 원가의식을 직접적으로 보여줄 수 있는 현실적인 방법이며, 식재료 소모량을 계산할 수 있는 이점이 있다.

2. 표준원가에 의한 관리

표준원가에 의한 관리란 표준이 되는 원가를 과학적·통계적인 방법으로 미리 정해 놓고, 표준원가(standard costs)와 실제원가(actual costs)의 차이를 비교분석하여 실시하는 원가관리방법이다.

표준원가를 설정할 때에는 원가요소별로 직접재료비, 직접노무비, 제조간접비 등의 세부 항목으로 구분하여 적용시켜야 한다.

① 식재료의 원가절감
② 식재료 품목별 표준원가의 공정한 계산
③ 메뉴 및 표준원가 카드의 작성
④ 원가에 대한 판매분석이 용이
⑤ 변동원가에 대한 계산이 용이
⑥ 노무비의 합리적인 계산
⑦ 원가 보고서의 작성
⑧ 경영성과 분석에 의한 적정한 이익 관리

3. 비율에 의한 원가관리

식재료에 대한 원가를 비율에 의한 방법으로 계산할 때는 식재료의 매출총원가를 총매출액으로 나누어서 원가율을 산출하는 것이다.

이는 식재료의 원가가 매출의 일정 범위 내에 있도록 관리하려는 통계적 개념하에서 성립된 것이다. 이 방법은 메뉴의 가격이나 원가변동에 관계없이 비교가 가능하며, 적정 식재료 원가여부를 밝히는 데 매우 효과적이다.

그러나 어떤 특정한 메뉴에서 원가의 변동이 있었는지에 대하여 밝혀지지 않는 단점이 있으나, 식음료를 총체적으로 분석하는 데에는 매우 효과적이며 적정한 수단이다.

$$식재료\ 원가 = 기초재고 + 당기매입 - 기말\ 재고$$

$$식재료\ 원가율 = \frac{식재료\ 원가}{총\ 매출액} \times 100$$

쉬어가기

1일 총에너지 소모량 산정

체중 : 50kg, 성별 : 여자, 수면시간 : 7시간, 활동상태 : c급

① 24시간 동안의 기초대사량 : 1,045kcal

　　기초대사량 구하기 : 0.9 X 50 X 24 = 1,080kcal

　　수면에 의한 공제(10%) : 0.1 X 50 X 7 = 35kcal

② 활동대사량 : 671.5kcal

　　0.79(1일 각종 활동대사량 참조) X 50 X 17 = 671.5kcal

③ 식품이용을 위한 에너지 소모량 : 171.6kcal

　　(1,045 + 671.5) X 10% = 171.6kcal

④ 1일 총에너지 소모량 : 1,888kcal

　　1,045kcal + 671.5kcal + 171.6kcal = 1,888kcal

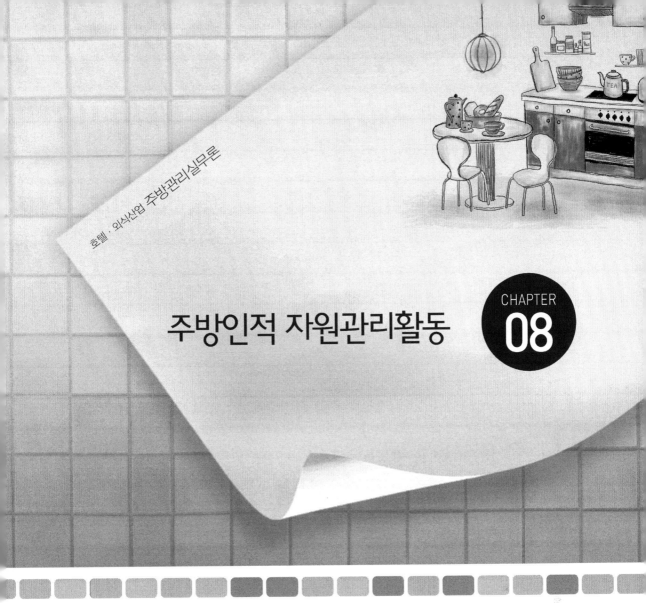

호텔 : 외식산업 주방관리실무론

주방인적 자원관리활동

CHAPTER
08

CHAPTER 08

주방인적 자원관리활동

제1절 인적 자원관리의 의의

1. 인사관리의 의의

인사관리는 본질적으로 인적 자원관리(human resources management)의 의미를 내포하고 있다. 인사관리는 인력의 채용, 교육 그리고 보상이라는 3가지 기본적인 기능을 가지고 있었으나, 최근에 와서는 이러한 기능들과 함께 인력 간의 상호 이해를 강조하는 인적 자원관리의 개념이 등장하게 되었다.

특히 품질경영(TQM : Total Quality Management)의 확산은 서비스업계의 인적 자원관리 개념에 커다란 변화를 주었다.

〈품질경영에 의한 인사관리 개념변화〉

인사관리 항목	기존 관리방식	품질관리방식
의사 전달 제안 및 의사참여 직무 정의	Top-down 개인적 의견 제출 제안 제도 효율성 생산성 작업의 표준화 좁은 범위의 관리 세분된 직무정의	수평문화, 채널 다원화 의무적인 관리사항 의견 설문조사 고객관리 혁신 광범위한 관리 자율적인 팀단위 작업 권한 위임
교육	직무와 관련된 교육 기능과 기술 위주	다기능 위주 문제해결 강조 생산성과 품질 병행
직무평가	개인 목표 중간관리자 평가 재무적 성과 강조	팀 목표 고객, 동료, 관리자 평가 품질, 서비스 측면 강조
보상	개인경쟁에 의한 포상 임금인상/부가급여	팀단위 포상 재무적/비재무적 보상
복리후생	문제발생에 대한 처리	사전예방 안전 프로그램 건강 프로그램 임직원 보조프로그램
승진 및 자기개발	관리자에 의한 선발 개인역량에 의한 승진 부문집약적 기술습득 수직적인 직무개발	동료에 의한 추천 단체중심의 승진 문제해결 기술습득 수평적 직무개발형태

2. 인적 자원관리의 성격

일반기업 경영에서 인적 자원관리는 곧 생산성과 직결된다는 결과 때문에 대부분 관리의 주체를 조직구성원으로 삼고 있다. 호텔기업도 일반기업과 마찬가지로 근본적 관리의 의미는 같으나, 인적 의존도의 비율이 매우 높다는 성격 때문에 관리의 주체가 폭넓게 확보된 요소들을 복합적으로 포함하고 있다.

주방의 인적 자원은 채용과 교육, 업무진행, 메뉴개발, 자원관리 등의 절차적 내용을 담고 활동하기 때문에 신중을 기해야 한다.

호텔기업의 인적 자원은 호텔조직 구성상 개개인의 특징과 서비스적 능력이 함유된 자원이라는 점을 감안한다면 호텔경영목표의 경제적 자원으로 평가받아야 한다.

호텔조직에서 생산할 수 있는 상품의 유·무형적 가치를 창출하고 또한 생산성을 결정하는 기본적인 요소의 특성으로서 인적 자원은 용역잠재력(service potential)을 의미한다.

이러한 측면에서 본다면 인적 자원에 대한 효율적이고 과학적인 관리는 다음과 같은 내용을 수반하여 관리의 성격을 지녀야 한다.

> 첫째, 인적 자원의 사전계획
>
> 둘째, 효율적 활용 유지
>
> 셋째, 지속적인 교육
>
> 넷째, 새로운 자원개발 등

인적 자원(human resources)은 물적 자원과 함께 조직구성에서 필수적인 요소로 작용한다. 특히 인적 자원은 능동적이고 반응적 능력이 있고 물적 자원은 수동적인 성격을 내포하고 있으면서 상호 맞물려 움직여준다. 이러한 자원들을 '관리(management)'라는 매개체를 통해 자원의 잠재력을 확대시키는 것이 바로 관리자의 능력이다.

물적 자원과 인적 자원의 성격에 대한 구조적 특성 측면에서 살펴본다면 인적 자원관리는 조직의 목표달성을 위한 전략적인 자원의 속성과 성격을 지니고 있음을 알 수 있다.

특히 호텔주방의 인적 자원에 대한 관리는 고용관계, 인간관계, 노사관계 등을 기능적으로 시스템화하여 움직이는 기술이 필요한 조직이다. 왜냐하면 주방의 조직원들은 개개인 자체가 전문성을 함축하고 있기 때문이다.

주방의 인적 자원을 관리하기 위해서는 먼저 관리과정적인 측면과 실행기능적인 측면에서 인적 자원에 대한 관리기능을 도출해 내야 한다.

제2절   인적 자원계획

인적 자원계획은 조직 내의 인력이동에 대한 예측과 준비를 위해 이루어지는 모든 프로세스를 말한다. 그 목적은 조직이 필요한 인력들의 확보를 통해 가장 효율적으로 활용하기 위함이며, 이를 위해 다음의 사항을 고려해야 한다.

1. 전략의 반영

조직의 경영전략에 따라 필요한 인적 자원의 확보가 결정된다. 따라서 인력채용을 담당하는 책임자는 조직의 전략을 우선 이해해야 하며, 또한 필요한 인력의 기술, 능력, 전문지식 그리고 향후 필요한 교육에 대해서도 충분히 알고 있어야 한다.

이 밖에 해당 인력에 대한 급여와 복리후생에 관한 계획도 필요하다. 경영환경에 대한 신속한 파악은 인적 자원계획에 있어서 매우 중요한 것으로, 일반적으로 경기침체 시 인력수급이 원활한 반면 경기활성화 국면에는 인력확보에 어려움이 따르기 때문이다. 따라서 인력의 확보와 조직의 경영전략에 대한 이해를 토대로 인적 자원계획을 수립해야 한다.

2. 인적 자원의 수급계획

특정한 직무를 수행하기 위해 필요한 인적 자원의 수요, 유형 그리고 자격요건 등을 예측하여 수급계획을 수립한다. 일반적으로 조직의 매출 또는 기존 인적 자원(이직 및 퇴사)을 기준으로 신규 인적 자원의 규모와 유형을 예측한다. 간편한 방법으로 현재 인적 자원의 구성을 기준으로, 향후 예상 이직과 퇴직을 반영하는 수급계획이 있다. 조직 내부적으로는 필요한 인력을 수시로 요청하여 인적 자원을 충당할 수 있다.

3. 인적 자원의 공급분석

필요한 인적 자원에 대한 예측이 완료되면, 신규 채용계획에 따른 인력의 수요 및 유형이 적합한가를 결정한다. 이를 위해서는 일반적으로 인적 자원 분석표를 이용하게 되는데, 여기에는 조직 내의 모든 직무에 필요한 인력수요와 향후 채용기준 등을 기록한다. 이와 함께 인적 자원의 교육수준, 전문기술, 경력과 희망진로 등의 내용을 기록한 기술분석표 등도 인적 자원 공급을 위한 분석자료로 활용된다.

4. 인적 자원 수급조절

　　인적 자원의 공급과 수요에 대한 비교 작업을 한 후, 인적 자원의 부족현상 또는 과잉공급 등의 해결을 위한 계획을 수립한다. 일반적으로 인적 자원의 수요는 예측에 의해서 결정되며, 공급 결정은 자격을 갖춘 필요인력의 확보에 의해 이루어진다. 만일 부족현상이 예상된다면, 신규인력의 채용, 기존인력의 재교육, 퇴직희망 인력의 존속 또는 인력절감을 위한 방법(예 : 전처리 식재료 구매)을 이용하여 부족한 인적 자원의 문제를 해결한다.

제3절　인적 자원관리 절차

　　모든 조직의 인원관리가 그랬듯이 주방조직에 대한 종래의 인적관리활동은 주방 내부조직 구성원들 간의 욕구충족에만 목적을 둔 편파적인 방법으로 관리해 온 것이 사실이다.

　　그러나 현재의 주방인원에 대한 관리활동은 각 조리사들의 직무중심과 경력개발 중심으로 바뀌고 있으며, 종래의 타율적이고 소극적인 인간관에서 자율적이고 합리적이며, 주체적인 인간관으로 변화되고 있다는 점을 감안해야 한다.

　　주방인원에 대한 관리활동의 범위는 포괄적이고 객관적으로 이루어져야 한다. 그러기 위해서는 일반적인 인적 자원에 대한 관리기능의 내용을 수용하는 차원에서 접근해야 한다.

　　주방인원의 관리활동에 대한 절차는 조달활동과 개발활동, 유지활동의 내용들이 서로 총체적인 흐름으로 전개되면서 주방종사원들을 관리해야 한다.

1. 채용(충원)활동

　　주방인원의 채용활동은 곧 조리사들의 충원(staffing)으로 보면 된다. 충원은 기존인원에서 자리가 비어 있는 상태를 채우는 충원과 새로운 업장을 개업하여 모자라는 인원을 선발하여 충원하는 형태로 분류할 수 있다.

　　주방의 기존 영업장 주방에서 갑작스런 사고나 퇴직에 의해 업무별 분담과정이 정상적으로 이루어지지 않아 업무의 흐름이 매우 복잡하고 어려울 때, 이에 상응하는 신입이나 경력사원을 채용할 수 있도록 사전에 관리하는 활동이다.

조달활동의 구체적인 절차는 다음과 같다.

첫째, 모집

둘째, 시험

셋째, 면접

넷째, 선발

---

2. 능력개발활동

조직 내에서 부족한 인원에 대한 충원과정을 거쳐 선발된 인원을 적재적소에 배치하여 각자의 기술과 기능을 발휘함과 동시에 승진을 자극시켜 업무의 효율성을 가질 수 있도록 관리하는 과정이다.

특히 개발활동과정에서 주방 조리인원의 적재적소 배치는 잠재되어 있는 능력 이상의 효과를 얻을 수 있다는 장점이 있다.

개인의 전문적 능력개발 활동은 조달활동, 즉 채용활동 이후에 이루어지는 관리활동으로서 새로운 교육프로그램을 개발하여 지속적인 교육과 훈련을 통해 노동력의 효율성과 작업의 능률화를 이루는 관리활동이다. 이로 인해 낭비와 손실감소 및 조리상품의 품질이 개선되어 업장의 단위면적당 생산비율이 상승되는 현상을 발견할 수 있다.

또한 주방조리인원의 잠재적인 능력을 발휘할 수 있는 기회를 제공하는 것은 사기를 향상시켜 불평불만의 해소와 이직률을 감소시키는 효과를 얻을 수 있다.

조리인원에 대한 개개인의 전문성을 감안하여 능력개발활동에 대한 절차는 다음과 같은 내용의 범위 안에서 실행되어야 한다.

첫째, 훈련개발

둘째, 적재적소 인원배치

셋째, 필요부서 이동

넷째, 승진기회의 제공

3. 사후관리활동

일반 조직 구성원들의 사후관리활동과 동일한 내용을 포함하고 있는 주방인원의 유지활동은 원만한 조달활동과정과 능력개발활동을 통해 이루어지는 과정이다.

주방인원에 대한 채용이 이루어지면 지속적인 교육프로그램에 의한 교육과 훈련 등을 거쳐 각 종사원들의 잠재능력을 발휘할 수 있는 기회를 제공하는 과정에서 이루어지는 활동이다.

특히 사후관리활동은 종사원들의 복리후생에 대한 지원활동과 내·외적 근무환경을 개선하는 활동으로 간주할 수 있으며, 또한 주방종사원들에게 보다 나은 작업공간과 환경을 만들어 근무의욕을 충족시켜 줄 수 있는 분위기를 유지하는 기능이다. 그런 결과에 힘입어 현재 종사하고 있는 곳이 평생직장이라는 개념을 인식하게 하는 과정이다.

주방인원의 안전과 위생을 위한 활동 및 보상에 대한 혜택의 조건 등을 차별하지 않고 골고루 전달되도록 하여 지속적으로 근무의욕을 고취시켜 이직·퇴사 등의 극단적인 행위를 최소한 축소하는 역할이다.

주방조리인원에 대한 사후관리활동의 내용은 다음과 같다.

첫째, 종사원들의 직무보장

둘째, 복리후생지원

셋째, 안전위생

넷째, 주방조직의 상하 간 및 동료 간의 원활한 의사소통 전개

다섯째, 제안제도

여섯째, 노동활동의 보장

〈주방인적 자원관리의 절차〉

조달(채용)활동
• 모집 • 시험 • 면접 • 선발

↓

능력개발활동
• 훈련개발 • 적재적소 인원배치 • 필요부서 이동 • 승진기회 제공

↓

사후관리활동
• 종사원들의 직무보장 • 복리후생지원 • 안전위생 • 의사소통 • 제안제도 • 근무환경 개선

제4절 주방인원의 채용관리

　주방종사원인 조리사는 보통 업체의 경영조직인 인사부(personnel department)에서 일괄적으로 채용하여 관리하는 경우가 대부분이다. 그러나 과거에는 채용방법과 관리방법이 주방의 책임자에 의해 직접 이루어졌기 때문에 현재와는 근본적으로 다른 형태를 가졌다.

　주방은 시설과 장비를 비롯한 공간의 특수성을 갖고 있음과 동시에 조리사는 각 개인의 기술과 기능을 보유하여 음식이라는 상품을 만들어 판매하는 역할을 맡고 있는 조직이다. 주방인원을 인사부에서 채용하여 관리한다 하더라도 주방의 책임자와 인사책임자 간의 상

호 밀접한 업무협력이 이루어져야 한다.

주방의 조리인원을 채용하는 방법은 크게 정규사원채용, 임시사원채용, 실습생채용으로 나누어볼 수 있는데, 각각의 내용을 살펴보면 다음과 같다.

〈조리사의 채용절차〉

구 분	채용계획과정	비 고
업장별 소요인원	• 각 업장 간의 필요인원 접수 • 조리사의 조건 검토 및 인원집계 • 최종 채용인원 확정	• 각 업무별 담당 인원파악
모집방법 및 시기	• 채용계획 수립 • 모집방법에 따라 공고 • 지원서 교부 및 접수	• 채용인원의 담당업무 배정
채용절차	• 서류전형 • 1차 면접시험 • 2차 면접시험 • 오리엔테이션 실시, 적성검사, 신체검사 • 최종합격인원 확정	• 신체검사결과 전염성 질병환자는 지원자격이 상실됨
교육	• 업무별 오리엔테이션	• 업장, 능력별 교육
직무배치	• 업장별 · 직급별 배치 • 직무분담	• 적재적소 배치

1. 정규직 채용

기업경영에서 가장 중요하게 여겨야 할 것이 바로 인적 구성을 위한 인사관리이다. "인사가 곧 만사"라는 말이 증명해 주듯 유능하면서 기업경영목표에 부합될 수 있는 인원을 선발한다는 것은 매우 중요하고 어려운 일이다.

요즘 대기업의 인원채용기준이 과거와는 상이하게 바뀌고 있다. 특히 인성에 대한 부분을 중요시하는 기업들이 늘어나고 있는 실정이다. 주방의 인원에 대한 채용도 예외는 아니다. 주방에서 근무할 수 있는 능력 있고 유능한 인력을 확보하기 위해서는 객관적이고 합리적인 방법과 절차를 거쳐야 한다.

주방종사원을 채용할 때에는 공개채용과 비공개채용의 직간접적인 방법을 사용하고 있다. 공개채용이란 신문이나 관련 잡지 등에 모집공고를 기재하여 공개적으로 응시한 지원자들 중에서 면접을 거쳐 채용하는 방법이고 비공개채용은 내부 연고자를 중심으로 추천을 받아 면접을 거쳐 채용하는 방법이다.

공개채용은 신입사원을 채용할 때 주로 이용하는 방법이며, 비공개채용은 경력사원을 채용하고자 할 때 활용하는 방법이다.

공개채용이든 비공개채용이든 간에 주방인원을 채용하기 위해서 각 업체별 채용응시원서가 준비되어 있다. 지원자는 지원서의 내용에 따른 결과에 의해 1차 필기시험 또는 서류심사, 2차 면접을 통해 채용하는 과정을 거친다.

주방인원은 법적 자격인 조리기능사 자격을 취득했는지의 여부를 확인해야 하며, 면접과정에서는 인성부분에 주안점을 두고 있다.

주방종사원을 채용하는 과정에는 기업경영상 주방의 특성을 고려해야 하며, 또한 누구에게나 똑같이 객관성이 보장된 선발규정을 적용시켜 주어야 한다.

(1) 사원채용 시 기재 및 준비사항

① 성명, 주민등록번호, 생년월일, 연락처

② 주소와 전화번호, 가족관계

③ 사진, 도장

④ 학력, 경력 및 포상

⑤ 희망직종, 희망급여 정도

⑥ 사회활동, 해외연수(조리관련)

⑦ 건강진단서, 자격증 사본

⑧ 신원보증인, 주민등록 등 · 초본

⑨ 성격(특기), 취미, 기호, 외국어 사용 정도

⑩ 응시태도

(2) 채용 면접위원의 유의사항

① 기본태도

- 수용적이며 편안한 태도를 상대방에게 전달해야 한다.
- 면접위원 자신의 안정 및 인내심 유지
- 관찰력·분석력을 소유한 면접위원
- 현실적인 사고력을 유지
- 면접 중 관찰사항이나 평가내용은 기록
- 개인감정, 고정관념은 가능한 한 피한다.

② 질문방법

- 간결하고 명확하게 질문
- 지원자의 편안함을 유지하면서 연결성 있는 이야기 유도
- 지원자와의 논쟁이나 불필요한 질문은 피한다.

③ 듣는 태도

- 언어 : 지원자의 답변이 자연스럽게 유도될 수 있도록 촉진시키는 표현(강제성을 피한다)
- 시선 : 강한 시선은 피하고 부드러운 눈빛으로 상대방을 응시한다.
- 표정, 자세 : 표정은 밝게 하고 자세는 지원자를 향한다.

(3) 면접자의 유의사항

① 친근한 인사와 부드러운 태도(면접장을 출입하여 면접자와 대면할 때)
② 대답은 간결하고 정확하며, 관련성 있는 내용
③ 성격(책임감, 협조, 계획, 통솔력, 성실성, 명랑성)을 자연스럽게 표현
④ 장단점 및 취미, 기호에 대한 특성
⑤ 회사 선택이유
⑥ 장래의 희망
⑦ 요구하는 직급과 급료 정도
⑧ 외국어 구사능력
⑨ 성장배경

⑩ 근무시간 및 복리후생

2. 임시직(시간제) 채용

주방의 모든 인원은 정규직 종사원만으로 충당하기는 매우 어렵다. 왜냐하면 업체총수익에 대한 인건비 상승률이 높아 수지 타당성에 지대한 문제점을 안겨줄 수 있기 때문이다. 그래서 대부분의 주방종사원들은 2/3가 임시직 및 아르바이트와 실습생으로 영업을 하고 있는 실정이다.

임시직 사원을 채용하는 것도 정규직 사원을 채용하는 것과 마찬가지로 채용하고자 하는 인원에 대한 면접방법이 매우 중요하다.

임시직이나 아르바이트의 경우에는 대부분 면접을 통해 일시적으로 채용하였다가 퇴직하지만 근무기간 동안에는 정규직 못지않게 중요한 역할을 담당하기 때문이다.

임시직은 신문광고나 관련학과의 각 대학에 추천을 의뢰하여 추천받아 채용하는 경우가 대부분이다. 이렇게 채용되는 임시직이라도 임시직 채용기준 명세서에 최소한 다음과 같은 내용을 명시해야 한다.

〈임시직 채용기준 명세서〉

> 첫째, 임시채용 직무기준 마련
>
> 둘째, 복리후생지원
>
> 셋째, 안전위생
>
> 넷째, 주방조직의 상하 간 및 동료 간의 원활한 의사소통 전개
>
> 다섯째, 제안제도
>
> 여섯째, 노동활동의 보장

상기의 내용에 명시되어 있는 사항은 사전에 준비하여 계약관계를 성립시키는 것이 현명한 방법이다. 업체 측과 종사원 간에 서로 이러한 항목을 확인하고 채용해야만 나중에 일어날 수 있는 여러 가지 문제를 해결할 수 있으며, 지속적인 고용관계를 유지할 수 있다.

3. 실습생 채용

실습생을 채용하는 방법에는 두 가지가 있다. 첫 번째는 업체교육담당부서나 인사부에서 방학기간을 이용하여 실습하고자 하는 대학에 의뢰하는 것이다.

〈면접시행 항목별 내용〉

수험번호	연 월 일				희망직종	종합평가
성명	연령	성별	학력	전공	면접자	
구 분	질문 체크		질 문 사 항		회 답	평가 및 척도
1. 지원동기			1. 당사까지의 소요시간은? 2. 당사를 왜 선택하였는가? 3. 당사에 관해 어떠한 연구준비를 하였는가? 4. 당신의 가장 자신 있는 과목과 자신 없는 과목을 세 가지씩 적어라. 5. 당사에 와서 느낀 점을 말하라.			1. 논리성 2. 적극성 3. 계획성 4. 관찰력 5. 책임감
2. 직업에 대한 마음가짐			1. 시간제 직원의 경험이 있는가? 2. 채용되면 어떠한 직종을 희망하는가? 3. 입사 시, 제1희망 부서에 배치되지 못할 때, 당신은 어떻게 생각하는가? 4. 자기 뜻에 맞지 않는 일이나 선배, 상사와 어떻게 하면 잘 해나갈 수 있겠는가? 5. 당사의 사업성질상 근무상황이 매우 엄격한데 극복하겠는가? 6. 만일 취직이 된 경우 얼마나 근무할 예정인가?			1. 건실성 2. 성실성 3. 협조성 4. 직업윤리 5. 상식 정도 6. 사회성
3. 학교, 가정, 기타			1. 존경하는 사람은 누구인가, 어떤 이유로 마음이 끌렸는가? 2. 전문서적은 몇 권이나 가지고 있는가? 3. 학교에서 어떠한 클럽활동을 하였는가? 4. 가족들과 평소에 대화를 잘 하는가? 의견이 맞지 않는 것은 무엇인가? 5. 가족들은 건강한가? 6. 당신은 어떠한 음식을 좋아하는가? 7. 지금까지 가장 많이 듣고 있는 화제는 무엇인가?			1. 연구성 2. 학교생활성 3. 가족화목 정도 4. 기호성 5. 용모 · 복장 6. 태도 · 표정 · 동작 7. 독창성 8. 표현 · 기억력
			면접자의 의견 기타			A, B, C, D, E

다른 하나는 각 조리관련 대학에서 자체적으로 실습호텔이나 업체의 인원을 파악하여 희망 업체에 직접 의뢰하여 이루어지는 경우이다. 특히 실습의뢰 대학에서 각 외식기업의 업장에 직접 의뢰하기 때문에 실습생 관리에 많은 어려움이 있다.

주방에서는 실습생을 일정기간 동안 한정된 인원을 모집하여 OJT(on the job training) 과정을 거치도록 규정되어 있고, 각 대학은 대학마다 실습을 필수적으로 해야 하는 관계로 많은 실습생이 한꺼번에 오기 때문에 교육의 효과성이 떨어지는 경향이 있다.

실습의뢰를 할 경우 실습하고자 하는 업체에 관련공문이나 서신 및 담당자와 직접전화를 통해 실습할 수 있는 기간과 장소를 선택받은 뒤 주로 방학을 이용하여 실습생들의 OJT가 실행되고 있다.

제5절 직무개발과 관리

종사원들은 자신들이 속한 조직 내에서 효율적으로 근무하기 위해 지속적인 개발이 필요하다. 이러한 개발은 인력의 채용에서 시작되어 고용되어 있는 동안은 계속되어야 할 것이다. 종사원 능력개발은 이제 조직의 성공에 필수적인 요소로 작용하고 있으며, 직무평가를 포함한 다음의 4가지 기능은 인력개발과 유지를 위한 중요한 프로세스라고 할 수 있다.

1. 훈련과 관리개발

훈련의 책임은 조직 내의 관리자들에게 있으며, 훈련의 정의는 종사원들이 업무를 수행함에 있어 필요한 전문기술을 가르치는 것이다. 이와는 다르게 개발은 관리자들의 기술향상과 인력관리 능력을 향상시키도록 짜여진 프로그램을 의미한다. 훈련은 모든 종사원들의 업무표준을 유지하는 데 필수적인 사항으로, 훈련의 효과성을 측정하는 것으로는 종사원 업무수행의 개선상태를 파악하는 방법이 있다. 훈련에는 많은 비용이 소요되지만, 종사원의 사기진작, 원활한 의사소통, 이직률 감소, 종사원의 충성심 유발 그리고 생산성 증대 등의 효과를 거둘 수 있다. 훈련방법으로는 순환근무, 인턴십, 개별지도 등의 조직 내에서 이루어지는 방법과 사례연구, 세미나, 역할 교환 등 조직외부에서 행해지는 방법이 있다. 관리

자는 훈련의 목적과 효과를 고려하여 올바른 훈련방법을 선택해야 한다. 이러한 훈련과 관리개발은 모든 평가가 이루어진 후에 비로소 완료되었다고 할 수 있다.

교육훈련의 실행내용은 다음과 같은 양식을 이용하여 평가 및 관리한다.

월간교육 결과보고서					
부서명			월별		
월간목표					
시간	교육내용		교육자료	강사	참석자
	이론				
	실기				
	태도				

이처럼 조직에서 시행하는 교육훈련에 참여하는 방법 이외에 마련된 교육제도하에서 임직원들이 교육지원을 신청하여 수혜를 받도록 적극 권장한다. 아래의 보기와 같이 서류로 신청을 받거나 전산시스템에 의한 접수를 통해 교육훈련을 실시한다.

어학 교육지원 신청서

Application For Language Education Assistance

※ 프로그램 등록하기 전에 반드시 신청승인을 받아야 합니다.

신청인				부서		
직위				신청일		
교육기관	영어		일어	중어		기타
코스 분류						
시작일				종료일		
교육시간				수강료		

상기코스를 수강함으로써 업무상 어떤 도움을 받을 수 있는지 설명하여 주십시오.

본인은 당사의 어학 교육지원 프로그램과 교육비 지원 신청절차에 대한 사항을 정확히 이해합니다.

신청인 서명

부서장		관리부		인사부	

2. 직무평가

직무수행은 개인별 업무의 처리 수준을 의미하는데, 이는 업무성과와는 엄연히 구분되며 직무수행은 업무성과에 의해 측정되는 것이다. 직무평가의 첫 단계는 관련정보의 수집에서 비롯되는데, 이는 평가대상인력의 직무가 조직의 목표와 얼마만큼 부합하고 있는가에 관련된 것들이다.

직무평가 방법으로는 주로 점검표, 등급표 그리고 일상업무 측정표 등의 기법으로 이용하는 것이 있다. 점검표를 이용하는 직무평가는 단순한 확인절차로서 미리 정한 설문내용에 대해 유무상태를 표시하는 방법이다. 단지 업무에 대한 확인과 기록이라는 것에 의미가 있다. 이러한 단점을 보완하기 위해 다양한 평가를 하는 등급표 방식은 기준항목별로 5점 척도를 이용하여 평가하는 것이다. 마지막으로 일상업무의 성패를 측정하는 방법은 매우 구체적이고 객관적인 결과를 가져올 수 있으나 측정에 대한 시간 소요가 많은 단점이 있다. 이 밖에도 관리자들을 대상으로 하는 목표관리(MBO : Management By Objectives) 평가방식이 있는데 이는 1년의 기간을 두고 주기적으로 설정된 업무목표의 성취도를 파악하는 것으로 많은 시간과 서류작업을 필요로 한다.

평가 면접을 통해 관리자는 종사원의 직무수행 결과와 개선범위에 대해 협의할 수 있다. 또한 종사원도 면접을 통해 자신이 처한 상황과 업무수행에 있어서의 제반 문제점을 이야기하고 해결책을 얻게 된다. 면접의 목적이 현재의 문제를 개선하는 데 있으므로 관리자는 미래지향적인 시각에서 면접을 진행하도록 한다. 면접을 진행하면서 주의해야 할 사항은, 직원의 장점을 최대한 살려주고, 받아들일 수 있는 수행방법들을 제시하며, 현재의 직무에서 발전할 수 있는 기회를 제공하고 일정기간 내에 마칠 수 있는 목표를 설정해 주는 것이다. 면접을 통해 업무성과에 대한 문제파악과 해결방안을 제시해 주는 일은 간단하지 않으므로, 면접시간을 2단계로 구분하여 진행하는 것이 효과적이다.

평가 면접 시 조직 내 규정에 위반되는 사항에 대한 평가를 위해서 다음과 같은 양식으로 기록하여 인사부서 및 해당 직원과 소속부서에서 각각 보관한다.

직원 평가 면접양식			
▫ 구두 경고		▫ 근신일	
▫ 1차 서면경고		▫ 퇴사	
▫ 2차 서면경고		▫ 기타 :	
직원명		채용일자	
부서명		직책명	
작성일			
상급자 의견 :			
직원 의견 :			
직원서명 : 일자 : / / 상급자서명 : 일자 : / /			

3. 인사 처우

직무평가를 기본으로 하여 다양한 인사 처우를 시행하게 된다. 평가결과에 따라 적절한 개발 또는 상벌이 주어지는데 여기에는 승진, 인사이동, 해고, 퇴사 등이 포함된다. 퇴사와 같은 인적 자원의 유출이 발생할 경우에는 사전에 신규인력의 확보에 대한 계획을 수립한 후 실행하여야 한다.

1) 승진

승진은 조직 내에서 상위직급으로 담당직무가 전환되는 것을 의미한다. 새로운 직무에는 반드시 높은 임금과 지위 그리고 더 많은 기술과 책임이 뒤따르게 된다. 승진 대상자의 전문성을 높일 수 있는 직급으로 전환시키는 것이 승진의 기본 방향이므로, 오히려 업무효율이 저하될 수 있는 이동은 파하도록 한다. 예를 들면 현장업무에 탁월한 능력이 있는 인력을 본부 지원부서로 승진시키는 것보다는 현장에서 의사결정을 할 수 있는 위치로 승진시키는 방법이 보다 효율적이다. 승진의 기준에는 기본적으로 공로와 연공서열이 영향을 준다. 우선적으로는 공로에 따른 보상을 하되, 조직 내의 방침에 따라 연공서열을 고려하여 승진의 기회를 부여한다.

2) 강등

강등은 현재보다 낮은 수준의 직무를 담당하도록 조정하는 것을 의미한다. 여기에는 직무평가에 의해 목표수준보다 저조한 실적을 냈거나 규칙 또는 규정을 준수하지 않아 처벌하는 징계의 이유, 또는 조직 내 규모를 축소하는 경우 등의 원인이 있다. 강등의 경우에는 반드시 급여의 인하와 같은 불이익이 뒤따르며, 강등된 인력에 대해서는 특별한 관리 또는 카운슬링이 필요하다. 오랜 기간 근무한 인력의 기술 또는 능력이 저하되는 경우에는 강등의 징계보다는 조직을 재구성해 볼 필요도 있으며, 어떤 경우에는 보다 높은 직급의 부여와 함께 낮은 책임을 줌으로써 인력의 충성심과 동기유발을 할 수도 있다.

3) 인사이동

인사이동은 등급수준의 보수 및 직책을 유지하면서 다른 부서로 옮기는 것을 의미한다. 인사이동은 주로 조직 내의 결정 또는 해당인력의 요청에 의해 이루어진다. 따라서 해당인력의 뛰어난 능력을 보다 효율적으로 발휘할 수 있는 환경으로 이동하거나 해당인력의 직무와 직접적으로 연관된 환경을 원하는 경우에는 조직에서 판단하여 결정한다.

4) 퇴직

퇴직은 종사원이 희망하는 경우와 조직 내에서 결정하여 시행하는 경우가 있다. 자발적인 희망퇴직의 경우에는 설문조사 또는 퇴사면접을 통해 퇴직원인을 파악해야 한다. 이러한 원인조사는 인사와 관련된 제반문제를 파악하는 데 매우 유용한 자료가 된다. 조직에서는 이러한 자료를 통해 이직률 또는 퇴직률을 감소시키는 계획을 수립한다. 조직에 의한 퇴직 또는 해고의 경우에는 반드시 사전교육 또는 카운슬링을 실시해야 한다. 퇴직사유에 대한 원인규명은 반드시 문서화하여 보관한다. 이외에도 조직 내의 감원, 경제환경 악화에 의한 임시해고 등의 퇴직형태가 있다.

5) 계도

계도는 조직내의 규정 또는 규칙에 위배된 행동을 한 인력에 대한 조치이다. 계도의 목적은 잘못된 업무수행을 올바르게 교정하고 보다 나은 결과를 얻기 위함이므로, 가장 효과적인 방법은 해당인력과의 지속적인 대화 또는 관계유지라고 할 수 있다. 일단 문제가 발생되면, 해당인력과 담당관리자는 함께 문제를 해결하도록 하며, 이를 통해 해당인력의 업무수행에 궁극적인 개선을 가져올 수 있다. 이를 위해서는 순차적인 계도가 필요하며 그 내용은 1차 구두상의 주의, 2차 구두상의 주의와 함께 인사카드에 내용 표시, 3차 문서상의 징계, 4차 자격정지, 5차 해고 등이다. 모든 문제에 대해 동일한 순서를 적용하는 것보다는 문제유형에 적합한 합리적인 순서로 계도하는 것이 필요하다. 예를 들어 식재료 및 자산에 대한 절도행위에 대해서는 즉시 해고조치하는 것이 구두상의 주의를 주어 계도하는 것보다 합리적인 조치라고 할 수 있다.

퇴직신청서(양식)
Application For Leave

사번		제출일자	
성명		직급	
부서		서명	
유급휴가		무급휴가	
연차일	월차일	결근	시간/일
특별휴가일(하단에 표시)		조퇴	시간
( ) 예비군훈련		지각	시간
( ) 보건휴가	( ) 출산휴가	기타	시간/일
( ) 산재휴가	( ) 교육/훈련		
( ) 경조휴가	( ) 기타		
휴가기간	년 월 일부터 년 월 일까지		
사유			
확인란	접수인 : 부서장 :	관리부서 : 인사부서 :	

4. 보상 관리

인적 자원의 채용과 유지관리를 위해서는 좋은 근무환경의 제공, 성과에 대한 홍보와 함께 적절한 보상 등이 필요하다. 보상의 의미는 종사원의 업무성과에 따라 주어지는 재무적인 대가라고 할 수 있으며, 여기에는 연봉, 시간급 그리고 각종 혜택이 포함된다. 연봉은 정규관리 또는 전문직에 종사하는 인력에게 부여되는 보상이며, 시간급은 계약에 의해 시간제로 근무하는 인력에게 부여된다. 시간급여를 책정하기 위해서는 여러 가지 내·외부적 영향요인을 분석해야 하는데 주요 요인은 다음과 같다.

인력에 대한 보상을 위한 방안으로는 추천에 의한 포상, 개인 또는 가족에 대한 지원 등의 제도가 있으며 다음과 같은 양식을 이용하여 관리한다.

① 종사원을 위한 보상제도에 있어서는 업적에 따른 직접적인 보상방법 이외에도 간접적인 동기부여를 할 수 있는 가족에 대한 지원방법 등이 있는데, 이는 직접적인 보상보다 더 큰 효과를 가져올 수 있다. 예를 들어 가족수당의 지급 또는 종사원 자녀에 대한 학자금 지원 등이 그것이다.

우수 임직원 추천서
Best Star Employee Nomination Form

후보자 성명
소속 부서명
직 급
채 용 일 자

사 진

다음은 후보자 추천 시 고려되어야 하는 내용들입니다.
상기 직원에 대한 추천사유를 구체적으로 작성하여 주시기 바랍니다.
•업무처리 수준 •운영규정의 준수 •예절 수준 •근무태도
•업무에 대한 열정 •복장규정 준수 •안전수칙 준수 •팀워크
•자발적 업무참여도 •제안실적 •타 부서와의 관계

추천사유 :

추천인 :

작성된 추천서는 인사부서에 제출하시기 바랍니다.

가족수당 지급(해지) 신청서
Request For Family Allowance

사번		성명	
성명		직책	

가족수당 신청용

( ) 결혼	결혼일자	( ) 자녀출생	생년월일
배우자\	년 월 일	자녀 2인 한도	년 월 일

가족수당 해지용

배우자	( ) 이혼 ( ) 사별		
자녀	( ) 만 20세 이상	생년원일	

▲ 이 신청서와 해당 증빙서류 1부를 함께 제출해 주시기 바랍니다.

[확인란]

팀장 부서장

인사부서

직원자녀 학자금 신청서

1. 신 청 인			
사원번호		입사일자	
성 명		주민번호	
부 서 명		직 위	
주 소			
2. 수혜자녀(1)			
학 교 명		학 년	(중·고교) 학년
성 명		금 액	
주민번호			
3. 수혜자녀(2)			
학 교 명		학 년	(중·고교) 학년
성 명			
금 액			
주민번호			
4. 학자금 총책			

* 첨부서류 : 1) 납입금 영수증 1통 2) 주민등록 등본 1통 3) 호적등본 1통

위의 사실이 틀림없음을 서약합니다.

신청인 (인)

제6절 주방인원의 배치관리

주방의 인적 자원에 대한 관리활동기능은 채용(충원)활동, 능력개발활동, 사후관리활동 등의 내용들이 서로 총체적인 흐름으로 전개되면서 하나의 인적 자원을 관리하고 있다.

업체주방의 조직구성원들은 전문적인 조리이론과 기술성을 요하는 특성과 조리기능사로서 법적인 자격조건을 갖추고 있어야만 주방인원의 구성원이 될 수 있다.

따라서 주방의 인원은 배치하는 방법과 기법에 따라 관리활동이 달라지기 마련이다. 주방이라는 한정된 공간에서 제한된 노동력을 동원해 고객이 요구하는 최상의 음식상품을 창출하는 기술성과 경영성을 갖추고 있는 관리자만이 진정한 관리활동의 대변자라 할 수 있다.

1. 적재적소 배치관리(mise en place layout)

주방인원에 대한 배치는 능력활동과정에서 이루어지는 적재적소의 인원배치활동에 기인하여 배치가 구성되어야 한다.

인원배치에 있어서 적재적소란 "직무의 구체적 내용에 따른 요건에 맞도록 적당한 장소에 필요한 조리사로서 요건을 갖춘 사람이 배치된다"는 의미가 함축되어 있는 개념이다.

이처럼 적재적소의 배치 시스템(layout system)의 적용기법에 기준하여 직무에 따른 인원을 배치했을 경우와 그렇지 못한 경우를 봤을 때 나타날 수 있는 결과로 아드킨스(D.C. Adkins)는 약 3.5배 정도의 작업량의 차이를 보인다고 하였다.

주방종사원들의 작업량 성과 정도에 미치는 결과를 보더라도 배치활동의 중요성을 인식할 수 있을 것이다.

과거에는 주방인원을 배치할 때 적재적소의 배치활동을 통해 배치하기보다는 인맥, 학연, 지연 등 비공식적인 조직의 작용에 의해 배치하는 경향이 많았었다. 그러나 현실적으로 지향해야 하는 주방경영 합리화를 위해서는 직능별 또는 특성화에 따라 조리인원을 배치하는 것이 매우 적합한 방법이다.

 적재적소 배치의 장점

첫째, 개인능력에 의한 새로운 아이디어 창출
둘째, 단위면적당 생산성 향상
셋째, 조직 및 업장 간의 상호 유기적 협조관계
넷째, 식재료의 원가절감
다섯째, 이직률 감소
여섯째, 식음료 매출액의 증가

 적재적소 배치의 단점

첫째, 경제적인 손실
둘째, 생산성 저하
셋째, 조리사들 간의 불협화음
넷째, 조기 이직발생률이 높음
다섯째, 식음료 매출액의 감소

2. 순환배치관리(cycling layout)

　모든 조직 구성원을 적절한 요건과 자리에 맞춰 배치한다는 것은 그리 쉬운 일은 아니며, 배치된 이후라도 사후관리를 소홀히 한다면 결과적으로 원위치현상을 나타낼 수밖에 없다.
　제한된 공간과 노동력을 동원해 생산의 탄력성을 적용시켜 업무를 원활히 수행하고 단위면적당 노동생산성 강화를 추구하기 위해서는 구성원들 간의 순환배치를 통해 잠재능력을 개발해야 한다.
　업체주방에 구성되어 있는 종사원들은 새로운 메뉴에 대한 개발과 조리사들의 순발력, 안전사고에 대한 세심한 주의가 필요하며, 숙련된 기술과 기능이 요구되는 주방의 종사원들이기 때문에 각 업장별 주방특성에 맞게 인원을 순환배치하여 관리활동이 이루어져야 한다.

궁극적으로 순환배치란 일정기간 동안 같은 업장과 업무내용이 동일한 장소에서 다른 장소로의 이동과정을 거쳐 업무흐름을 도와주는 배치기법이다.

〈적재적소 배치를 위한 요건분석〉

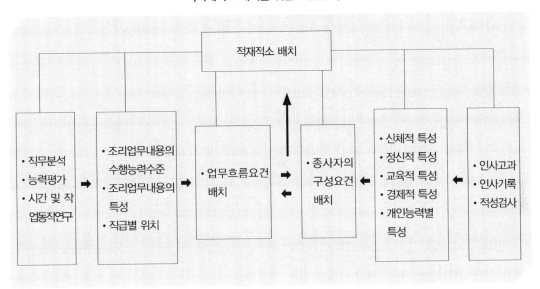

 순환배치 관리활동과정에서 주의할 점

① 주방의 규모와 위치를 파악해야 한다.
② 업장별 판매상품에 대한 내용을 파악해야 한다.
③ 조리사들의 적성을 고려해야 한다.
④ 조리기술과 능력의 정도를 고려해야 한다.
⑤ 조리이론과 전문성에 대한 지식의 정도를 파악해야 한다.
⑥ 업장 간의 인원과 상호 유기적 협조체계를 고려해야 한다.

 제7절 교육과 훈련활동

외식기업주방의 인적 구성원을 형성하고 있는 주방조직의 특성은 인적 자원에 대한 과정적 측면에서 매우 중요한 부서임과 동시에 교육과 훈련의 과정을 끊임없이 시행해야 하는 곳이다.

주방인원에 대한 교육과 훈련활동은 주방조직 구성원들의 잠재력을 개발하여 생산활동에 기여하고자 하는 데 중요한 역할을 한다.

교육과 훈련활동은 인적 자원에 대한 경쟁력을 향상시켜 줌으로써 주방의 조리직무를 수행해야 하는 자기능력과 가치관을 확립시키는 과정이라 해도 과언이 아니다.

단지 학교에서 행하는 교육과 훈련활동과정은 조리직무 수행을 위한 기초적인 단계로서 역할을 할 뿐, 특수한 지식이나 기술을 전수할 수 있는 교육과 훈련활동은 한계가 있을 것이다.

그러나 학교교육의 관리자는 지속적인 연구와 현장경험을 토대로 호텔주방관리의 중추적인 역할을 담당해야 할 책임이 있다.

교육과 훈련활동의 내용은 직무수행에 필요한 '지식과 기능, 태도'이다. 지식은 직무수행에 있어 기본적으로 알아야 할 이론적인 기초를 말하며, 기능은 이를 응용하여 실제로 직무에 적용되는 숙련된 기술이다. 그리고 태도는 일에 임하는 마음가짐으로써 일에 대한 의욕을 말한다.

주방에서 일반적으로 실시할 수 있는 교육과 훈련관리활동의 방법은 크게 사내교육 훈련과 사외교육 훈련으로 구분할 수 있다.

1. 교육훈련의 내용

교육과 훈련이라는 것은 각 기업의 사명전달을 위해 자사의 경영이념을 이해하고 의사통일을 하며 각각의 조직일원으로서 회사의 목적달성을 위해 지식과 기술을 체계적으로 배우는 과정이다.

이러한 교육과 훈련을 통하여 각 개인은 자기의 욕구실현을 충족할 수 있으며, 근무의욕을 부추길 수 있는 계기가 될 것이다.

특히 많은 외식기업들은 그들 나름대로의 교육프로그램을 개발하여 훈련시키고 있는 실정이다. 그러나 이러한 과정에서 발생할 수 있는 문제가 바로 적성훈련에 따른 체계적인 직무분담교육의 한계이다.

외식기업의 각 업장별 주방은 전문적인 기능과 직업의식이 투철하게 인식되어 있는 인성이 동시에 충족되어 업무가 진행될 장소이기 때문에, 각자의 기술과 조리능력이 우수하더라도 인성교육이 잘못되었다면 예기치 않은 많은 사고를 유발할 수 있는 특수한 공간이다.

 교육과 훈련내용

① 업무에 관한 교육과 훈련의 내용이다.
② 능력개발에 관한 교육과 훈련의 내용이다.
③ 인성교육과 훈련의 내용이다.

2. 현장교육과 훈련(OJT)

OJT(on the job training)는 현장 실습이라고도 하며, 업무과정별 교육과 훈련활동(OJT)으로 볼 수도 있다.

주방 내에서 정규직사원으로 일정한 업무를 담당하는 것이 아니라 위탁받아 교육을 하거나 자체적으로 새로운 메뉴개발을 위해 시행하기 때문에 OJT도 사내교육과 훈련활동의 내용에 포함시킬 수 있다.

주방조리사가 조리업무를 직접 수행하면서 상사나 선배 및 동료에게 업무에 대한 지식과 기능, 태도, 분위기, 관리방식 등을 전수받는 방식이 포함된다.

보통 OJT교육과 훈련활동 프로그램은 대학에서 현장 실습을 위해 나온 실습생을 위주로 하는 경우가 대부분이다. 그러나 때때로 신입사원에게 시행하는 경우도 있다.

대규모 외식기업의 주방에서 시행하고 있는 OJT교육과 훈련과정활동을 통해 얻을 수 있는 장단점은 다음과 같다.

1) 장점

첫째, 교육과 훈련활동에 소요되는 시간을 절감하기 위해서이다.

둘째, 많은 인원의 교육과 훈련을 동시에 실시할 수 있다.

셋째, 현장에서 직접 실행하기 때문에 업무에 도움을 받기 위함이다.

넷째, 시설과 장비에 대한 안전사고교육을 동시에 실시할 수 있다.

다섯째, 직무관련 업무에 대한 유기적인 협력관계를 유지할 수 있다.

여섯째, 교육과 훈련비용이 적게 든다.

2) 단점

첫째, 교육과 훈련활동 과정에 있어서 체계적인 점이 부족하다.

둘째, 교육자의 자질에 따라 영향을 쉽게 받는다.

셋째, 교육과 훈련활동 과정이 집단적이기 때문에 일관성 있게 수행하기가 어렵다.

3. 현장 외 교육과 훈련(OFF-JT)

현장 외에서 교육과 훈련활동(OFF-JT : off the job training)을 시행하는 방식으로 집합교육이라고도 한다.

OFF-JT는 현장업무를 떠나서 별도로 시간을 내어 교육전문가의 체계적인 계획하에 광범위한 내용과 훈련을 집합적으로 교육받는 것을 말한다.

이러한 교육방식은 많은 인원을 집단적으로 수용하여 예정 프로그램에 의해 일관성 있게 교육하기 때문에 자칫하면 실용성을 떨어뜨리는 경향이 있다.

OFF-JT를 실행하는 보통의 경우에는 현장의 업무와는 직접적인 관련성을 갖지 않으며 보편적이고 일반적인 내용에 대한 사고방식이나 직업관, 직업윤리에 대한 교육에 적용되는 경우가 많다.

1) 장점

① 교육과 훈련의 내용이 전문성을 띤 집합교육이 된다.

② 외부 전문가로부터 전문적인 지식과 기능 및 기술을 배울 수 있다.

③ 공식적이고 공개적인 교육과 훈련의 기회를 줄 수 있다.

2) 단점

① 교육의 인원이 집합성을 띠기 때문에 실용적인 면이 상실될 우려가 있다.

② 교육시간과 비용이 많이 든다.

③ 관련부서의 기능을 갖추어야 하기 때문에 인건비가 든다.

4. 자기업무개발 방식(S.D.)

호텔의 부서 중 주방의 조리인원에 대한 교육과 훈련활동과정은 자기업무에 대한 개발방식(S.D. : self development)이 매우 합리적이라 생각할 수 있다.

주방에서 실시하는 수동적이고 타율적인 교육과 훈련활동에 얽매이지 않으며, 자기 스스로 조리업무에 대한 목적달성의 기회에 부응하기 위하여 부족한 점을 개발하는 방식이다. 조리에 대한 일반적인 기초지식과 기능 및 기술이 부족하면 부족한 만큼 타 교육기관이나 외국교육기관에서의 자기개발이 절대적으로 필요하다.

5. 사외교육과 훈련

일반기업체에서 실시하는 보통의 교육방법으로 실행하고 있지만, 주방에서도 필요한 교육과 훈련방식이다. 왜냐하면 사내에서 실시하는 교육과 훈련의 프로그램이 한계성을 가질 수 있기 때문이다.

사외교육과 훈련활동의 장소는 다음과 같다.

첫째, 대학 및 전문교육기관

둘째, 정부 및 민간 연구기관

셋째, 정부투자기관

넷째, 해외 유학 및 연수

다섯째, 기타

〈교육과 훈련활동과정의 절차〉

교육과 훈련활동의 목적을 명확히 설정한다.

⬇

교육과 훈련활동의 방침을 정한다.

⬇

교육과 훈련활동 대상자를 명확하게 선발한다.

⬇

교육과 훈련활동 내용을 구체적으로 명시한다.

⬇

교육과 훈련참여자를 직접 선정한다.

⬇

교육과 훈련활동 방법 및 기간을 결정한다.

⬇

교육과 훈련활동을 실시한다.

⬇

결과에 대한 효과를 측정 및 평가한다.

차기계획

쉬어가기

알아두면 날씬해지는 웹사이트

- 다이어트넷 : http://www.dietnet.or.kr
- 영양클리닉 : http://www.dietitan.or.kr
- 영양사도우미 : http://kda.new21.org
- 질환에 따른 식사요법 : http://www.food2go.co.kr
- 베지밀 : http://www.vegemil.or.kr
- 사이버 식생활 자가진단 : http://apwinc.sookmyung.ac.kr
- 쿠켄 : http://www.cookand.net

호텔·외식산업 주방관리실무론

주방위생과 안전관리활동

CHAPTER 09 주방위생과 안전관리활동

제1절 위생관리의 개요

우리 인체구성에 필요한 각종 영양소는 식용가능한 여러 가지 식품을 섭취하는 과정에서 필요한 양만큼 얻을 수 있으며, 성분에 따라 인체의 각 기능별로 적절하게 활용할 수 있다.

위생관리를 하는 궁극적인 목적은 식용가능한 식품을 이용하여 음식상품이 만들어지는 과정에서 조리사와 장비 및 식품취급상 인체의 위해를 방지하기 위한 것이다.

그런데 조리장비나 기물 및 기기를 비위생적으로 관리하여 식품에 세균이나 기타 인체에 유해한 물질이 함유되어 있다든지, 식품을 조리하는 종사자가 질병에 전염되어 있다면, 과연 인체에 어떠한 영향을 미칠 것인가 하는 것이다.

이것은 인간의 생명과 재산을 위협하는 사회성으로 볼 때 중대한 결과로 나타날 것이다.

1. 위생관리의 필요성

식품을 취급하는 일에 직접적으로 관계되는 종사자들은 위생관념을 철저하게 지켜야 한다는 커다란 의미를 갖고 있다.

외식업체주방에서 종사하는 조리사들은 고객의 정신적 · 신체적인 안전을 위해 위생이 모든 것에 우선한다고 해도 지나친 표현은 아니다.

위생관리의 범위는 외식기업과 호텔업무뿐만 아니라, 조리업무 전반에 관한 위생관리라고 하겠다. 즉 음식이 만들어지는 과정에서 얼마나 위생적으로 음식상품을 고객에게 제공하였느냐 하는 것은 위생관리를 어떻게 했느냐에서 직접적으로 결과를 예측할 수 있다.

훌륭한 위생관리의 결과를 얻기 위해서는 주방에서 이루어지는 모든 과정이 중요하다. 우선 주방에 종사하는 조리사 개개인은 신체적으로나 정신적으로 매우 건강해야 하고, 매사 투철한 위생관념과 동시에 위생준칙을 준수하는 자세가 습관화되어야 할 것이다.

또한 주방에 설치되어 있는 장비와 기구 및 기물에 대한 운영환경의 정도는 안전하게 배치되어 있어야 하며, 위생적으로 관리되어야 한다. 반면에 주방종사원와 시설물들은 위생적으로 관리된다 해도 반입되는 식품을 검수, 조리하는 과정에서 비위생적으로 취급한다면 아무런 소용이 없을 것이다.

따라서 위생관리의 범위는 조리사들에 대한 개인위생과 주방시설 환경위생, 그리고 식품위생이라 할 수 있는데, 이러한 위생관리의 내용들 중 어느 한 부분이라도 소홀히 여겨서는 안 될 것이다.

2. 위생관리의 내용

위생관리의 제 요소들이 다 갖추어졌을 때, 위생적으로 완벽하게 음식상품을 고객에게 제공할 수 있을 것이다. 이러한 제 요소들을 완벽하게 갖추기 위해서는 다음과 같은 구체적인 위생관리의 내용을 준수해야 한다.

① 조리종사원들의 채용과정에서 건강유무를 철저히 확인하여 그 업무에 맞도록 적절하게 배치하여야 한다.

② 주방에 설치되어 있는 장비와 기물·기기 등의 취급방법과 보존방법 및 손질방법을 습득하도록 하는 데 철저한 교육이 필요하다.

③ 식재료를 취급할 때는 어느 작업이든지 위생과 안전에 대한 요구사항을 규정하고 설명해야 한다.

④ 위생에 관련한 모든 사항은 우선순위를 두지 말고 똑같이 중요하게 지키도록 한다.

〈주방위생관리의 흐름도〉

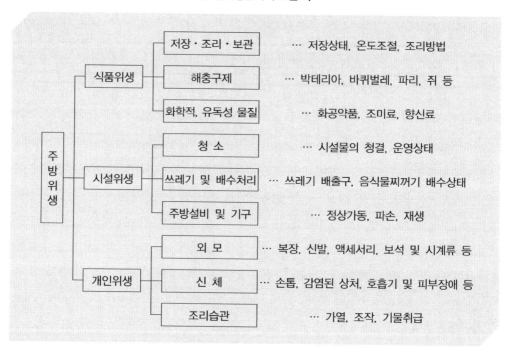

제2절 위생관리의 목적

주방에서 지켜야 할 위생관리의 목적은 주방에서 식용가능한 다양한 식품을 취급하여 음식상품을 고객에게 직접 제공하는 과정에서 일어날 수 있는 식품위생상의 위해를 방지하고, 고객의 안전과 쾌적한 식생활공간을 보장하는 데 있다.

또한 조리종사자들의 작업 중 발생할 수 있는 재해를 미연에 방지하여 효율적인 주방운영이 이루어지도록 하는 데 있다.

그러므로 조리종사자들은 주방에서 사용하고 있는 모든 장비와 기물 및 기기 등의 안전과 취급상의 준수사항을 철저히 지켜야 하며, 식용가능한 식품을 반입, 검수, 저장, 출고, 조리하기 위한 사전지식을 가지고 안전한 상품을 만들 수 있도록 해야 한다. 그러기 위해서 종사자들은 정기적인 건강진단과 위생교육을 통해 안전하고 맛있는 음식을 공급하기 위해 노력하는 자세가 절대적으로 필요하다.

주방에서 행해지는 다양한 조리과정은 결국 고객에 대한 위생상의 위해를 방지하여 안전성을 보장해야 하는 궁극적인 목적이 있는데 그 내용을 구체적으로 살펴보면 다음과 같다.

1. 종사원 측면에서

① 자신을 질병으로부터 보호하여 정신적 · 신체적으로 건강유지
② 쾌적한 주방공간의 확보로 작업능률 향상
③ 조리종사원들의 작업재해를 미연에 방지

2. 식재료 취급 측면에서

① 음식취급과정에서 일어날 수 있는 각종 전염성의 방지(위생관념)
② 음식상품의 질적 가치 향상(조리방법)
③ 식재료의 보존상태기간 연장(저장창고관리)
④ 항상 신선한 식재료를 사용(시장구매전략)
⑤ 원가절감의 원칙 적용(원가절약)

3. 시설관리 측면에서

① 종사원들의 안전사고 방지(안전관리)
② 장비 및 기물과 기기의 경제적 수명(economic life cycle) 연장(시설관리)
③ 단위면적당 작업능률의 향상(수익성 향상)
④ 음식상품의 질적 가치유지(신상품 개발)
⑤ 시설교체 시기의 연장(대체기물 선정)

제3절 위생관리의 대상

주방에서 이루어지는 조리과정은 시간을 두고 코스별로 순서에 의해 만들어지는 경우도 있지만, 대부분 단시간 내에 다수인을 대상으로 많은 음식을 공급하기 때문에 조리작업자가 위생적 관념을 준수하지 않으면 매우 위험한 결과를 초래하기 쉽다.

식재료와 조리종사자, 주방시설과 그 주변환경 그리고 기물과 기기 및 기구가 전반적으로 중요한 위생관리의 대상이 된다.

그러므로 주방위생의 관리과정에서 행해져야 하는 대상별 기준은 다음과 같다.

첫째, 식재료를 취급하여 음식을 만드는 조리사는 개인적인 위생관리를 위해 정기적인 건강진단과 위생교육을 받도록 해야 한다.

둘째, 음식을 조리할 때, 안전하고 위생적으로 사용할 수 있는 시설 및 설비를 확보함과 동시에 취급방법을 익혀야 한다.

셋째, 식재료를 위생적으로 보관하고 취급해야 하며 항상 신선한 식재료를 공급할 수 있도록 관리를 철저히 해야 한다.

<주방 위생관리항목>

구 분	항 목	점검	비고
장 비 기 기 기 물 과 식 품 설 비	식재료: 손상된 것 없이 항상 신선한 상태		
	기물: 접시, 그릇, 수저, 기타 음식이 직접 닿는 모든 것의 청결상태		
	저장장비상태 : 냉장고, 냉동고의 적정온도		
	음식취급: 청결한 분배기구		
	세척 세제액: 깨끗한 물 수급, 냉수, 온수 유지		
	작업대 기물 싱크대: 3단계 위생적 소독처리		
	세척기물: 깨끗하게 위생처리하여 보관, 정기적인 소독		
	설비나 기구 : 청결한 보관 및 취급		
	기타 음식이 닿지 않는 부분의 청결상태		
	상·하수도 처리시설 : 정기적인 청소와 소독		
	쓰레기 처리 : 뚜껑장치, 충분한 개수		
	곤충: 쥐, 벌레의 서식방지 및 소독, 방지기구		

구 분	항 목	점검	비고
공동사용 시설	화장실 및 세면시설의 자동잠금장치, 각 부품의 깨끗하고 위생적인 보존상태 유지, 일회용품 비치, 비누, 위생타월, 티슈, 손 말리는 장치, 적절한 규모의 쓰레기통 공동시설 이용의 용이성과 편리성을 유지		
바 닥 벽 천 장	주방시설의 벽과 바닥: 깨끗하고 배수가 잘되며, 미끄럽지 않아야 한다. 벽, 천장, 부속설비: 벽(세척이 잘되며), 천장(단열재) 기타 부속설비: 깨끗하며 먼지가 없어야 함		
개인위생 환기시설	전염병의 소지가 없는 사람 잘 씻은 손, 청결하고 위생적인 습관 깨끗한 복장, 단정한 머리 주방, 영업장: 규정대로 배출되는 환기설비기능		

제4절 개인위생관리

　호텔주방이나 일반 외식기업체에 종사하는 종사자의 개인적 위생은 곧 고객들의 건강 및 안전과 직접적으로 직결되는 중요한 사항이기 때문에 철저한 자기관리를 통해 사전에 예방하는 데 주력해야 한다.

　주방공간에서 음식을 만들기 위해 이동하고 활동하는 조리사는 고객뿐만 아니라, 자신을 질병으로부터 보호하고 최상의 상품을 만들기 위해 위생관념과 청결이 우선적으로 선결되어야 한다.

1. 건강진단

　주방종사원들은 조리업무 시작 전이나 조리업무진행 중에도 위생과 건강상태를 점검하기 위해 정기적인 건강진단을 받아야 하며, 이외에도 수시로 건강진단을 받아 안전하고 위생적인 조리업무를 수행할 수 있어야 한다.

정기적인 건강진단은 보통 6개월에 1회 정도 실시하는 경우가 대부분인데, 특별한 행사가 있을 때는 수시로 해야 한다. 이러한 건강진단 검사항목은 다음과 같은 내용으로 구분할 수 있다.

---

① 소화기계 전염병 : 콜레라, 장티푸스, 파라티푸스, 세균성 이질 등

② 결핵 : 폐결핵 등

③ 혈청검사 : 매독 혈청검사

④ 간염검사 : 항체 양성자(1호/5년), 항체 음성자(1호/6개월)

⑤ 전염성 피부질환 : 나병, 세균성 피부질환

⑥ 약물중독검사 : 마약, 필로폰 등

이외에도 조리업무 종사자들은 월 1~2회의 검변을 실시하여 전염병의 보균자를 미연에 방지해야 한다.

특히 전염병 보균자는 외관상 건강인과 조금도 다름이 없으면서 병원균을 보유하는 경우 이므로 조리종사자들의 검변을 수시로 실시하여 미연에 방지하는 것이 중요하다.

2. 조리업무를 못하는 조리사

「식품위생법」 및 동 시행령의 규정에 의해 조리업무에 종사할 수 없는 조리사는 다음의 경우와 같다.

---

① 전염병에 걸렸을 경우 : 콜레라, 장티푸스, 세균성 이질, 결핵 등

② 전염병의 병원균 보균자인 경우

③ 피부병 및 기타 화농성 피부질환이 있을 때

④ B형 간염 : 전염의 우려가 없는 비활동성 간염은 제외

⑤ 후천성면역결핍증 : 전염병에 대한 예방법 규정에 의한 건강진단을 받아 그 결과의 유무
    에 의해 영업에 종사하는 자에 한함

특히 손가락 등 식품에 직접 닿는 부위의 화농성 피부질환은 포도상구균에 의한 식중독의 원인이 될 수 있으므로 조리업무 관리자는 조리업무 전에 조리사들의 손 검사를 실시하는 것이 바람직하다.

또한 이질, 장티푸스, 파라티푸스, 콜레라 등의 소화기계 전염병이나 디프테리아, 성홍열, 소아마비, 전염성 설사, 결핵 등의 전염성 질환에 걸렸을 때와 그러한 의심이 있는 경우에는 의사의 지시가 있을 때까지 주방이나 식품을 취급하는 장소에의 출입을 금해야 하고, 식품을 다루는 일에 종사하지 못하게 해야 한다.

조리업무 종사자의 가족이나 동거인 등이 이러한 질병에 걸렸을 때도 마찬가지로 의사의 지시에 따르도록 해야 한다.

조리업무는 조리사의 개인적 부주의로 인해 따라 사회 전반에 매우 커다란 혼란을 야기할 우려가 있을뿐더러, 사전 예방시기를 넘긴 경우 근무조건을 상실할 수 있다.

3. 조리사의 위생준수사항(10훈)

① 정기적인 신체검사와 예방접종을 받는다.

② 청결한 복장을 한다.

③ 매일 목욕을 한다.

④ 손에 상처를 입지 않도록 손관리에 유의하며 항상 깨끗이 씻는다.

⑤ 건강에 대한 무관심 요소인 과로, 과음, 과식, 지나친 흡연, 수면부족 등을 피한다.

⑥ 사람이 많이 모이는 장소는 가급적 피한다.

⑦ 질병예방에 따른 올바른 지식과 철저한 실천을 한다.

⑧ 조리에 관계되는 사람 이외는 주방에 출입을 못하도록 한다.

⑨ 가급적 술이나 담배는 삼간다.

⑩ 외모는 항상 단정히 한다.

4. 조리사의 위생의무사항

① 손톱을 짧게 깎고 손은 가능한 한 깨끗하게 유지한다.

② 보석류, 시계, 반지는 조리업무가 진행될 때는 착용하지 않는다.

③ 종기나 화농이 있는 사람은 조리작업을 하지 않는다.

④ 주방은 항상 정리정돈과 청결을 유지한다.

⑤ 작업 중 화장실 출입을 하지 않으며, 용변 후에는 반드시 손을 씻는다.

⑥ 식품을 취급하는 기구나 기물 및 장비는 입과 귀, 머리 등에 접촉하지 않는다.

⑦ 더러운 도구나 장비가 음식에 닿지 않도록 한다.

⑧ 손가락으로 음식 맛을 보지 않는다.

⑨ 주방용 신발은 규정된 size로 착용하기 쉬워야 한다.

⑩ 향이 짙은 화장품은 사용하지 않는다.

⑪ 하루 3회 이상 양치질을 하여 일정한 입맛을 유지해야 한다.

⑫ 손은 지정된 세면대에서만 씻는다.

⑬ 조리업무 중에는 잡담을 하지 않는다.

⑭ 항상 깨끗한 행주(hand towel)를 휴대한다.

⑮ 규정된 조리복장을 착용한다.

⑯ 위생원칙과 식품오염의 원인을 숙지한다.

⑰ 정기적인 위생 및 조리교육을 이수한다.

⑱ 식품이나 식품용기 근처에서 기침, 침, 재채기 및 흡연을 하지 않는다.

⑲ 조리업무에 지장을 초래할 정도로 병이 났을 때에는 집에서 쉰다.

⑳ 항상 자신의 건강상태를 점검(check)한다.

5. 개인복장 위생

1) 손의 청결

식품과 식기의 오염을 방지하고 조리상품의 질적 가치를 향상시키기 위해 조리업무의 필수적 작업도구인 손의 청결을 유지해야 한다. 올바른 손의 세정 및 소독법은 다음과 같다.

① 손목 위까지 비누로 씻고 오염물을 수시로 제거한다.

② 손끝의 세정, 특히 손톱 밑의 세정에 주의해야 하고 손톱솔로 잘 씻는다.

③ 비누의 알칼리성이 남지 않도록 잘 헹군다.

④ 세균을 살균하기 위해 손을 역성비누로 소독한다.

⑤ 흐르는 물에 잘 헹군다.

⑥ 종이타월이나 공기 건조기로 건조시킨다.

2) 비누사용법

① 원액법 : 원액을 몇 방울 손에 떨어뜨려 손 전체에 바르고 30초 이상 잘 문지른 뒤 물로 씻는다.

② 희석법 : 역성비누의 3% 희석액을 용기에 담고 거즈를 한 장 넣은 다음 용액에 손을 30초 이상 담근 뒤 거즈를 짜서 손을 닦는다.

희석액의 경우 소독의 효력이 없어져도 계속 사용하게 되는 위험이 있으므로 주의를 요한다.

이외에도 조리종사자들은 조리작업 중에 얼굴이나 머리카락 등에 손을 대지 않도록 한다.

3) 위생복장의 청결

조리업무 종사자들은 주방에 들어가기 전에 항상 주방전용 탈의장에서 깨끗한 백색의 조리복을 입고 모자와 앞치마를 착용한 후 업무에 임해야 한다. 또한 비위생적인 복장으로 인한 먼지, 이물질, 세균 등이 식기나 음식물을 오염시키지 않도록 주의해야 한다.

또한 업무도중 외부에 나가는 경우에는 가능하면 조리복을 입은 상태로 출입하지 않아야 한다. 이는 외부의 오염된 환경으로부터 주방의 위생을 지키기 위한 행동이다.

조리복을 입고 벗을 때에는 반드시 탈의실을 이용해야 하며, 조리복은 여름철에는 매일 세탁하여 착용해야 하고, 겨울철에도 최소한 이틀에 한번은 세탁한 조리복을 착용해야 한다. 특히 조리모와 앞치마는 매일 교환하여 착용하도록 주의를 기울여야 한다.

4) 위생복 착용법

① 위생모 또는 스카프

위생모는 모자 상단부의 접힌 부분이 밖으로 노출되어 펄럭이지 않도록 내부로 접고 하단부의 머리가 들어갈 부분도 밖으로 집어넣어 상부와 하부가 균형있게 조화되도록 접어서 사용해야 한다. 위생모에 머리카락이 완전하게 들어가야 하며, 귀를 덮어서는 안 된다.

여자조리사의 경우 착모 시 옆머리는 귀가 보이며 뒷머리는 위생복 상의 깃에 닿지 않도록 세심한 주위와 방법을 익혀 착용해야 한다.

스카프의 경우 머리카락을 좌우로 붙인 상태에서 이마에서부터 귀의 윗부분을 따라 뒷목 상반부에서 매듭을 만들어 착용한다. 위생모와 스카프는 머리카락과 이물질이 음식에 떨어지는 것을 방지하기 위해서 착용하는 것이다.

특히 위생모와 스카프는 대부분 호텔주방의 조리사들이 일회용을 사용하는 경우가 많다.

② 상의

상의는 조리사의 체형에 맞는 치수를 각자 골라 입어야 한다. 그러나 이때 약간 크다고 생각되는 것을 선택하여 착용한 후 양쪽 소매는 조리업무과정상 불편하기 때문에 손목이 5cm 정도 노출되도록 접어 올려서 입어야 한다.

③ 하의

하의는 허리 사이즈가 가장 중요하게 작용한다. 허리 사이즈에 따라 선택하여 하의 끝부분이 복숭아뼈를 약간 가릴 정도의 길이로 골라 입어야 하며, 길다고 접어서는 안 된다. 이때 반드시 허리벨트를 착용해야 한다.

④ 앞치마

앞치마는 전후를 구분하여 착용하는데 벨트선 이상으로 올라가지 않도록 위치를 조정하여 착용하는 것이 바람직하며, 앞치마에 붙어 있는 매듭은 반드시 복부 중앙에 매고 남는 끈은 너덜거리지 않도록 양옆의 끈에 밀어넣어 보이지 않도록 한다.

만약 벨트선 이상으로 앞치마를 착용할 경우 조리작업으로 인해 하의가 밑으로 처지며 앞치마는 상의 속으로 빠지기 때문에 다시 고쳐 입어야 하는 번거로움이 따른다.

⑤ **머플러**

머플러는 항상 목에 착용해야 하며, 고객 앞에 직접 나서지 않는 경우에는 착용하지 않아도 된다.

매듭은 전면에 노출되지 않도록 밖에서 안으로 감아 올린다. 삼각 머플러는 머리의 비듬방지와 다쳤을 때 목에 손을 걸기 위해 사용되는 용도이다. 또한 호텔주방의 조리사들이 착용하고 있는 머플러 색깔은 조리업무 특성과 직급별 상태를 나타내는 역할도 겸하고 있다.

⑥ **안전화**

안전화는 발등을 감싸고 있는 가죽 내부에 안전장치가 들어 있는 것을 필히 착용하여 불의의 사고를 당하더라도 부상을 입지 않도록 반드시 규정된 신발을 신어야 한다. 또한 안전화의 밑바닥은 주방 바닥의 물로 인한 미끄러움을 방지할 수 있는 특수재질이 부착된 안전화를 선택해야 한다.

그러나 칼을 쓰지 않는 주방에서는 무겁지 않는 안전화의 착용도 무방하다.

제5절 식품위생관리

식품을 위생적으로 취급해야 하는 이유는 곧 식품으로 인해 인간에게 치명적인 위해를 줄 수 있는 식중독 전염으로부터 예방하기 위해서이다. 이는 무엇보다도 위생적인 관리와 취급방법이 매우 중요하다.

식용가능한 식재료는 식재료의 산지에서 생산되어 소비자에 이르기까지 복잡한 유통과정을 거치게 되면서 많은 시간을 소비하게 된다.

이러한 절차에서 발생할 수 있는 식품에 대한 위해를 방지하는 것이 바로 식품위생관리의 원칙이다.

식품위생관리란 "식품 및 첨가물, 기구, 포장을 대상으로 하는 음식에 관한 위생으로서 비위생적인 요소를 제거하여 음식으로 인한 위해를 방지하고 우리의 건강을 유지 향상시키기 위해서"이다.

주방에서 종사하는 조리사들은 식품을 모든 위해요인으로부터 안전하게 보존하고 정성껏 조리하여 위생적이고 안전하게 우리를 믿고 찾는 고객에게 공급해야 할 의무와 책임이 있다는 것을 잊어서는 안 될 것이다.

1. 식품위생관리의 필요성

식품의 부패, 변패, 유해미생물, 유해화학물질 등을 함유하고 있는 유해식품으로 인한 위생상 위해내용을 배제하여 식품가공을 통한 조리음식을 제공함으로써 식품영양의 질적 향상과 국민의 건강한 식생활공간을 제공하는 것이 식품위생관리의 절대적인 필요성이다.

세계보건기구에서는 식품에 대한 위생관리(sanitation)에 대해 "식재료의 재배, 수확, 생산 및 이를 원료로 한 식품의 제조에서부터 그 음식물이 최종적으로 소비될 때까지 모든 과정에 있어서 건전성, 안전성, 완전성 확보를 위한 조치"라고 규정하고 있다.

식품위생관리는 식품 및 첨가물의 변질, 오염, 유해물질의 유입 등을 방지하고 음식물과 관련있는 첨가물, 기구, 용기, 포장 등에 의해서 불필요한 이물질이 함유된 비위생적인 요소를 제거함으로써 이와 같은 원인을 미리 방지하고 안전성을 확보하기 위해 필요한 것이다.

〈위생안전점검 총 평가표〉

개인위생부분		예	아니오	점검자
1	모자, 머리핀, 혹은 장갑을 착용했는가?			
2	개인용 타월을 사용하는가?			
3	보석 또는 장신구를 착용했는가?			
4	조리원이 주방에서 취식하고 있는가?			
5	직원들은 유니폼을 단정하게 착용했는가?			
식품안전부문		예	아니오	점검자
1	음식물이 바닥에 떨어져 있는가?			
2	상하기 쉬운 음식이 상온에 방치되어 있는가?			
3	교차오염의 가능성이 있는가?			
4	음식을 냉장고에 넣기 전에 충분히 식혔는가?			
5	냉동식품을 올바르게 해동하고 있는가?			
6	온도계를 사용하며, 검교정이 되었는가?			
냉장고 및 냉동고 관리부문				
1	냉장고 및 냉동고 관리온도가 유지되었는가?			
2	음식의 포장, 라벨, 선입선출이 관리되는가?			
3	상하거나 부패한 음식이 있는가?			
4	조리된 음식과 날음식이 분리되어 있는가?			
5	남은 음식을 기한 내에 사용하는가?			
식재보관 창고부문		예	아니오	점검자
1	음식물은 바닥에서 15cm 이상 떨어졌는가?			
2	빈 상자는 잘 접어서 처리하는가?			
3	벌레, 쥐 등의 감염 흔적이 있는가?			
4	단위포장 식품은 적당한 용기에 보관하는가?			
5	무거운 식품은 아래에 보관하고 있는가?			
6	바닥은 청결하고 부스러기가 없는가?			
기타 장비 보관소 부문		예	아니오	점검자
1	기물, 도구 등은 깨끗이 닦고 보관되는가?			
2	구급함은 사용이 가능하며 충분한가?			
3	도마를 사용한 후에 위생처리하였는가?			
4	소화기는 제 위치에 있으며 사용가능한가?			
전체평가 의견				

2. 식품위생관리의 영향요소

1) 미생물의 종류

인간이 일상생활에서 접하는 모든 식품에는 미생물이 부착하거나 서식하여 식품의 변질 요소로써 작용하거나 질병을 유발시키므로 식품을 이용한 조리과정에서 매우 중요하게 다루어야 할 분야이다.

① 진균류(곰팡이, 효모)

진균류는 곰팡이를 이용하여 누룩과 메주를 만들기도 하지만, 황변미의 원인이 되기도 한다. 또한 진균류의 미생물은 자체적으로 독소를 만들어 인체에 치명적인 해를 주기도 하기 때문에 식품관련 업무 종사자들은 미생물에 대한 지식을 습득하여 실용화하는 데 주의를 기울여야 한다.

② 세균류(구균류, 간균류, 나선류)

화농균, 살모넬라, 장염비브리오균 등은 세균성 식중독, 부패와 경구전염병의 원인이 되기도 한다. 또한 이들의 모양균은 구균, 간균, 나선균의 3가지가 있으며, 협막, 포자, 편모 등을 가지는 것이 있다. 이것들은 2분법으로 증식하기도 한다.

③ 리케차

세균과 병원체의 중간에 속하는 것으로 타원형과 원형 등의 모양으로 발진티푸스의 병원체가 이에 속한다. 살아 있는 세포 속에서만 2분법으로 증식을 하고, 운동성은 거의 없는 것이 특징이다.

④ 바이러스

여과성 병원체로서 전자현미경으로 관찰할 정도로 매우 작다.
천연두, 일본뇌염, 광견병의 여과성 바이러스 병원체이다.

⑤ 스피로헤타

매독균, 회기열 등의 병원체로서 항상 운동을 하는 연약한 나선형의 모양을 하고 있다.

⑥ **원충류**

단세포 하급동물의 병원체로서 이질, 말라리아, 아메바의 원충류 형태이기도 하다.

2) 미생물의 발육조건

미생물은 자연계에 존재하는 최하위 생물의 총칭으로 여겨진다. 그러나 미생물은 인간의 일상적인 식생활 활동과정과 밀접하게 접근하여 식품을 변질시키고 다양한 식품으로 인한 질병을 유발시켜 인간사회환경에 커다란 영향을 끼치는 것이 사실이다.

미생물은 주위환경이 나쁘면 증식하지 않고, 주위환경이 좋아지면 증식하는데, 이러한 환경요소로 수분, 영양소, 온도, 산소, pH 등이 있다.

3) 미생물의 발육조건

① 미생물의 증식과 발육에는 수분이 필수요소이다. 인간의 생체기능에는 40% 이상의 수분이 있어야 생리기능 조절에 적당하며, 건조상태에서는 생리기능이 정지되더라도 장기간 생명을 유지할 수 있다.

② 영양소는 탄소원, 질소원, 무기염류, 발육소 등이 충분해야 한다.

③ 미생물은 0℃ 이하와 80℃ 이상에서는 일반적으로 발육하지 못하며, 고온보다 저온에서 저항력이 강하다.

④ 산소는 지구상의 모든 생명체의 호흡에 절대적으로 필요한 것으로 산소를 필요로 하는 호기성균(곰팡이, 효모, 식초산균)과 산소를 필요로 하지 않는 혐기성균(낙산균)이 있다. 미생물도 마찬가지이다.

⑤ pH(수소이온농도)의 경우 일반적으로 세균은 중성 또는 약알칼리성에서 잘 자라고, 효모나 곰팡이는 산성을 좋아하는 경우가 많다.

〈세균의 발육온도〉

환경온도	최저온도	적정온도	최고온도	균 종
저온세균	0℃	15~20℃	30℃	물, 토양, 세균
중온세균	10~15℃	25~37℃	45℃	경구성, 전염병원균, 부패균
고온세균	40~49℃	50~60℃	60~70℃	온천수, 추비균 등

3. 식품의 구입방법과 변질

1) 식품의 구입방법

식용가능한 식품을 안전하고 위생적으로 조리하기 위해서는 일련의 식품류에 대한 구입과정 절차가 매우 중요하다. 특히 식중독을 시기적으로 발생시킬 수 있는 7월에서 9월 사이의 하절기에는 식품류의 구입방법과 시기에 세심한 주의가 필요하다.

여름철에 식중독을 일으키기 쉬운 음식으로는 어패류나 가공품, 육류, 두류, 난류, 어묵, 팥을 사용한 빵이나 과자류, 감자 샐러드, 마요네즈 샐러드 등이 있다.

아래는 식품의 구입과정에서 중요하게 여겨야 할 내용으로, 다음과 같은 절차를 밟아 합리적으로 선택하는 것이 중요하다.

첫째, 안전하고 위생적이 조리식품의 선택기준에 알맞은 식품 구입계획을 구체적으로 세우고 구입시기, 구입장소, 수량, 신선도, 가격 등을 고려해야 한다. 또한 장소적, 계절적, 시간적, 사용용도 등을 명확하게 설정하여 식품구입계획과 방법에 따라 진행해야 한다.

둘째, 구입한 식재료에 대한 검수를 중요시해야 한다. 품질, 선도(색, 냄새), 첨가물의 사용유무, 이물질의 혼입유무, 표시의 확인, 제조연월일, 보존법 등에 유의하여 실시한다. 또한 저장장소의 조건을 고려하여 적합한 시기에 식품을 구입해야 한다.

셋째, 채소, 어패류, 육류를 48시간 이상 조리시설에 두지 않기 위해 가능하면 매일 사용할 만큼의 양을 조절하여 구입해야 한다.

넷째, 경쟁입찰방식 : 필요한 품목, 수량을 표시하여 납품업자들을 선정하여 견적서를 제출하도록 하고 품질이나 가격에 대해서도 검토한 후 계약에 따라 구입한다.

다섯째, 수의계약방식 : 필요한 품목 등을 납품업자 1개 업체만 선택하여 구입하는 방법이다. 이러한 경우 구입가격, 재고량, 폐기량, 조리과정상의 불이익을 고려해야 한다.

여섯째, 검수가 끝나면 주방 내 보관장소에 방치하는 일이 없도록 주의해야 한다.

2) 식품변질의 유형

식품변질은 기존 식품의 가치를 저하시키는 원인이 될 뿐 아니라, 변질로 인한 파급효과는 상상을 초래하기도 한다.

변질은 인체에 직접적으로 위해를 주는 식중독 등을 일으키는 원인이 되기 때문에 변질

방지를 위한 보존방법을 구체적으로 개발하여 사용하기 위해 노력해야 한다.

변질은 부패, 발효, 산패, 변패 등과 같은 형태로 변화되는 경우가 있으며, 미생물, 효소, 수분, 온도, 산소, 수소이온농도 등이 그 식품의 영양성분과 물리적 · 화학적 반응을 통해 변질을 일으키게 된다. 이러한 변질의 유형을 내용별로 구분하여 살펴보면 다음과 같다.

① 변질

식품을 장기간 방치하면 변화하여 외관이 변하고 각종 성분이 파괴되어 향기, 맛 등이 달라져 원래의 특성을 잃게 되는 현상이다.

② 부패

식품의 단백질이 미생물에 의해 분해되어 악취가 나고 인체에 유해한 물질이 생성되는 현상이다.

③ 발효

미생물이 분해작용을 받아 탄수화물이 유기산, 알코올 등으로 생성되는 현상이다.

④ 산패

발효현상 중 산을 생성하여 시어지는 현상과 유지가 산화되는 현상을 말한다.

⑤ 변패

단백질 이외의 성분 즉 탄수화물이나 지방이 미생물에 의해 분해되는 현상이다. 유해물질이 생성되는 경우가 비교적 적으며, 부패와는 구별된다.

4. 식품의 하처리방법

주방에서 필요한 양만큼 구입한 식재료의 하처리를 위해서는 각종 식재료를 우선 흐르는 물에 깨끗이 씻어야 하는 것과 중성세제로 세정해야 하는 것 등으로 구분하여 처리해야 한다.

① 식재료를 충분히 세정하는 것은 궁극적으로 식재료에 묻어 있는 오염을 제거하기 위해

서이다. 채소, 과일의 경우 농약성분이 남아 있는 경우가 있기 때문에 중성세제를 이용하여 흐르는 물에 세척해야 한다. 이때 중성세제는 0.15~0.25%로 희석하여 사용하는 것이 가장 적당하다.

대량의 식재료를 흐르는 물에 한꺼번에 헹구기 곤란할 경우에는 5회 이상 헹구도록 한다. 또한 날것으로 조리한 채소를 크롤 소독제나 차아염소산나트륨액을 사용하여 소독하는 경우 5%의 유효염소를 함유하는 시판품의 50배 희석액에 5분간 담근 후 물로 씻는 것이 바람직하다.

생선의 머리와 내장을 제거하고 도마와 칼은 채소용과 구분하여 흐르는 물에 씻는다.

② 하처리한 식재료를 주방 바닥에 놓지 않도록 주의한다.

③ 하처리과정상 용기, 기구에 의한 2차 감염에 주의한다.

④ 하처리용 조리기구와 보조조리용 조리기구는 구분하여 사용하고 어패류용, 축육용, 채소용 기구와 작업장소도 구분하여 사용하는 것이 하처리과정에서 오염되는 것을 막을 수 있다.

5. 식품의 보존방법

식품을 적정한 온도와 양만큼 보존한다는 것은 호텔주방에서 사용하는 식품과 식재료를 오랫동안 사용할 수 있으며, 변질 또는 부패되지 않도록 일정기간 보존한다는 의미이다. 이처럼 식품을 보존하는 목적은 다음과 같다.

식품보존의 목적

① 식품의 손실을 줄인다.
② 식품의 품질이 오래도록 변하지 않도록 유지시킨다.
③ 식품의 기호적 가치를 지키도록 한다.
④ 영양가를 최대한 유지한다.
*식품의 원형을 잃지 않고 성분의 변화를 일으키지 않도록 일정기간 유지시키는 작업을 저장(storage)이라 하며, 식품의 품질열화(品質劣化)를 막고 상품가치를 유지 개선시키기 위하여 실시하는 작업을 보장/보전(Preservation)이라고 할 수 있다.

이러한 식품의 보존법에는 기술적인 방법이 대부분이나, 경우에 따라서는 천연적인 방법도 있다.

기술적인 보존방법의 원리는 미생물을 살균하거나 증식을 억제하는 것이 대표적인 방법이다.

1) 물리적 보존법

(1) 건조법(탈수법)

① 일광건조법(sun drying) : 어패류, 김, 오징어, 명태, 건포도 등을 햇빛을 통해 건조하여 보존하는 방법

② 직화건조법(배건법, roasting) : 보리, 찻잎, 커피 등을 불로 건조시켜 보존하는 방법

③ 동결건조법(freezing drying) : 한천, 당면, 두부 등을 냉동 후 건조한 뒤 공기 또는 진공으로 건조시켜 보존하는 방법

④ 분무건조법(spray drying) : 분유, 인스턴트 커피, 분말 주스 등을 가루로 분해하여 보존하는 방법

⑤ 진공동결법(vacuum drying) : 채소, 분유, 달걀 등을 진공상태에서 건조하여 보존하는 방법

(2) 냉장 · 냉동 보존법

식품의 보존 · 보관은 일반적으로 냉장고, 냉동고, 온장고, 식품창고 등을 활용하는 것이 대부분이다.

① 움저장 : 감자, 고구마, 채소 등과 같은 식재료를 굴 속에 넣어둔다든지 땅을 파고 묻어두는데 평균적으로 온도는 10℃를 유지하여 보존하는 방법이다.

② 냉장고 : 식품을 0~10℃의 저온으로 단기간 저장 · 보관하는 방법이다. 채소, 과일, 율무, 우유, 난류 등 가능한 한 냉장고 내의 온도가 5℃ 이하로 유지되도록 해야 하며, 2~4℃ 정도가 가장 이상적인 보존온도이다.

③ 냉동고 : 식품을 -15℃ 이하로 급속히 냉동시켜 보존하는 방법이다. 내부온도를 -18℃ 이하로 유지시켜 주는 것이 좋다.

④ 온장고 : 식품을 65~85℃의 고온으로 보존한다. 한번 가열된 조리식품을 고온 그대로

보존하는 시설로 세균의 발육 한계온도 이상으로 하는 것이 필요하며, 보존식품의 변질에 유의해야 한다.

(3) 가열 살균보존법

① 저온살균법 : 61~65℃에서 30분간 가열 후 급랭시키는 보존법이다. 우유, 소스, 술, 주스 등이 이용되며, 멸균되지 않는다.

② 초고온 순간 살균보존법 : 130~140℃에서 2초간 가열 후 급랭시키는 방법이다. 우유, 과즙류 등에 이용된다.

③ 고온 단시간 살균보존법 : 70~75℃에서 20초 내에 가열 후 급랭시키는 방법이다. 우유, 과즙 등에 이용된다.

④ 고온 장시간 살균보존법 : 95~120℃에서 30~60분간 가열하여 보존하는 방법이다. 통조림 등에 이용된다.

⑤ 초음파 가열 살균보존법 : 초음파로 단시간 처리하는 보존방법이다.

(4) 조사 살균보존법

자외선, 방사선 등을 이용하여 미생물을 살균하여 보존시키는 방법이다.

(5) 발효처리에 의한 보존법

① 세균, 효모의 이용 : 치즈, 주류 등 발효식품이나 절임식품을 만들어 보존하는 데 이용되는 방법으로, 식품에 유용한 미생물을 번식시켜 유해한 미생물의 증식을 억제시키는 것이다. 보존 외에도 맛과 향을 좋게 한다.

② 곰팡이의 응용 : 식품에 특정한 곰팡이를 발효시키는 과정에서 유해한 미생물의 발육을 저지시키는 것으로 치즈 등과 같은 식품에 주로 응용된다.

(6) 화학적 처리에 의한 보존법

① 염장법(salting) : 해산물, 채소, 육류 등의 저장에 이용되는데, 10% 정도의 소금농도에서 미생물 발육을 억제시켜 보존하는 방법이다.

② 당장법(sugaring) : 젤리, 잼, 가당연유 등의 저장에 이용되는 방법으로, 소금과 마찬가지로 탈수작용에 의해 미생물의 발육을 저지시키는 방법이다. 설탕의 농도 50% 정도에서 약간의 산을 가해 주면 저장이 잘 된다.

③ 산저장법(pickling) : 초산, 구연산, 젖산 등을 이용하여 저장하는데, 미생물의 발육에 필요한 pH의 범위를 벗어나게 하는 것이다.

④ 화학물질 첨가 : 산화방지제, 합성보존제, 살균제, 피막제 등을 이용하여 보존하는 방법이다. 이는 특히 인체에 해가 없어야 한다.

(7) 종합적 처리에 의한 보존법

① 훈연법(smoking) : 연기 속에 살균력이 있는 포름알데히드, 메틸알코올, 페놀 등을 식품 조직 속에 침입시켜 저장하는 방법이다.

② 냉훈법 : 연어, 드라이 소시지 등에 이용되는데, 보통 15~30℃가 적당하다.

③ 온훈법 : 햄류의 제조에 이용되는 방법으로 보통 50~70℃가 적당하다.

④ 액훈법 : 훈연성분을 용해시킨 수용액에 식품을 넣어 훈연에서와 같은 효과를 얻도록 하는 방법이다.

⑤ 기타 염건법, 조미법, 밀봉법 등이 있다.

제6절 주방시설의 위생관리

1. 시설물 세척관리

주방공간에 배치되어 있는 모든 시설물은 사용방법이나 보존기간을 불문하고 조리작업자가 조리상품을 만들어내기 위해 이용했다면 무조건 세척해야 한다. 그래야만 수명이 오래 갈 뿐 아니라, 시설물을 위생적으로 관리하고 보존할 수 있다.

호텔주방에서 사용하는 시설물들은 주로 물이거나, 기름을 이용하여 세척하는 경우가 대부분이다. 그러나 특별한 시설물에 대해서는 세제의 화학력에 의한 화학세척(scientific

wash)방법을 이용한다.

1) 기물류 및 식기류 세척

주방의 기물류나 식기류는 특별한 기술이나 전문적인 기능을 요하지 않기 때문에 대부분의 주방종사원들이 작업이 끝난 후 일반적인 세척방법을 통해 직접 세척하고 있다. 그러나 기물류나 식기류의 세척은 시간과 노동력이 많이 드는 작업이며, 또한 위생상 중요한 위치를 차지하는 작업이라는 점을 감안한다면 주방관리자나 조리사들의 특별한 관심과 작업방법에 대한 개선노력이 필요하다.

조리작업자가 활동하는 주방공간에 배치되어 있는 장비나 기물 및 기기는 항상 청결한 상태로 유지해야 할 뿐만 아니라, 이러한 시설물의 사용자들은 사용방법과 용도를 정확하게 숙지해야 위생적으로 오래 사용할 수 있다.

주방시설물은 항상 청결한 상태로 유지해야 하고, 사용자는 일정한 간격을 두고 시설물을 점검하여 조리업무에 차질이 없도록 해야 한다.

2) 세척방법

주방의 기구류 및 식기류는 반드시 위생적이고 안전한 것으로 구입하는 것이 바람직하다. 왜냐하면 주방기물이나 식기류는 식품에 직접 접촉하여 고객에게 위생적인 영향을 미치기 때문이다. 그러나 구입 당시에 이러한 점을 고려하지 않는 경우가 대부분이다. 그렇기 때문에 시설물을 충분히 세척하고 필요에 따라서는 소독하여, 항상 위생적으로 보존하면서 사용해야 한다.

(1) 세제 사용 세척법

세정액에 의해 오염된 시설물을 물리적으로 제거하는 방법이다. 이는 기물세정액으로 세척한 다음 반드시 깨끗한 물로 헹구어내는 것이 좋다.

천연유지를 원료로 한 비누 대신 화학적 합성품을 원료로 하여 만들어진 합성세제는 약알칼리성 세제와 중성세제로 구분하여 사용하고 있다. 중성세제는 침투, 흡착, 팽윤, 유화, 분산 등 5가지 작용과 더불어 20% 전후의 계면활성제가 함유되어 있기 때문에 일반적인 시판 세제액을 500~1,000배 정도로 희석해서 사용해야 차후에 일어날 수 있는 문제를 방지할 수 있다.

(2) 소독제 사용 세척법

식기와 식품의 소독에 주로 사용되는 세척방법으로 주로 식중독, 소화기계 전염병을 예방하기 위하여 행해진다. 소독제로 사용되는 것으로 차아염소산나트륨이 있는데, 이것은 화학처리된 식기의 변색을 유발하기 때문에 2~5분 정도 담근 후 염소냄새가 나지 않도록 잘 헹군다.

첫째, 조리대, 가스오븐 등의 기물류는 물로 닦아낸 다음 역성비누 200배 희석액으로 소독한다.

둘째, 도마는 일반 조리용, 어패류용, 육류용, 채소용 등으로 구분하여 사용하고 사용 후에는 자비소독(80~100℃에서 30분), 열탕소독(100℃ 이상), 증기소독(100℃에서 15분), 자외선소독(살균작용), 약제 등으로 철저하게 소독해야 한다.

셋째, 칼은 충분히 세정한 후 열탕으로 소독하고 건조해야 한다.

넷째, 행주는 비누 또는 중성세제로 오염물을 제거한 후 100℃에서 15분 이상 자비소독하거나 차아염소산나트륨으로 약품 소독을 한 후 일광건조시켜야 한다.

2. 세제의 종류 및 용도

주방시설물에 사용하는 세척제는 매우 다양하다. 그러나 용도와 방법에 따라 사용자의 주의사항을 철저하게 습득한 후에 사용해야 안전하고 위생적으로 처리할 수 있다.

특히 환경오염문제가 사회문제로 대두되고 있는 현실에 비추어본다면, 세제 사용은 가급적 자제하는 방향으로 흘러야 한다. 주방시설물에 사용하는 세제의 종류와 용도는 다음과 같다.

1) 디스탄(distan)

디스탄은 계면활성제로 은도금류(silver ware, silver plate, nickel silver)로 된 모든 기물의 정기적인 세척에 사용된다.

은도금류에 묻은 오물을 제거한 뒤 3~5초간 디스탄용기에 담갔다가 더운물(90℃)에 헹

군 뒤 은도금류를 마른 수건으로 닦아내는 순으로 세척해야 한다.

2) 린스(linse)

린스는 계면활성제로 식기류 세척제이다. 사용된 식기가 세척기에서 빠져 나올 때 건조시켜 주는 작용을 하며, 100ppm 미만의 소량을 사용하는 것이 좋다.

3) 사니솔(sanisol)

염소(chlorine)가 다량 함유되어 있는 약알칼리성 계면활성제이다. 강력한 세척, 살균, 악취제거제로 식기를 세척한다든지 주방 바닥을 청소하고자 할 때 60~70℃의 뜨거운 물에 0.2~0.3%만 물과 혼합해서 사용한다.

4) 오븐 클리너(oven cleaner)

오븐 클리너는 계면활성제이면서 강알칼리성 세제이다. 또한 오븐이나 그릴들을 세척하고자 할 때 80~90℃ 정도로 달군 뒤에 사용해야 한다. 또한 50cc 정도의 세정액을 고루 바른 후 1분 정도 솔을 사용하여 문질러야 한다. 그 다음 뜨거운 물로 깨끗이 씻은 다음 마른 행주로 닦고 기름칠해야 한다. 오븐 클리너는 강한 알칼리성이므로 피부나 눈에 닿지 않도록 주의하고 반드시 장갑을 끼고 사용해야 한다.

5) 론자(lonza)

론자는 계면활성세제로 수질의 부패방지 및 이끼 세척제로 사용하는 것이다. 특히 세척기의 기계에 사용하고자 할 경우에는 약 10분 동안 가동한 후에 사용해야 한다.

6) 팬 클리너(fan cleaner)

팬 클리너는 계면활성세제로 배기용 후드 등 기름때가 많은 벽이나 타일 등의 세척 시에 사용하는 것이다. 물과 클리너는 1:3 정도로 희석하여 사용하는 것이 좋다.

7) 액시드 클리너(acid cleaner)

액시드 클리너는 특수세제와 액시딕 포스페이트(acidic phosphate)의 혼합물로 오물세척 작용과 스케일 제거작용에 좋다. 특히 청량음료나 접시 등 다목적 세척제로 사용하는 경우가 대부분으로 50~70℃에서 1리터(l)에 10g 정도를 10분 정도 사용할 수 있으며, 일반적으로 가정에서 사용할 수 있는 특징이 있다.

8) 디프스테인(dipstain)

디프스테인은 알칼리성 세제로서 문지르거나 손으로 비비지 않고 간단하게 씻어낼 수 있는 특수세척제이다. 플라스틱이나 도자기류, 유리그릇류, 프라이팬, 타일, 벽 등에 사용한다.

3. 세척방법

주방시설물은 물리적 방법으로 세척하는 것이 매우 바람직하지만, 화학적 방법을 사용하고자 할 경우에는 약제가 쉽게 없어지는 염소제를 쓰는 것이 좋고, 역성비누 등일 경우에는 수돗물로 씻어내는 것이 안전하며 환경오염 방지에도 도움이 된다.

1) 증기 및 열탕소독

주방의 기물류나 도마, 행주 등의 세척에 매우 적당한 방법이다. 증기소독을 할 경우에는 110~120℃에서 30분 이상하는 것이 좋다. 또한 열탕소독은 30초 이상을 해야 한다.

2) 역성비누 세척

역성비누 세척은 대부분의 호텔주방에서 세제용으로 상시 비치하여 사용하고 있는 것이다. 그러나 피부에 직접 닿지 않도록 주의해야 한다.

3) 소독액을 이용한 세척

주방의 작업대, 기물 및 장비, 도마 등의 세척을 하는 데 매우 좋은 방법으로, 염소용액

제, 옥소소독제, 강력살균세척소독제 등의 종류가 있다.

4) 자외선 세척

주방에서 자외선 세척방법을 사용하는 경우는 극히 드물지만, 자외선 중 2357A의 살균력이 강한 것을 이용하기 때문에 도마나 기물류에 적합하다.

4. 시설물 보수 관리

주방시설물의 보수 관리를 위해서 사용자는 장비의 용도에 따라 사용한 다음에는 어떠한 경우가 있더라도 주방기물이나 장비들을 보수 관리해야 한다. 그러기 위해서는 주방에서 매일 사용한 조리기구를 약품이나 세제로 깨끗이 청소하고 장비는 계속해서 사용할 수 있도록 다음과 같이 보수 관리를 해야 한다.

〈시설물 보수 관리절차〉
① 그을음이나 기름때 등 일반적으로 사용하고 남은 오물을 확인한다.
② 세제를 이용하여 골고루 청소한다.
③ 세제 세척 후 기름이나 마른 수건으로 닦는다.
④ 장비의 특성을 살펴 손잡이나 전기 및 가스밸브의 이상을 확인한다.
⑤ 전기기기나 저장창고의 경우에는 전기 스위치나 콘센트의 이상유무를 확인한다.
⑥ 온도유지사항을 확인한다.

〈전기기기의 고장점검과 조작〉

고장상태 \ 구분	고장점검과 부서	조 치
전열기구의 이상유무 (뜨거워지지 않을 경우)	① 정전 ② 퓨즈의 단선 ③ 콘센트와 플러그의 접속불량 ④ 코드 또는 리드선의 단선 ⑤ 자동온도조절기의 고장 ⑥ 스위치의 접속불량 ⑦ 발열체의 단선 ⑧ 컨트롤러 불량	
제품 자체의 감전	① 플러그의 불량 ② 리드선과 코드를 이은 부분이 케이스에 접촉 ③ 발열선의 단선 및 접속으로 절연불량	
코드 접속부분과 플러그의 가열	① 코드 부착부분의 나사가 헐거워짐 ② 콘센트나 플러그의 불량	① 나사를 죈다. ② 교환, 수리의뢰
온도조절 불가능	온도조절기 불량	수리의뢰

제7절 주방의 안전관리

1. 안전관리의 흐름

외식기업에서의 안전관리는 무엇보다도 시설, 즉 외형적인 시설 및 내형적인 시설에 의해 고객 및 종사원들의 생명과 재산에 대한 안전의 책임을 가지고 있는 것이라 할 수 있을 것이다.

이러한 안전관리의 모든 수단과 요구사항은 비단 일정한 공간에서만 이루어져야 하는 한계적 개념보다는 외식 전체에 걸쳐 광범위하게 역량을 발휘해야 하는 광의적 성격 차원에서 다루어져야 한다. 특히 주방은 조리작업 과정에서 안전사고를 유발할 수 있는 요인이 산재한 곳이기 때문에 안전관리에 따른 장치를 설치하고 종사원에 대한 프로그램을 개발한 안전교육이 필수적이라 할 수 있다.

대부분의 호텔안전사고는 고객에게 직접적인 영향을 미치기 때문에 세심한 주위와 대책을 강구해야 한다. 또한 주방에서 일어나는 안전사고는 종사원들의 부주의에서 오는 상해 및 화상, 폭발과 시설관리의 부재에서 오는 대형가스사고에 의한 화재 등으로 다양한 원인이 산재해 있다.

2. 안전관리 대상

주방에서 발생할 수 있는 모든 사고와 상해 및 화재 등은 안전관리 대상 중 가장 위험하고 무서운 사고의 하나이다. 화재의 원인과 발생방법은 매우 다양하지만, 이유를 불문하고 화재가 발생할 수 있는 요인을 사전에 예방하고 방지하는 것이 급선무이다.

주방에서 일어날 수 있는 일반적인 안전사고와 재해의 원인은 다음과 같다.

안전사고와 재해원인

① 주방시설 및 장비의 일상적 관리소홀
② 종사자들의 시설사용 부주의 및 안전지식의 결여
③ 전기 및 가스 사용 부주의
④ 작업자들의 정신적 및 육체적 피로감

주방 안전관리의 대상을 철저히 규명하기 위해서는 관리자, 주방조리 종사자 및 주방 구성원들이 정기적인 안전점검을 철저히 해야 한다. 그리고 모든 장비와 기물은 사용규정에 따라 세심한 주의를 기울이고 내용을 숙지하며 정기적인 교육을 실시해야 한다.

3. 안전수칙

안전대책의 미비로 산업체에서는 많은 근로자들이 산업재해를 입을 뿐만 아니라, 조리사들도 호텔주방에서 조리작업 중 매우 세심한 주의를 기울이지 않으면 안 된다.

그러므로 각 개인은 조리작업 시 각종 기기의 조작방법과 기능을 익히고 안전수칙을 철저히 준수하여 사고의 발생을 미연에 방지해야 한다.

1) 조리작업자의 안전수칙

① 주방에서는 안정된 자세로 조리작업에 임해야 하며, 특히 주방에서는 주방 바닥의 상태를 고려하여 뛰어다니지 않아야 한다.
② 조리작업에 편리한 유니폼과 안전화를 착용해야 하며, 뜨거운 용기를 이동할 때에는 마른 면이나 장갑을 사용해야 한다.
③ 무거운 통이나 짐을 들 때는 허리를 구부리는 것보다 쪼그리고 앉아서 들고 일어나도록 한다.
④ 짐을 들고 이동할 때에는 뒤에 뜨거운 종류의 물건이 있는지를 항상 살펴본 뒤 이동해야 한다.

〈작업자의 안전〉

2) 주방장비 및 기물의 안전수칙

① 바닥에 물이 고여 있거나 조리작업자의 손에 물기가 있을 때에는 전기장비를 만지지 말아야 한다.
② 각종 기기나 장비는 작동방법과 안전수칙을 완전하게 숙지한 뒤에 사용해야 한다.
③ 가스의 밸브를 사용 전과 후에는 꼭 확인해야 한다.
④ 전기기기나 장비를 세척할 때에는 플러그의 유무를 확인해야 한다.
⑤ 냉동·냉장실의 잠금장치 상태를 확인해야 한다.
⑥ 가스나 전기오븐의 온도를 확인해야 한다.

3) 가스 사고의 주요 요인

(1) 사용자

① 점화 미확인으로 인한 가스 누설

② 밀폐된 장소에서의 가스 사용

③ 환기불량에 의한 질식사고

④ 가스불꽃 확인 소홀

⑤ 성냥불에 의한 누설가스 폭발

⑥ 호스와 밸브의 접촉불량

⑦ 콕(Cock) 조작 미숙

⑧ 연소기 주위에 인화성 물질 방치 및 화기 근접 사용

⑨ 가스 사용 중 장시간 이탈

(2) 공급자

① 용기교체 미숙으로 인한 가스 누설

② 잔여가스 처리방법의 미숙

③ 고압가스 운반기준의 미이행

④ 배관 내의 공기치환작업 미숙

⑤ 용기보관실에서 화기 사용

⑥ 공급원의 안전의식 결여

⑦ 용기의 실내 보관

⑧ 호스와 밸브의 연결불량

⑨ 도시가스 중간밸브의 조작 미숙

쉬어가기

슬로푸드 운동(Slow Food Movement)의 핵심은?

바쁜 생활 속에서도 자연에서 얻은 식재료로 제대로 만들어서 마음과 시간적 여유를 갖고 제대로 음식을 즐기자는 운동이다.

첫째, 먹으면 돈을 번다(to save money).

둘째, 활기가 넘친다(to be energitic).

셋째, 삶의 질이 증가된다(to get a high-quality life).

넷째, 음식으로 스트레스를 다스린다(to relax the stress).

다섯째, 체중조절이 쉬워진다(to get a proper weight).

여섯째, 피부와 머리카락에 윤기를 더한다(become more attractive).

일곱째, 환경을 보호한다(to be eco-friendly).

호텔·외식산업 주방관리실무론

주방의 시설관리

주방의 시설관리

제1절 주방설비 및 시설의 분류

1. 주방설비 및 시설의 분류

주방시설과 설비는 일반적으로 비슷한 개념이지만 시설과 설비의 분류에는 구성적인 차이가 존재한다. 시설(施設)의 사전적 정의는 도구나 기계장치 등을 설치하는 설비로 설명되며, 설비(設備)는 생산하는 데 필요한 건물이나 장치 · 기물 따위를 갖추는 업무나 그런 물건 및 장비를 지칭한다.

시설과 설비를 구분하여 설명하자면 시설은 설비된 또는 설비를 포함한 내용을 대부분 지칭하고, 이에 반해 설비는 시설을 하기 위한 행위나 행위의 일부로 볼 수 있다. 예를 들면 주방시설 외에도 복지시설이나 문화시설 등 대부분 복합적인 형태로 나타나는 경우에 설비라는 용어를 자주 사용하며, 설비는 배관설비나 전기설비, 난방설비, 소방설비, 기계설비 등 대부분 단일분야에 해당하는 경우가 많다.

1) 주방설비(facility/equipment)

주방설비의 시설에 있어 가장 중요하게 고려할 것은 우선 생산성과 안정성 및 시스템화이다.

주방설비는 내·외부 고객의 만족과 생산성의 향상으로 디자인되고 운영되어야 하므로, 메뉴음식상품의 품질 및 작업능률의 향상을 위해 식재료와 조리종사자 그리고 주방기기가 가장 효율적으로 구성되어야 한다.

주방설비는 조리종사자들이 가장 편하고 쉽게 사용함으로써 생산성 향상과 작업능률을 높이는 데 기여할 수 있어야 한다.

주방설비는 주방의 공간적인 부분과 시설물들을 말한다. 외식주방의 설비에는 메뉴음식상품을 생산하기 위해 사용되는 조리기계, 기구, 주방공간 및 건물 등이 포함된다.

 주방설비의 분류

① 토지 : 외식업소의 주방이 들어설 부지
② 건물(구조물) : 주방으로 사용할 수 있는 건물 및 내부 구조물
③ 기계 : 메뉴음식상품을 만드는 데 사용할 수 있는 모든 기계
④ 장치 : 용기 내에서 식품에 화학적 또는 물리적 변화를 가하여 조리하기 위한 기기, 냉각기 등
⑤ 운반차량 : 냉각탑차, 자동차, 기타 운반용 기구
⑥ 공구 및 비품 : 조리용 공구, 계측기기, 측정기구, 사무용 기기, 가구 등의 고정자산

2) 주방시설

주방시설은 주방이 차지하고 있는 공간에서부터 식품을 다루는 모든 기구와 장비들을 총칭하는 말이다. 조리장비들을 배분 설비한 구조물을 조리시설, 청결관리를 시설위생이라 한다.

어떠한 사업체 내의 주방이라 하더라도 주방 내의 각종 기기와 기구의 관리·보수를 담당하는 부서는 영선 및 시설 혹은 그 외의 명칭을 갖고 있는 담당부서에서 관리하여 주지만, 주방 내의 모든 시설은 조리사들이 이용하는 것이기에 각종 시설에 대한 일차적인 책임은

조리사에게 있다.

3) 주방기구 및 기기의 개념

주방기구(kitchen utensil)는 주방에서 음식의 조리에 사용되는 기기 등을 통칭하는 의미로 일반적인 장비의 성격을 지닌 기기와 조리도구를 일컫는 기구의 개념으로 나누어볼 수 있다.

① 주방기기(kitchen equipment)는 주방설비를 구성하는 것으로 장비의 성격이 강하다.
② 주방기구(kitchen utensil)는 간편한 조리도구로서 소량의 메뉴를 처리하는 데 사용하는 조리용품을 말하는데 색상이나 디자인 그리고 내구성이 중요한 요소이며, 주방업체 등에서는 기구를 기기의 개념으로 설명하는 경우가 있다.

2. 주방시설관리의 개념 및 구성요소

1) 주방시설관리의 개념

외식업소는 고객에게 음식물을 제공하기 위한 공간으로 구성된다. 주방은 이 중 메뉴생산의 핵심으로 유형적 상품인 메뉴 생산의 대부분을 담당한다. 하지만 기존의 시스템화되지 못한 주방의 시설과 인적 생산에 의한 생산시설로 인해 주방 시스템 구성의 한계를 보이며, 주방 시스템은 비능률적, 비생산적인 방향이 소규모 업체에서는 개선되지 못하고 있는 실정이다. 하지만 최근에는 외식산업의 급격한 발전과 대규모 외식업체의 등장 및 해외 유명 브랜드의 도입으로 관련 주방시설은 보다 시스템화되고 현대화되기 시작했다.

주방시설 설비는 근본적으로 생산의 중심인 인간을 대상으로 하는 시스템적 공학으로, 제공되는 요리를 최선의 상태로 보존하고 고객에게는 안락한 분위기와 요리를 최대한으로 즐길 수 있도록 해야 한다. 주방은 각종 조리기구와 저장설비를 이용하여 기능적이고 위생적인 조리작업으로 음식물을 생산하고 고객에게 서비스하는 시설을 갖춘 공간이어야 한다. 주방시설 설비는 이러한 특징에 따라 시스템적 시각으로 주방공간의 설계 및 배치를 위해 매우 중요한 역할을 한다.

주방시설은 메뉴상품을 생산하는 기능적 생산시스템이기 때문에 효율적이고 합리적인 시설의 배치가 이루어져야 하며, 주방의 한정된 공간에 다양한 기능을 가진 시설을 배치하고 그에 따른 관리기능을 유지하기 위해서는 무엇보다도 관리자의 역할과 책임이 중요하다.

주방시설관리란 '고객과 종사원에 대해 경영자가 경영목표를 달성하기 위해 요구되는 유형 및 무형적 요소로 구성된 일련의 종합기능적 체계'라 정의할 수 있다.

2) 주방시설관리 시스템의 구성요소

시스템이란 공동의 목표를 성취하기 위하여 상호 협력하면서 작용 내지는 활동하는 개별 요소들 또는 실체들의 집합체라고 정의한다. 그리고 그 시스템 안에는 시스템 내의 시스템인 하위 시스템이 있다.

외식기업의 주방은 일련의 구성요소들이 기능적으로 연계된 복합적이고 체계적인 시스템이라고 할 수 있다. 그러므로 주방시스템은 많은 하위 시스템으로 구성되는데 그 구성요소는 물적 요소뿐만 아니라 공간적 요소와 인적 요소가 기능적으로 연계되어 있다. 외식기업의 주방시스템은 식음료상품을 생산하는 기능적 공간으로 이를 구성하는 관리시스템은 개별적으로 구성되는 요소들의 기능적 관계를 설정하고 그에 따른 내용을 조정하는 시스템이라 할 수 있다. 그러므로 주방시설관리 시스템은 음식을 만드는 조리사와 주방에서 근무하는 종사원, 각종 식자재, 주방설비 및 기구, 조리기술, 에너지, 총주방장 또는 최고경영진, 주방관리능력, 환경적 여건, 구매 및 판매, 시장정보 등의 핵심생산요소를 투입하여 생산된 메뉴음식상품과 서비스가 고객에게 제공될 때까지 모든 생산요소들 사이의 유기적 상호작용과 결합체계를 의미한다.

주방시설 본래의 의미를 구축하고 그 의미를 활용하는 목적과 주방기능을 최적화하기 위해서는 물리적 요소의 최적화뿐 아니라 인간공학적 측면에서 인적 요인인 종사원들의 기능을 최적화할 필요가 있다.

인적 구성요소와 물적 구성요소들의 종합적 기능을 수행해야 주방시설관리 시스템의 운영을 통해 얻을 수 있는 생산성과 안정성을 충분히 발휘할 수 있으며, 고객지향적인 주방운영 시스템을 개발함으로써 질 좋은 식음료상품을 공급할 수 있는 기틀이 마련된다. 또한 주방시설관리에서 물적 구성요소를 세분화하여 설명하면 다음과 같다.

(1) 주방 바닥과 벽

주방의 바닥과 벽은 주방에서 일하는 조리사의 위생관리와 작업의 효율성을 높이고 재해

를 미연에 방지할 수 있도록 적절한 구조로 되어 있어야 하며 위생적, 능률적, 경제적 순서를 고려하여 설비해야 한다. 주방의 바닥과 벽면은 항상 물과 식재료를 직접 바닥에 놓고 사용하기 때문에 청소하기에 용이해야 하며, 기름기와 수분을 직접 흡수하지 않아야 한다. 또한 균열이나 틈새가 생겨 세균과 해충이 서식할 우려가 있는 것은 제거해야 하고 반복적인 물세척 등으로 인해 불규칙한 바닥면이 없어야 함과 동시에 저항성이 높아야 한다. 주방의 바닥이나 벽을 시공할 때에는 주방 바닥과 벽에 배수관이나 수도 및 전기 배관 등을 묻어야 하며, 가스배관은 반드시 돌출하고 브래킷(braket)으로 고정해서 시설해야 한다. 주방장비 및 기물을 설치해야 하기 때문에 바닥은 하중을 견딜 수 있는 안전한 재질로 시공해야 한다.

주방 바닥은 유공성(수분흡수능력)이 적고 탄성(충격에 견디는 정도)이 좋은 에폭시가 바닥재로 개발되어 이용되고 있다.

주방 바닥의 배수구는 약 1/100 정도 경사지게 시공해야 바닥청소를 하면 물의 고임 없이 자연스럽게 빠져 나갈 수 있다. 또한 바닥에 배수구를 직접 관으로 묻는 방법에는 직선설치와 곡선설치가 있으며 배수구의 폭은 20cm가 바람직하다. 미끄럼을 방지하기 위해서는 식재료의 반입구, 냉장·냉동고의 바닥, 주방 바닥 등의 높이가 일정하게 시설되어야 한다. 반면에 벽재는 청소가 쉽고 소음을 최대로 흡수할 수 있어야 하며, 밝은 색상의 타일을 설치해 조명의 빛을 밝게 해야 한다. 주방의 내벽은 바닥에서 1.3cm까지 내수성 있는 자재를 사용해야 하고, 또한 벽재로는 세라믹 타일과 스테인리스 스틸(Stainless steel)재로 구분하여 사용하는 것이 바람직하다.

① 주방급수설비 및 화장실

급수설비는 「상수도법」에 의해 수돗물이나 관련 시험기관에서 식수로써 적합하다고 인정받은 물을 풍부하게 공급할 수 있는 설비여야 한다. 또한 주방전용 화장실은 주방에 영향이 없는 구조 및 위치로 하고 종업원 수에 비례해서 설비되어야 하며 쥐나 독충 등의 침입이 없고 전용으로 손을 씻을 수 있는 구조와 함께 소독액도 항상 비치되어야 한다.

〈시간당 급수사용량의 산출방법〉

1. 씽크 / 내용적량 * 629
2. 취반기 / 취반량 * 5
3. 국솥 / 용량 * 1.5
4. 스팀테이블 / 수도 * 1

〈수돗물의 최저수압〉(kg/㎠)

수도꼭지의 명칭	최저급수압력(kg/㎠)
Pre-rinse Unit	0.7
일반수량	0.35
샤워	0.7
식기세척량	0.5
순간온수량	0.35
식기세척기	0.5
수압세미기	1.0
채소, 식기샤워세정	0.5

〈배수관의 경사와 유량〉

관 경 (㎜)			75	100	125	150
경사	1/50	Vm/s	0.607	0.772	0.924	1.047
	1/50	Qm²/s	0.00607	0.00606	0.1137	0.0190
	1/100	Vm/s	0.428	0.545	0.655	0.759
	1/100	Qm²/s	0.00189	0.00428	0.00803	0.0134
	1/125	Vm/s	0.383	0.487	0.585	0.678
	1/125	Qm²/s	0.00169	0.00382	0.00718	0.012

② 배수관의 경사(수평관)

　∅75㎜ 이하의 관은 1/50이고 ∅100㎜ 이상은 1/100로 경사지는 것이 좋고 반입실, 주조리실, 식기세척실의 배수수직관은 ∅100㎜ 이상으로 사용하는 것이 좋다.

〈급탕의 적정온도〉

용 도	온 도	비 고
음 료	50~55℃	이 이상 높으면 능률이 저하
조 리	45~50℃	
세 탁	30~45℃	천의 종류에 따라 조절
목 욕	42~43℃	필요하면 45~50℃
접시세척	43~95℃	담금조 60℃ 이하, pre wash 43~50℃
탈 지	70~90℃	dish washer는 60~90℃
식기소독	90~100℃	열탕 소독기는 100℃

※ '오물거름조(grease trap) 주방 옥내용'은 주방 내의 배수를 원활히 하고 악취를 방지하기 위해 Stainless steel 304 두께 2.0㎜로 제작하여 오물 및 기름을 걸러주는 데 사용하고 콘크리트 타설 전에 위치를 결정하고 오물거름조 주위에 방수공사를 철저히 한다.

(2) 주방 천장

주방의 천장은 전기기구의 배선과 기구 등이 부착되어 있어 화재의 위험성이 높은 관계로 주방 바닥에서 천장까지의 높이는 적절하게 설정해야 한다. 또한 주방시설과 장비를 배치할 때 천장 높이 제한으로 인한 어려움을 최소화해야 한다. 따라서 일반적으로 천장의 시설소재는 내열성과 내습성이 강한 것으로 내화보드나 코팅처리된 불연성 소재가 더 좋다.

천장은 바닥으로부터 2.5m 이상의 높이가 적당하며, 이중천장구조일 경우에는 색채의 밝기도 고려되어야 하며 천장은 청소하기 쉬운 재질로 마감하고 조명은 50Lux 이상으로 설비하는 것이 좋다.

또한 주방 천장은 최대한 높게 유지하기 위해 구조물이나 마감재를 설치하지 않고 설계하는 것이 바람직하다.

(3) 환기시설

주방의 환기시설이란 주방 내부에서 발생한 각종 불순공기를 주방 밖으로 보내는 시설을 말한다. 환기시스템은 주방과 식당에 청결하고 신선한 공기를 공급하며, 적합한 실내 온도와 습도를 유지하고 효과적으로 모든 냄새와 습기, 그리고 기름의 증기를 빼내어 식당에 스머들지 않도록 해야 한다.

환기는 조리기구에서 발생되는 열이나 증기 등의 배출이 완전하게 이루어질 수 있도록 해야 한다. 그러므로 좋은 주방의 환기장치는 고객의 편안함과 종업원의 작업조건에 직접적으로 영향을 주며 위생과 청결, 장식비용, 화재안전, 난방과 냉방 비용 그리고 요리설비의 효율적인 성능의 문제와도 관련이 있다. 이의 중요성 때문에 음식 서비스 환기시스템의 디자인은 유능한 환기 엔지니어가 맡아야 한다. 환기시스템 시설 시의 고려사항은 아래와 같다.

- 조리과정 중에 발생하는 증기, 기름냄새, 가스, 열, 취기 등을 주방 밖으로 안전하게 배출하고 신선한 공기를 공급할 것
- 주방기기 및 모터 등으로부터 발생하는 열을 실외로 배출할 것
- 연소를 위해 밖에서 주방 안으로 공기를 공급할 것
- 조리작업의 쾌적한 환경 분위기를 유지해 줄 것

---

(4) 조명시설

조명은 효율적인 서비스 제공의 보조역할을 하며 청결을 더욱 돋보이게 하고 작업능률을 향상시킨다.

조명은 직접(direct), 간접(indirect), 산광(diffused light)으로 구분한다. 직접광은 빛의 근원으로부터 작업영역으로 직접 발산하는 것이고, 간접광은 천장이나 벽으로부터 반사되어 발사하는 것이며, 산광은 빛이 반투명막에 의해 제거된 광선을 가지고 퍼지는 것이다. 조명은 주방 내부의 밝기에 따라 조리작업의 안정성과 편안함을 주는 역할을 하기 때문에 조명의 방향과 조명의 색깔에 주의해야 한다.

주방 내부의 조명시설을 위해서는 직접조명과 간접조명으로 나누어 조명을 설치해야 하지만, 일반적으로 전반적인 조명의 밝기는 50~100Lux가 가장 실용성이 있다. 특히 작업내용에 직접 관계될 경우엔 직접조명 + 간접조명 + 산광조명을 합쳐서 300~400Lux가 적당하다. 조명방의 각각은 특히 주방에서 고려되어야 할 장점과 단점을 가지고 있다. 예를 들면 직접광은 최고의 밝기를 주지만 눈부심과 그림자 그리고 대비에 약한 편이다. 간접광은

편편하고 눈부심이 없는 빛을 주므로 눈의 피로를 적게 해주고 편안함을 주는 반면 전기에 너지 소모량이 많다. 산광은 간접광보다 효율적이나 약간의 그림자를 일으킨다. 주방의 조명은 조리사가 양념그릇과 식기의 청결상태를 구분하고 조리 레시피(recipe)를 읽고, 조리의 완성과 검사가 이루어지는 주방의 모든 곳에 빛이 닿을 수 있어야 한다.

　외식주방에서는 조명에 관한 작업 안전과 위생부(Occupational Safety and Health Administration)의 규칙에 주의해야 한다.

3. 주방시설을 위한 조직 및 계획

1) 예상판매량 대 설비용량의 대비

(1) 설비의 효율성

운영상 비용문제, 최초도입비 외에 유지관리비 등의 내구연한, 품질, 기능상의 열, 열원, 사용유형 등

(2) 설비의 생산성

　음식 제공시간, 조리인원 및 작업의 효율화, 시공을 함께 활용하는 기술적인 능률추구, turnover가 영업이익에 직결

(3) 설비의 쾌적성

작업환경의 쾌적성은 작업능률 향상 및 안전과 위생 및 이직률에 영향

2) 주방기기의 일반적 조건

(1) 기능성

① 예상판매량과 기기용량의 대비(메뉴별 생산량 변화추이에 부응할 수 있어야 함)
② 주방기기마다 해당시설 중에서 고유한 역할을 달성하기 위한 전문적인 기능성을 구비
　　해야 함

(2) 위생성

① 고객의 입에 접촉되었던 식품과 식기를 위생적으로 저장 보관할 수 있어야 함

② 모든 주방기기는 세정과 청소가 쉬운 구조로 설계되어야 함

(3) 안전성

① 초보자도 안전하게 사용할 수 있는 기기여야 함

② PL(product liability) 법을 고려하여 안전장치가 구비되어야 함

(4) 생산성

① 인건비와 에너지 절감을 위한 기기

② 한 기기 내에서 보수의 조리기능이 가능한 기기 사용(예: 컨벡션 오븐을 이용한 구이나 찜)

(5) 내구성

주방기기의 구조와 부품은 내구성이 우수해야 함

(6) 유지관리성

고장이나 기계의 수명이 줄어들었을 경우 부품교환 등이 용이하고 구조도 유지관리 서비스를 받기 쉬워야 함

(7) 기물서랍

① 작업대별 탈착 가능한 기물서랍

② 조리사별 개인용 작업대의 기물서랍

③ 대형작업센터용 3단 랙에 부착된 기물서랍

(8) 훅(랙)

스팀 중솥(steam-jacked kettle)용 패들(paddle)이나 와이어 휩(wire whip), 걸어둘 고리

나 랙의 설치

(9) 선반

① 온요리와 냉요리 작업구역에 고가형 즉 천장형 기물선반
② 대형기물 저장을 위한 작업대나 개수대 하부에 위치한 선반
③ 벽만 작업대 상부에 위치한 벽걸이 선반

(10) 랙

① 믹서와 볼을 보관하기 위한 랙
② 베이커리, 온요리 및 샐러드 준비를 위한 시트팬, 베이킹팬과 기타 다른 대형 기물을
　　보관할 대형 랙
③ 푸드 프로세서 칼날과 부속품을 보관하기 위한 특수 랙(부속이 쉽게 손상받을 수 있으
　　며 서랍에 저장하면 다칠 위험성 내재)
④ 케이터링 공급품(차핑디시, 펀치볼, 실버트레이, 기타)
⑤ 각 조리실별 나이트 랙

4. 외식주방시설 시스템관리계획

1) 외식주방시설 시스템관리의 필요성

　외식주방의 기능적 시설은 주방배치와 설계(food service layout and design)로부터 영향
받을 수 있는 여러 하위시스템들 사이의 관계로 형성되어 있다. 이와 같은 관계형성은 일반
적인 주방의 기능뿐만 아니라 업소의 개성적인 분위기 창출을 위해서도 그 의미가 크다.
　외식주방을 구성하고 있는 종합시스템은 기능적으로 구성되어 있는 요소들이 마치 거미
줄과 같아서 어느 한쪽의 줄에서 충격과 변화를 주더라도 시스템을 구성하고 있는 모든 기
능적 하위시스템에 영향을 미치는 유동적 시스템이라 할 수 있다. 그러므로 체계적이고 효
율적인 주방시설 관리시스템의 구축과 개발이 절실하게 필요해진다.
　외식기업의 경영 측면에서 볼 때 지금까지 주방의 조리시설은 가장 대표적인 하위시스템

으로 분류되어 있었다. 그러나 음식서비스 시설을 구성하고 있는 거미줄 같은 요인들 중 가장 민감한 줄이라 할 수 있는 것이 주방시설관리 시스템이고 이는 외식기업경영의 성패와 직결되는 까닭에 계획과정에서부터 종료까지 상당한 인적 구성요소와 물적 구성요소들을 집중적으로 투입해야 한다.

보통 음식서비스산업에서 있을 수 있는 상이한 시스템은 각각 독특한 하위시스템과 운영요인(parameters)의 집합으로 구성되어 있다는 전제조건이 있기 때문에, 주방시설관리 시스템에 대한 포괄적인 계획은 체계적이어야 하고 기능별 요인들로 구성되어 있는 하위시스템을 구축해야 한다.

2) 주방시설관리의 배치계획화

계획화는 사명과 목표 그리고 이들을 달성하기 위한 행동방안을 선택하는 것을 포함한다. 즉 경영목표에 의해 수립된 방침에 따라 이를 달성하기 위해 구체적으로 기술되는 것이라 할 수 있는데 방침은 문자로 표현되고 계획은 숫자로 표현되는 것이 보통이다. 이 같은 계획화는 우리의 현재 위치와 미래에 우리가 도달하고자 하는 목표지점과 간격을 연결해 준다.

그리고 주방시설은 식품조리과정의 다양한 작업을 합리적으로 수행할 수 있어야 하며, 조건에 따라 고도로 특수화된 기기로 음식을 조리하기 때문에 그에 따른 시설과 기기는 종류가 매우 복잡하고 다양하다. 또한 주방시설(facility)과 설비(equipment)는 인간을 대상으로 하는 공학이며, 고객에게는 안락한 분위기와 제공되는 요리를 최상의 상태로 보존하는 것을 목적으로 하며, 음식을 최대한으로 즐길 수 있도록 해야 한다. 그렇기 때문에 어떠한 종류의 주방이라도 능률, 위생 및 경제성에 중점을 두면서 설계를 진행해야 한다. 주방을 청결한 상태로 유지하고 위생적인 요리를 제공하기 위해서는 그 배치계획 및 기기의 선정, 그리고 급·배수, 설비계획, 공기조화, 환기설비계획 등 모든 부대설비에 특별히 유의해야 한다.

주방시설 배치계획(layout planning)은 작업공간시설 내에 경제적 활동센터의 물리적 배열에 관한 의사결정과정의 초기단계라고 볼 수 있다. 또한 메뉴 음식상품의 생산시스템하에서 최적활동을 위한 조사와 연구를 통해 미래의 바람직한 상태를 실현하기 위한 일련의 계획적 의사결정과정이기도 하다.

〈주방시설 설계상의 Check List〉

Check 항목	주방의 종류	Check 또는 확인내용
메　뉴	사무실, 공장	1. 한식 2. 양식 3. 분식 4. 음료수 5. 기타(1~5의 비율)
	병　원	특별식(특별식 유무, 일반식과의 비율), 유아식, 외래식, 입원환자 병명
	호　텔	향토요리, 식당 종류, 서비스 바, 연회장, 건물의 성격과 규모
	레스토랑	한식, 양식 등 요리의 종류, 음식의 서비스 정도
식사시간 급식규모	사무실, 공장	식사인원(아침, 점심, 야식, 간식), 회전율
	병　원	병상 수, 직원 수, 외래인 수, 층별 병실 수
	호　텔	객실 수, 연회장(예정인원), 각 식당 객석 수, 종업원 수
	레스토랑	손님의 회전율, 객석 수, 메뉴의 종류
배식방식 식기수거	병　원	중앙배선, 병동배선, 중앙세정소독, 병동세정소독, 주방전용 Elv. 치수
	기　타	self-service, waiter service, cafeteria service 등
열　원	공　통	가스의 종류, 스팀, 유류
냉동식품	공　통	냉동식품의 취급 정도, 냉동냉장실의 필요 유무
냉온방 환기설비	공　통	냉난방설비의 필요 유무, 급·배기 설비의 유무
급수 급탕설비	공　통	수압, 냉온수, 전용 보일러 유무 및 용량, 중앙급탕유무, 배수, 맨홀
기　타	공　통	장래계획(1. 증축 2. 기구의 증설) 식재구입의 원활 유무

(1) 주방개념 및 디자인 개발

　외식서비스기업의 가장 강력한 매력은 개인이 바로 자신의 사업을 설계할 수 있다는 것이다. 외식사업은 개개인의 벤처정신과 상대적 소액자본 투자로 시작할 수 있다. 또한 자신의 능력과 힘겨운 노력에 의해서 궁극적인 성공을 이룰 수 있는 소수의 분야 중 하나다.

　그리고 외식사업은 경영자의 전체적인 운영에 대한 개념(concept)과 독특한 아이디어(idea)로 시작된다. 음식서비스 시설에 포함될 수 있는 주방개념과 식당에 대한 구체적인 아이디어가 결정되면 경영자는 주방 및 식당시설의 다양한 유형과 판매가능한 메뉴의 유형, 그리고 주방의 기본설계에 대한 결단을 내려야 한다. 그렇기 때문에 주방개념 및 디자인 개발의 초기단계에 결정되는 내용들은 주의 깊게 다루어져야 한다.

① 시장조사를 통해 잠재고객에 대한 자세한 정보를 파악한다.

② 주방운영에 대한 상세한 기술적 모델을 개발한다.

③ 주방관련자들과 음식서비스 관련자를 직접 참여시킨다.

④ 메뉴개발 및 음식 서비스방법을 선택한다.

⑤ 설계 및 시설에 관련된 용어나 수치를 이해한다.

이와 같은 내용들은 음식을 조리하는 종사자로 하여금 즐거움을 연출하고 새로운 매력을 개발하여 경쟁력과 차별화를 유발함으로써 고객만족을 위한 것이 되도록 해야 한다. 그리고 주방을 전산화, 과학화, 설비의 하이테크화를 도모하고 노동이나 조리의 양을 줄이면서 질은 고품질 지향적으로 개발하여야 한다. 아울러 주방작업 한계성을 추구해야 한다. 그리고 주방의 기본설계는 메뉴의 종류, 메뉴의 구성, 목표고객, 고객의 수를 기초자료로 하여 업소경영자의 구상과 기초자료를 중심으로 주방의 크기를 결정한 후 각 구획을 구분하고 메뉴에 따라 설비를 선정한다. 주방개념을 개발하기 위해서는 먼저 외식사업의 기본 콘셉트가 주방구조에서 상호관련성을 갖고 형성될 수 있도록 특성을 살려야 한다. 결과적으로 주방개념의 개발은 영업특성과 메뉴구성, 인적 구성, 시설물 및 장비의 배치형태 등에 따라 광의와 협의의 범위를 설정하여 적용해야 한다.

(2) 계획시스템의 구성과 설계

시스템은 특정 목적을 달성하기 위하여 서로 연관성을 가진 요소(com-ponents)들의 집합이라고 하며 또한 특정한 목적을 당성하기 위하여 각기 독특한 기능을 수행하면서 상호의존적인 관계를 갖는 모든 요소들이 그의 기능에 따라 결합된 단위체라고 정의한다. 주방 계획 시스템은 인간공학적인 측면에서 효율적이고 합리적인 주방시설관리 시스템을 구축하기 위한 것이어야 한다. 그렇기 때문에 인적 구성요소의 여러 환경을 고려하여 계획팀을 구성하는 것이 바람직하다.

계획팀의 구성에 있어서는 메뉴계획, 구매, 검수, 저장, 식품준비, 조리 서비스, 위생, 보존, 상품판매, 인원과 회계 등에 관한 지식이 많은 총지배인, 총주방장, 전문시설관리자 등과 같이 주방경영환경을 잘 아는 구성원을 참여시키는 것이 효과적인 계획을 위해 중요하다. 뿐만 아니라 주방시설의 관리시스템계획을 수립 및 집행하는 과정에서는 주방의 물리

적 요소와 기능적 요소의 설계가 바람직하게 이루어질 수 있도록 건축가, 실내디자이너 등 시설의 물리적 기능과 주방의 기능을 연계시킬 수 있는 구성원들의 참여 또한 절대적으로 필요하다. 계획팀이 구성되면 그 팀은 시설에 대한 구상과 아이디어를 개발해야 한다. 주방시설의 새로운 구조에 대한 설계를 하기 위해서는 정해진 조건에서 식자재의 반입에서부터 음식물의 생산, 고객에게 서비스하기까지 모든 과정을 고려해야 하며, 음식물의 질과 주방의 효율성을 증대시키기 위한 표준화, 능률화, 간소화의 기준도 충분히 고려되어야 한다. 또한 계획시스템 구성과 설계에서 고려해야 할 사항은 아래와 같다.

① 주방 내부, 외부 시설의 포함여부
② 각종 설비를 설치하기 위한 적합한 위치 설정
③ 적절한 주방기구의 선택
④ 작업동선을 감안한 레이아웃
⑤ 메뉴의 조리방법에 따른 작업대의 분리
⑥ 에너지 절약을 위한 자동화 설비
⑦ 위생적이고 쾌적한 분위기의 작업공간
⑧ 식자재 반입이 용이한 생산의 질적 요건
⑨ 주방 쓰레기의 반입출구 여부
⑩ 식당의 홀에 인접하고 주방의 한쪽 면이 외부에 붙어 있을 것
⑪ 환기, 배연 등의 설비가 가능한 곳
⑫ 충분한 에너지원의 확보
⑬ 법 규제를 만족시키는 위치와 구조

계획팀의 구성원들은 계획과정에서 위와 같은 조건들이 유기적인 관계로 잘 연결되도록 철저하고 적용 가능한 아이디어를 개발해야만 주방시설 계획 시스템의 성공적 구축에 도움이 된다.

(3) 장비 및 공간 소요

주방시설관리에 대한 시스템 구축과정에서 특정메뉴는 소요장비 및 공간요소 결정에 있

어 최우선으로 고려해야 할 요인이다. 일반적으로 주방의 면적은 생산수단, 제공음식의 종류와 유형에 따라 다양해지며 규모의 경제가 적용된다. 지금까지 우리나라의 주방은 비과학적인 관리와 운영으로 경제적인 면과 능률적인 면에서 많은 에너지의 손실과 인력의 낭비를 초래하였다. 그러나 최근에는 경제성장과 함께 각종 수입주방기기와 국내 주방기기산업의 비약적인 발전으로 과거 일반주방에서 볼 수 없었던 첨단조리장비들을 선보임으로써 주방시설관리에 대한 시스템구축과정에 많은 도움이 되고 있다. 주방조리시설 운영은 대개 조리사들의 개인작업공간을 우선적으로 설정해 줌으로써, 설계와 배치과정이 새롭게 구성될 수 있다. 주방공간에서 주어진 작업활동공간은 조리사 한 사람이 작업공간에 구성된 시설을 최대로 활용하여 하나의 특정한 메뉴품목을 만들어내는 공간이다.

보통 조리사 한 사람의 개인작업 센터(center)는 할당된 구체적인 작업내용에 따라 보다 더 큰 작업공간으로 구성된다.

주방시설장비의 예비적인 배치계획은 공간할당을 용이하게 만들어 장비 및 공간 소요를 위한 평면계획을 세우고, 장비의 할당공간과 작업통로 및 하나의 작업영역과 또 다른 영역 간의 관계 등을 효율적으로 활용할 수 있는 방안을 디자인(design)하는 역할을 한다.

이와 같은 과정을 통해 요리의 전체 과정이 한 흐름이 되도록 주방설비를 배치하면 조리과정의 총거리 및 시간을 크게 단축할 수 있다. 가령 한 종류의 과정이 식당 전체흐름에서 1m만 단축된다면 하루 평균 500식(500명분) 10종류의 요리를 만드는 과정 1m×500=5,000m나 단축시킬 수 있다. 그리고 1m마다 1초씩 단축시킬 수 있다면 5,000초, 즉 설비배치의 방법에 따라 시간과 인력을 크게 절약시킬 수 있다.

주방면적을 산정할 때에는 식품 구입 저장(창고 및 냉장실 등), 주 조리, 세정소독, 종업원의 후생시설 등에 대한 확실한 자료를 고려하여 면밀히 검토해야 한다. 그리고 자료가 없는 경우에는 주방의 표준면적 산정기준을 따르고 주·부식 구입 및 배식계획 등에 따라 가감한다.

(4) 주방시설 시스템의 구축

외식기업체의 주방시설 관리자들은 항상 새로운 관리시스템기법을 개발하여 활용하기를 원하고 있다. 또한 그 결과를 통해 또 다른 관리기법에 도전하고자 한다. 이러한 과정은 주방시설 관리시스템의 궁극적인 목적을 실현하기 위한 과정이기 때문이다. 특히 새로운 주

방시설관리 시스템을 완성하기 위해서는 원하는 새로운 설계의 모형을 결정해야 한다. 예 컨대 우아한 시설을 원하는 관리자는 고급스런 분위기를 창출하는 식당을 원할 것이고, 전 통적인 분위기를 원하는 경우에는 전통음식메뉴를 개발하고자 할 것이다.

주방의 모든 작업에 직접적인 영향을 미치는 것은 주방의 규모와 위치에 맞게 주방시설물 이나 조리기와 장비 등을 잘 배치하는 것인데 주방 설비배치는 크게 능률, 경제, 위생에 입 각하여 설치함으로써 보다 좋은 음식을 생산함과 동시에 경제적인 면에서도 최대의 효과를 거두는 데 그 목적이 있다. 미국의 주방전문가 에이버리(Avery)는 '주방시설의 설비는 인간 을 대상으로 하는 공학이며, 고객에게 안락한 분위기와 더불어 제공되는 요리를 위해 최선 의 상태로 보존하는 것을 목적으로 해야 하며, 식사를 최대한 즐길 수 있도록 해야 한다'고 설비의 효율성을 강조했다.

주방시설관리자는 음식서비스공간을 설계하고 배치하기에 앞서 항성 법적·제도적인 안 전규제법률(safety regulation)에 대해 먼저 고려해야 한다. 이러한 관련법규에서는 주방시 설에 대한 장비의 배치문제, 식당에서 고객이 앉을 수 있는 좌석의 수(식당좌석 수), 비상출 구, 주방시설물의 배치와 장비 수, 위생과 안전 및 소방 등에 대해 근본적인 내용부터 규정 해야 한다.

이처럼 새로운 주방시설관리시스템을 구축하는 과정에서 구성요소 간의 기능역할을 무시 하고 시설관리시스템을 결정하면 절대 안 된다.

3) 주방시설관리 시스템의 요인

주방시설관리 시스템의 설계와 재설계(redesigning)과정에서 추구하는 목표를 달성할 수 있도록 하기 위해서는 다양한 형태의 주방시설관리 시스템계획의 요인이 고려되어야 한다. 구체적으로 외식기업의 경영상의 문제로 인한 내적 환경과 주변 외식업소의 음식상품 수요 시장과 정부나 지방자치단체의 규제법 등 주방운영의 외적 환경도 함께 고려되어야 한다.

주방시설관리의 내·외적 환경요인으로는 종사원의 육체적 피로와 소음, 밝기, 온도, 새 로운 메뉴구성, 정부의 건축설계지침, 건축자재, 하수배관 및 전기시스템, 출입구, 소방기 구의 위치 등이 있으며, 시스템 계획과정에서 중앙정책결정내용과 지방자치단체의 유기적 인 협조에 의한 규제사항이 고려되어야 한다.

주방시설관리 설계과정에 있어서 고려해야 할 또 다른 설계요인(design factors)은 주방시설관리비용, 특정한 메뉴개발, 공급되는 음식의 양, 음식상품의 질, 주방공간에 소요되는 장비, 기구, 작업활동에 따른 공간, 주방위생 및 안전관리, 제공되는 서비스 형태 등으로 이를 종합적으로 검토하여 적용해야 한다.

(1) 주방시설관리계획의 목적

궁극적으로 주방시설관리계획의 목적은 고객에게 높은 품질의 음식과 서비스를 제공하고 고객의 다양한 욕구나 취향 및 기호에 대응하는 것이다. 주방시설관리는 한마디로 주방생산시설 시스템의 모든 설비를 외식기업의 콘셉트와 생산목표 달성에 가장 잘 기여할 수 있는 상태로 유지시키는 데 있다. 이는 모든 주방 구성요소들, 즉 인적 요소와 물적 요소의 안전을 도모하고 사고를 예방하여 모든 시스템이 최상의 상태로 유지·관리됨으로써 결과적으로는 고객의 욕구를 만족시킬 수 있도록 하는 것이다.

첫째, 주방의 생산능력을 최대로 유지할 수 있도록 하는 것

둘째, 관리 및 생산비용을 최소화하는 것

셋째, 음식상품의 품질을 최정상으로 유지

넷째, 주방종사원의 안전한 상태 유지

다섯째, 고객만족(고품질 음식의 빠른 서비스)

고객은 항상 질 높은 음식을 추구한다. 그러므로 음식서비스 시설에서 제공하는 음식이 고객의 다양한 욕구나 취향에 맞아야 한다. 이러한 관점에서 음식서비스 시설의 운영에 있어 고객의 다양한 욕구에 부응하기 위해서는 주방시설의 설계에서부터 이러한 목표를 명확히 해야 한다.

주방시설관리 시스템의 운영과정에 있어 음식의 품질과 서비스의 효율성 등은 주방시설의 배치나 설계에 의해 지대한 영향을 받게 되므로 주방시스템을 구축하는 초기단계에서부터 고려해야 한다.

또한 음식상품의 질적 가치는 전체 분위기에 크게 의존하므로, 조리식품에 대한 분위기는 주방의 운영방식과 제공되는 메뉴 및 고객지향적 서비스 형태 등과 조화를 이루어야 한다. 따라서 주방종사원의 작업절차와 서비스의 흐름에 지연이 없도록 해야 할 것이다. 특히 식재료의 저장시설은 종사원의 작업절차와 서비스 흐름이 편리하도록 설계 및 배치되는 것이

매우 중요하다.

① 주방기기류의 정비(full equipment)는 주방종사 인원에 따라 주방기계장비(eqipment) 와 소도구(utensil)를 구비하여 위생적으로 사용할 수 있도록 정비해야 한다.

② 고정된 주방기기는 청소하기 쉬운 위치에 배치되어야 한다.

③ 보관설비는 주방종사 인원에 따라 기구 및 용기류의 보관설비가 준비되어야 한다.

④ 식기에 직접 접촉하는 기계의 재질은 내수성이 강하며 세정하기 쉽고 열탕, 증기 또는 살균제로 소독이 가능해야 한다.

⑤ 운반기구는 필요에 따라 방충도 되고 먼지 등을 방지하며, 보냉 및 보온장치가 있는 청결한 식기운반기구여야 한다.

⑥ 계측기류는 냉장, 살균, 가열, 압축 등의 기계에서는 눈에 잘 띄는 곳에 두고 온도계 및 압력계, 필요에 따라서는 계량계까지도 비치해야 한다.

(2) 주방시설관리계획 시 고려사항

주방시설관리계획은 최근의 정부시책 및 선진화되어 가는 식생활 패턴에 부응하는 것이어야 한다. 최근 식자재 유통의 기술적인 발전과 농축산업의 발달은 계절의 한계를 극복하였고, 냉동·냉장을 통한 식품가공기술의 발전은 조리사로 하여금 요리 개발업무에만 충실하게끔 많은 시간을 제공하는 등의 기계기술의 발달로 주방기기는 놀랄 만한 발전을 거듭하고 있다.

그러므로 주방시설관리계획은

첫째, 능률적이며 효율적인 작업 목적 및 경제성 증진

둘째, 신속하고 위생적인 음식공급으로 인한 고객만족

셋째, 사업성 향상 계획에 따른 내부고객 만족

넷째, 시설 및 운영계획에 있어서는 현대화와 효과, 목적 등을 가지고 이루어져야 한다.

또한 고객에게 제공하는 서비스의 형태도 주방설계 과정에서 고려해야 할 요인이다. 특히 연회주방의 서비스와 같이 준비해야 할 음식의 양이 많은 경우에는 일반적으로 카운터 서비스시설과는 제공되는 과정 및 형태가 상이하게 다른 인간공학적 측면에서 접근하는 신속하고 안전한 주방관리 시스템계획이 필요하다.

제2절 주방의 기기 선택

주방시설의 주요 장비인 주방기기는 대부분 조리의 효율성을 높이기 위한 기기로 구성되어 있다. 기기(機器/器機)란 기구 또는 기계(機械/器械) 따위를 통틀어 이르는 말로 일반적으로 기기의 가치는 그 기기가 필요한 정도와 필요한 때 기능을 만족스럽게 수행하느냐에 달려 있다. 외식업체 주방기기 선택은 법적 기준과 규모 및 생산성과 재무적 성과로 연관지어 선택해야 한다. 요구되는 조건은 특징적인 작업에 따라 다양하다. 즉 주방에서 생산되는 메뉴의 분량, 최대수요, 공급의 종류, 활용 가능한 시설물, 설계 등 여러 요소에 영향을 받으며, 특정작업에 필요한 요소로서의 가치척도가 정해지기도 한다.

1. 주방기기의 일반적 유형

메뉴생산의 핵심이 되는 주방기기는 특수설비를 위해 주문 제작한 것과 제조업체의 표준상품 중에서 선택한 것이 있다. 표준형으로 대량생산되는 상품기기는 특수설계에 의해 제작된 기기보다 가격이 저렴하지만, 경제적 가치 측면에서는 특별히 주문제작한 것이 우월하다.

주문 제작기기를 구입할 때에는 자세한 세부항목과 정확한 시방서가 필요하다. 작업효율을 개선시키기 위해 제작업자들이 개발한 다양한 종류의 특수목적 기기들이 있다.

(1) 특수설비(주문제작)

① 가격이 높다.
② 경제적 가치가 높다.
③ 주문제작 시 요구사항 : 세부항목, 정확한 요구조건, 제작자의 목록, 개발프로그램 자세하게 표시, 산업공학 기술의 적용

(2) 제조업체의 표준상품

① 가격이 저렴하다.

② 작업의 효율을 높이기 위한 여러 가지 형태

③ 첨단과학기술의 적용

④ 시간적 여유

2. 기기 선택 시 주의사항

최고의 음식을 만들기 위해서는 기기의 선택이 매우 중요하다. 기기를 선택할 때 다음과 같은 점에 유의해야 한다.

① 조리상 합목적성

② 본질적인 필요성

③ 비용

④ 성능

⑤ 특별한 요구조건에 대한 만족도

⑥ 안전성과 위생

⑦ 모양과 디자인

⑧ 제반시설과 정합성

1) 기기 선택의 필요성

외식업소의 메뉴구성과 그 기기가 원하는 분량을 취급할 수 있는가, 음식의 품질을 개선할 수 있는가, 혹은 작업비용을 감소시킬 수 있는가 등을 파악하여 평가해야 한다.

필수적인 것과 기본적인 것, 높은 활용성, 적당한 가격, 디자인 등을 고려해야 한다.

① 기기의 처리능력

② 품질개선의 필요성

③ 작업비용과 시간의 절약

④ 메뉴의 개발

　　최초계획에 필요한 것 : 일람표를 작성하여 자금의 적당한 배당을 유도하고 한번에 매
　　입하지 않을 경우 추가할 물품을 인테리어 디자인에 참고한다.

ⓐ 필수적 또는 기본적

ⓑ 높은 활용성

ⓒ 사용가능성

ⓓ 기기 선택 시 음식의 질과 양을 확보하는 가장 실제적인 방법을 제공하는 필수설비를 선택하도록 한다.

⑤ 예상되는 성장과 변화에 대처할 수 있어야 한다.

⑥ 처음 설치할 때 추가시설을 갖출 것에 대비한다.

2) 구매비용

기기의 최종적인 가격을 평가할 때 고려해야 할 항목은 다음과 같다.

① 최초의 가격 : 시장가격과 특수한 기기의 희소가치 등을 비교 평가

② 설치비용 : 기기가격에 많은 비용을 추가할 수 있다. 입찰가격에서 설치비를 포함하지 않는 경우가 있다. 특별한 조건이 있는지 확인한다(설비배관, 전선, 덮개, 도관, 화재안전장치, 가스시설 등).

③ 수리비 : 사용에 무리가 없고 견고하며 비용이 적게 드는 것, 자주 수리하지 않아야 할 것, 제작업체가 수리부품 등을 공급하는 데 신속하고 신뢰성이 있을 것(기기의 고장은 작업의 질을 현저히 떨어뜨리며 노동력을 더 요하게 된다)

④ 감가상각 : 최종비용에 중요한 요소가 된다. 목표량을 위한 견고성은 10년 아니면 10%의 감가상각이 따른다. 잘 제작한 기계는 보통 15~20년 정도의 수명을 유지한다.

⑤ 보험료, 재정비용

⑥ 작업비용 : 기기를 운영하는 데 들어가는 비용, 청소의 어려움도 작업비용을 증가시킨다. 주방기기는 복잡하지 않고 단순한 것이 비용을 절감시킨다.

⑦ 생산가치와 소비가치 : 비용에 있어서 미래의 화폐가치를 염두에 두어야 한다. 지출한 자금이 투자가치를 나타낼 것인지 그리고 기기의 공헌도가 지출한 자금뿐만 아니라 미래의 가치에 상응하는지 파악해야 한다. 기기의 운영비가 극히 제한되는 곳에서 비용을 절감하는 여러 방법을 연구해 볼 만하다. 훌륭한 중고기기를 매입하거나 기기를 대여할 수 있는지 또는 가공품을 사용하여 메뉴간소화를 통해 기기의 필요성을 줄이는 방안도 검토해야 한다. 만족스런 성능이 나타나지 않거나 생산가치가 상환되지 않

는 것에 자금을 소비하는 것보다 기기를 매입하지 않는 것이 좋다.

$$\frac{A+B}{C+D+E+F+G} = > 1$$

A = 기기의 수명 중 노동력 절감량

B = 기기의 수명 중 재료의 절감량

C = 구입 · 설치비

D = 기기의 수명 중 유용성

E = 기기의 수명 중 유지비

F = 기기의 수명 중 복합적 시설운용비

G = 기기의 철수 시 가치전환

만일 결과가 1.0 이상이면 기기는 노동력과 재료의 절감 이상으로 수익을 가져올 수 있다. 만일 1.5 이상이면 구매를 매우 권장할 만하다. 하지만 기기에 대한 지나친 자본의 출자는 바람직하지 못하다.

최소의 노동력과 기기를 선택하는 것이 좋으며, 가스와 전기의 사용에 있어서 어느 것이 더 편리하고 이익이 있는지를 확인한다.

3) 기기의 성능

① 특수한 기능을 성취하도록 선택

② 만족도 : 얇게 썰거나 자르려 할 때 그것이 깨끗하게 자르느냐 혹은 음식을 짓이기거나 찢겨지게 만드느냐, 아니면 정상적인 사용 중에도 고장을 잘 일으키느냐, 수명, 작업의 결과, 쉽고 안전한 이동, 조작의 용이성, 분해 조립 청소

③ 비용과 성능은 부합되어야 한다(사용자가 가장 중요한 정보를 준다).

④ 정비가 좋은 기기는 유지비용을 절감시킨다.

4) 특별한 요구에 대한 만족도

① 특정음식에 대한 설비

② 작업요구에 필요한 상세한 분석이 필수

③ 기기의 명세서와 관련된 기능적인 요구조건

④ 메뉴에 따른 기기의 활용성

⑤ 작업요구에 대한 상세한 분석은 산업공학기술을 활용함으로써 가능해진다.

⑥ 생산표와 생산적 요소는 기계의 요구조건을 판정하는 데 필요하다.

⑦ 기기의 기능적 요구조건과 성능

5) 기기의 안전성과 위생

① 기기의 선택에 안전기준점을 확보해야 한다.

　ⓐ 안정성과 위생에 대한 위험성은 없는가?

　ⓑ 상해나 오염으로부터 보호될 수 있는가?

　ⓒ 정상적인 마모율과 무해한 재료로 만들어졌는가?

② 각종 기구의 표시

③ 음식공급을 계획하거나 기기를 선택하는 사람은 기구의 공인된 기준을 확보해야 하며, 기기를 설치하는 데 그것을 따르고 있는지 확인해야 한다.

④ 기기의 위생적인 면은 음식의 성질과 생산비용뿐만 아니라 손님의 반응에도 영향을 끼친다(박테리아의 생장을 방지하도록 음식의 적절한 온도유지, 기기의 음식오염 방지 자제 사용, 청소하기 쉽고 기기의 분해조립이 쉬울 것).

6) 기기의 모양과 디자인

① 기기는 설계와 기능에 있어서 사람들의 관심을 끌어야 한다.

② 설비의 기준, 건물, 콘셉트, 다른 기기들과 조화를 이루어야 한다.

③ 정숙한 품위와 여유, 화려한 분위기의 기기

④ 단순성과 공간의 최대 활용

⑤ 부드러운 선은 청소를 용이하게 한다.

⑥ 심미성과 내구성 그리고 활용성, 이용 다양성을 갖춘 디자인, 색의 적절한 조화

7) 기기의 최종적 가치

① 기계설비의 선택

② 작업의 편리성

③ 작업공간 절약 : 유동성 - 특수한 설치와 건물의 특수구조, 거리관계, 노동력 절약

④ 냉동기계 : 모터와 콘덴서의 효율성

⑤ 믿을 수 있는 기기 제작업자들로부터 기기를 선택하는 것이 중요하다.

⑥ 기기는 성능과 제작 그리고 위생기준을 규정하는 협회의 승인을 받도록 한다.

⑦ 기기가 설비되는 지역의 규약에 따르는 것이 중요하다.

⑧ UL, AGA, NSF, ASME, KS, Q, ISO 등 품질 관련마크를 확인한다.

3. 기기 제작의 원칙

① 식품기기의 제작원칙은 디자인, 재료, 제작기준에 따라야 한다.

② 적당한 비용으로 최대의 실용성과 견고성을 갖추어야 한다.

③ 높은 위생성과 안전성을 확보해야 한다.

④ 간단하고 기능적인 설계가 되어야 한다.

⑤ 기기 설계는 양질의 생산과 편리한 이용에 목표를 두어야 한다.

⑥ 기기 설계에 첨단과학을 적용함에 있어 보다 신중을 기해야 한다.

⑦ 기기 설계 시 정성을 최대화할 수 있어야 한다(온도조절장치, 이원성과 적응성, 유동성 자동제어장치, 에너지 절약형 등).

⑧ 제작비용은 품질의 저하 없이 최소화해야 한다.

⑨ 제작하기에 편리한 재질을 사용한다.

⑩ 마무리 작업이 잘 되어야 한다.

1) 디자인

① 적당한 비용 및 최대의 실용성과 견고성

② 높은 위생과 안전기준을 유지하는 기기

③ 간단하고 기능적인 설계

2) 재료와 소재

① 기능의 저하 없이 최소화, 가공이 용이할 것, 견고성, 수리의 편리
② 목재재료, 금속재료, 코팅금속, 순수금속과 합금 등

4. 기기 제작의 기본재료

1) 목재재료

① 목재는 중량과 경제적인 면에서 다소 가벼운 장점을 가지나 박테리아와 습기에 대한
   오염, 음식의 냄새와 얼룩의 흡수, 미모에 대한 약점 등으로 인해 활용성이 낮고 위생
   적 가치가 떨어진다.
② 습기에 저항성이 있는 합판(plywood)
③ 견고성이 필요한 곳에는 단풍나무 등

2) 금속재료

(1) Stainless steel

Fe에 10% 이상의 Cr 및 기타 원소들을 넣어 만들어진 Fe 합금으로 녹슬지 않는 동(銅)이
라는 뜻으로 Stain−less라 한다.

① 화학적으로 불활성, 착색에 저항성, 자기력
② 연성과 내력 견고성
③ Cr 18%, Ni 2%, P 0.04%, S 0.03%, Si 1%
④ Chromium oxide의 막을 형성. 항부식성, 은백색 광택
⑤ 만일 그 막이 파괴되거나 산소가 존재하면 곧 oxide가 형성된다.
⑥ Steel의 2배 강도
⑦ 연성(휨성)은 주조시 형태의 제작을 용이하게 한다.
⑧ 강한 용접력, 열전도율, arc−type 용접
⑨ 헬륨 또는 아르곤 가스를 단일 텅스텐 전극 주위에 분사시켜 산소 제거 및 탄화 방지
⑩ 용접 시 독성물질이 함유되어서는 안 된다.

⑪ NSF(National Science Foundation)에 적합

⑫ Monel metal : ⅔의 nikel, ⅓의 copper

– Stainless steel의 종류

Stainless강은 성분에 따라 Cr계와 Cr-Ni계로 구분되지만 금속조직상으로 페라이트계, 마르텐사이트계, 오스테나이트계 등의 3종류로 구분한다.

• STS 304(27종)

오스테나이트계인 18Cr-8Ni를 사용한다.

– Stainless의 특성

① 녹이 잘 슬지 않는 내식성

② 열에 잘 견디는 내열성

③ 외부충격에 강한 내구성

④ 표면이 아름다운 미려성 : 금속표면에 형성된 얇은 산화크롬층(부동태피막)을 형성하여 환경에 의한 부식을 방지하는 뛰어난 내식성을 가지고 있다.

(2) 코팅금속

전기도금이 가장 많이 사용되며, 도금을 위해 base metal을 준비하는 과정을 picking이라 하는데 산으로 처리하는 과정을 뜻한다.

① 도금용 금속 : steel copper, 주석, 크롬, 은 등

② NSF(National Science Foundation) 규정에 따르도록 한다.

③ Monel metal : ⅔의 nickel, ⅓의 copper

④ Aluminum : 알루미늄은 밝은 은색으로 광택이 나는 금속이며 시간이 지나면 표면의 광택이 없고 얇고 단단한 산화층이 생성되어 내식성을 가지게 된다. 알루미늄의 밀도는 강이 ⅓ 정도인 2.7g/㎤로 경금속에 속하며 인장강도는 압연상태에 따라 69~190㎫이다. 알루미늄은 전도율이 매우 우수하여 전기산업에 많이 사용되기도 한다. 가격이 싸고 밀도가 낮고 내식성이 우수하며 외관이 미려해서 보기에 좋다. 수송, 건축, 포장,

전기, 주방용품, 기계구조용 등으로 다양하게 사용한다.

Aluminum의 성질은 다음과 같다.

ⓐ 전기전도율은 구리의 약 65% 정도이다.

ⓑ 불순물의 함량과 열처리에 따라 기계적 성질은 달라진다. 상온에서 판·선으로 압연가공하면 경도와 인장강도가 증가하고 연신율은 감소한다.

ⓒ 대기와 맑은 물에서 산화하지만 그 속도는 대단히 느리며, 산화생성물인 Al_2O_3은 안정하기 때문에 더 이상의 산화를 방지해 준다. 그러나 바닷물에는 부식되기 쉽고, 염산, 황산, 알칼리 등에도 잘 부식된다.

(3) 혼합금속

① 비금속 혼합물 : 유리나 도자기는 산과 염기에 매우 저항성이 강하다.

② 매끄럽다. 불투과성 표면, 저렴한 가격, 쉽게 닦일 수 있다. 깨지기 쉽다.

③ 유리는 방사성(열은 매우 적게 잡고 대부분 통과시킨다)이 있다.

④ 플라스틱과 섬유유리는 음식 공급기구에서 사용이 급격히 증가하고 있다.

⑤ 녹슬지 않고 부식성 표면을 갖는다.

⑥ 비철금속 혼합물 : NSF 규격에 맞아야 한다.

(4) Black Plate(iron)

석도강판에 적합하도록 제조된 저탄소강의 강판 및 강대로 두께가 얇아 최고급 내연강판에 속한다. 속도원판은 표면이 미려하고 강도가 좋으며 가공성이 양호하기 때문에 생산하기 어렵고 회수율이 적어 표면처리하지 않은 철강제품 중 가장 비싼 제품으로 상당한 기술을 요하는 제품이다.

원판의 종류에는 내식성 또는 가공조건 등 용도에 따라 L강종, MR강종으로 구분된다. L강종은 잔류불순은 원소가 적은 강으로 고내식성이 요구되는 식품용기에 주로 사용되며, MR강종은 L강종보다 불순물은 많으나 내식성과 가공성을 요하며 가장 많이 사용되는 강으로 대부분 원판이 이 강종이다. D강종은 고도의 가공성과 비시효성이 요구되는 용도에 사용되는 알루미늄킬드강이다.

5. 장비와 기물(equipment & utensil)의 구매

① 시대적인 흐름과 음식문화의 변화에 따라서 발전
② 조리작업과정의 조직화 및 기계화로 조리제품의 대량생산, 생산의 표준화
③ 노동생산성의 증대
④ 최신기계와 장비의 도입은 각 업장별 주방의 혁신을 예고
⑤ 장비 및 기물들은 조리사들의 공동사용 품목, 주방공간 점유율이 높다.
⑥ 가격이 비싸고 사용방법이 다양하다.

1) 형태적 분류에 따른 기기 및 기물의 구매

외식기업의 업종, 업태, 서비스 방식에 따라 주방장비 및 기물의 구매방법이 달라진다. 주방장비나 기물의 가치는 용도와 성능을 만족스럽게 수행할 수 있는 가능성의 고저에 따라 평가할 수 있다.

주방장비는 대부분 고가이기 때문에, 소홀히 생각하고 구입하면 외식업소의 경영에 부담되는 경우가 많다. 주방의 장비나 기물의 구입에 관련하는 사람은 기기에 대한 지식 부족으로 무조건 외국제작자의 광고물이나 카탈로그만 보고 새로운 기기나 장비가 우수하다고 믿고 구매하는 경우가 종종 있다. 외식업소의 메뉴나 고객의 규모를 생각지 않고 아주 값비싼 기계장비를 시설하고서도 사용하지 않고 방치하는 오류를 종종 본다. 그러므로 기기의 구매 관련자는 사전에 충분한 사용용도와 성능을 검토해서 적절한 용도의 설비를 구매해야 한다.

미국의 주방전문가인 에이버리(Avery)는 '주방시설의 설비는 인간을 대상으로 하는 공학이며, 고객에게 안락한 분위기와 더불어 제공되는 요리를 위해 최상의 상태로 보존하는 것을 목적으로 해야 하며, 식사를 최대한 즐길 수 있도록 해야 한다'고 했다. 이 말은 결과적으로 주방장비 및 기기의 효율적인 관리를 강조하는 것이다.

(1) 제작주문 구입방법

주방의 기물과 장비를 제작주문에 의하여 구입하고자 할 때에는 메뉴음식의 내용과 특성에 맞도록 특별한 주문내용에 따라 제작해야 한다. 이러한 방법은 외식업소의 기준과 규모,

수용능력, 주방의 공간적 특성, 서비스 방식, 메뉴의 종류, 경제적 지불능력, 제작자의 제작능력 등을 감안하여야 한다.

특히 유의할 점은 주방기기의 견적서 및 설계도의 확인, 시방서, 납기일 및 납기방법 등이다.

제작기준은 다음과 같다.

① 쉽게 청소할 수 있어야 한다.

② 해충, 먼지, 흙, 얼룩, 음식물 흘린 흔적 등을 쉽게 제거할 수 있어야 한다.

(2) Catalogue에 의한 구입방법

주방의 시설장비를 제조업체의 표준상품이 소개된 Catalogue를 통해서 선택·구매하고자 할 때에는 기기나 장비의 전시장이나 기기의 가동성능을 보고 확인한 다음 선택하여 구입하는 것이 바람직하다. 그리고 이러한 방법을 통해 기기의 효율성이나 사용방법의 간편성을 확인할 수 있다.

2) Restaurants 형태에 따른 기기 및 기물의 구매

① Dinning room : 정찬 및 음식의 코스에 맞는 다양한 접시 및 글라스 등의 기물

② Grill : a la carte, daily, special menu, 조식, 점심, 석식 등에 따라 각기 다른 기물

③ Cafeteria : self service, 대중적인 기물

④ Coffee shop : 커피 및 음료 또는 양식, 한식, 중식, 일식 등

⑤ Dinning car : 철도사업

⑥ Drive-in or drive through

⑦ Industrial restaurant : 단체급식 등 실용적이며 튼튼한 기물

3) Beverage, Bar 형태에 따른 기기 및 기물의 구매

① Main bar : 편리성과 고풍스러움

② Lounge : 가벼운 음료나 칵테일, 카나페 등을 제공할 기물

③ Light club, discotheque : 견고성, 편리성, 유행에 만감, 현란한 디자인

④ Membership club bar : 단체급식 등 실용적이고 튼튼한 기물

4) 연회장의 형태에 따른 기기 및 기물의 구매

① Table service Party : 정찬메뉴, 코스별로 다양함

② Buffet party : 큰 쟁반, 은기물 등을 선택해서 가져갈 수 있는 기물과 접시

③ Dance party : 정찬 후 야외나 뷔페, 칵테일, 가든파티 등에 어울리는 기물

④ Cocktail party : 여러 가지 술과 간단한 안주 음식용

6. 주방기기 구매 시 주의할 점

① 정밀하고 다양한 요리를 위해 온도조절기(T/C : thermostatic controls)는 정밀제어가 가능해야 한다.

② 작동하기 쉬운 제어 판넬 디자인

③ 스테인리스 스틸

④ 앞판, 측면, 테두리, 다리 문 등 청소가 용이해야 한다.

⑤ 분리조립식 부품은 분해결합이 용이해야 한다.

⑥ 철저한 방수형

⑦ 조리판이 매끄러워야 한다.

⑧ 에너지 절감을 위한 전연설계

⑨ 안전장치 부착 여부

⑩ 보온, 보냉, 단열성 및 단열재 사용, 온도계(thermometer) 설치

⑪ 방수 철저

⑫ 배수관과 전기선이 단정할 것

⑬ 고온을 제어하는 보호소자

⑭ 자기(瓷器)재질로 된 내부

⑮ 소음이 없을 것

⑯ 지짐판은 가열이 고르고 전도열이 신속할 것

⑰ 전압전류 주파수 확인

⑱ Gas의 종류, 안전검사필증

제3절 주방시설의 배치관리

1. 주방시설의 배치관리

1) 주방시설 및 배치의 결정변수

디자인(design)이란 주어진 문제, 즉 상품, 콘셉트(concept), 형태 그리고 구성에 관한 문제를 해결하여 가장 독창적이고도 주도면밀한 답을 제시하는 것이다. 주방설치의 디자인은 영업의 최초계획과 입지선정, 메뉴개발, 장비기능과 구조, 실제영업계획에 필요한 여러 부문과 적절한 기능으로써 외식산업의 설비계획이다. 그리고 일반적인 기능과 구조, 실제 영업계획에 필요한 여러 부문의 적절한 기능을 계획하는 것이다. 이에 대하여 배치(layout)는 계획과정에서 좀 더 제한된 기능으로 외식산업의 영업을 위한 물리적 설비배치를 의미한다. 주방시설관리 및 장비배치 운영에는 2가지 형태의 과정이 포함된다.

첫째로 생산관리의 과정이다. 이는 외식업체를 찾는 고객이 주방에서 직접 음식이 만들어지는 과정에 대해 알지 못한 가운데 유형상품을 생산하여 제공하는 형태이다.

또 다른 하나는 주방시설에 대한 서비스관리 입장에서 보는 과정이다. 서비스는 고객화 정도에 따라 특성이 달라지며, 서비스에 고객 참여와 고객의 접근성 문제를 중심으로 하는 서비스의 특성, 서비스 설계 및 제공자의 주관적 요소와 다양한 서비스 표준과 관련한 특성, 서비스의 생산과정에 고객이 직접 참여하기 때문에 발생하는 특성 등이 있는데 이것은 일반적으로 유형상품과 달리 고객이 그 과정에 대해 약간은 참여하는 오픈된 형태이다.

그러므로 시설장비배치에 따른 결정 변수에는 고객의 미적 정서와 고객의 인지도를 생각할 수 있으며, 주방시설배치의 효율성과 음식의 질적 가치, 종사원의 건강 및 작업과정의 안전성도 중요한 변수이다. 그러나 주방을 고객에게 직접 공개하고자 한다면, 이 또한 주방시설의 설계와 배치를 한시적으로 제한하는 요소가 될 수밖에 없다. 그리고 주방과 식자재 창고와의 배치관리는 전체적인 외식업소의 특성에 따라 달라질 수 있다. 그러나 근본적으로 경영성과 생산성 측면에서 효과적인 시스템이 될 수 있도록 배치되어야 한다.

(1) 주방의 유형 및 작업 센터

주방의 형태는 제공되어야 할 음식의 수량, 서비스의 형태, 음식가격, 음식제공에 필요한

시간 등에 의하여 결정되는데 크게 7가지 유형으로 일체형, 사전준비분리형, 주조리분리형, 세분형, 서비스분리형, 배식분리형, 중앙집중식 등으로 구분해 볼 수 있다.

① 일체형 주방은 음식의 구입과 저장, 조리, 제공에 이르기까지 한 공간에서 이루어지는 것으로 대부분 외식업소의 형태이다.

② 사전준비분리형은 규모가 큰 주방에서 전처리 과정을 별도로 거친 후, 식자재는 리프트, 왜건(wagon) 등에 의해서 가공조리 과정으로 운반된다. 호텔, 연회장 등에 적합한 형태이다.

③ 주조리분리형은 주로 프랜차이즈 형태에서 식재를 반가공하여 차량편으로 운반 후 조리하여 제공하는 주방형태로 패스트푸드점, 패밀리레스토랑 등에서 이용된다.

④ 세분형은 조리와 서비스, 후처리 등의 기능공간이 각각 독립되어 있으며 인력, 왜건 등을 이용하여 다음 단계로 연결하는 주방형태로 주로 카페테리아에서 이용된다.

⑤ 서비스분리형은 대규모 급식과정에 적합한 주방형태로 장식, 배식의 과정만 분리한 형태로 학교나 병원, 직장 등의 단체급식에 이용된다.

⑥ 배식분리형은 조리된 음식을 상품화하여 배식의 기능을 분리한 형태로 기내식과 같은 케이터링, 도시락전문점 등의 주방에 이용된다.

⑦ 중앙집중식 주방은 점포의 주방 일부를 집중화하여, 조리·반조리 식품을 공장 생산방식을 통해 대량으로 또 효율적으로 생산하는 집중가공 공장형으로 조리가공기능 외에도 물자구매와 배급기능이 부여된 물자보급처 역할을 한다.

주방공간은 식당공간 또는 다른 수입창출 고객시설에 대한 기회비용을 의미하기 때문에 모든 주방에 있어 중요한 전제조건이 된다. 주방공간을 추가적으로 확대하고자 할 경우 대개 많은 비용이 발생하므로 주방시설은 적절한 규모로 설계되어 공간을 잘 활용할 수 있어야 한다.

주방종사원들이 장비를 설치하거나, 식자재를 이동하고 저장하기 위해 또는 조리사들이 주방활동 공간 내에서 편리하게 움직일 수 있도록 동선공간을 설계하여 배치하는 것이 매우 중요한 원칙으로 대두된다.

주방공간은 외식업소의 업태나 입지조건에 따라 다소 변화될 수 있다. 주방공간의 할당은 운영형태에 따라 다양한 변화를 갖는데, 이는 주방작업의 다양성에 기인한다고 볼 수 있다. 조리활동의 형태가 많고 상이한 운영시스템에서는 장비 아이템을 적정화하기 위해 더 많은 공간을 필요로 한다. 아침과 점심, 그리고 저녁식사 등을 다양한 메뉴형태로 제공하는 풀서비스 레스토랑은 대체로 한 가지 또는 두 가지 형태의 음식만을 제공하는 레스토랑보다는 더 넓은 공간을 필요로 하게 된다.

〈주방 표준면적〉(1인당 기준)

급식처	면적구분	세부내용
Restaurant	주방면적	0.4㎡/급식수 1식
	사무관리 후생복지	0.2㎡/급식수 1식
	합 계	0.6㎡/급식수 1식
School	주방면적	0.1㎡/학생 1인
	사무관리 후생복지	0.03㎡/학생 1인
	합 계	0.13~0.18㎡/1인 빵 제조는 제외
Business Lunch Counter Room	주방면적	1/3×식당면적
	사무관리 후생복지	주방면적(A)×1/2 이상
	합 계	상당히 기계화됐을 때
Hospital	주방면적	0.5~1.0㎡/1침대
	사무관리 후생복지	0.25㎡~0.3㎡/1침대
	합 계	0.75㎡~1.3㎡/1침대
Hotel	주방면적	0.5㎡/식수인원
	사무관리 후생복지	0.7㎡/식수인원
	합 계	1.2㎡
Boardhouse	주방면적	0.3㎡/기숙생 1인
	사무관리 후생복지	0.15㎡/기숙생 1인
	합 계	0.45㎡ 내외 기숙생 1인
Resort Hotel	주방면적	자리 수×1.0×1.2㎡

※ 이상의 수치는 표준으로 각각 시설의 내용에 의하여 차이가 생긴다.
※ 사원식당의 면적 = 공식 수×0.9㎡÷회전 수

⊙ 조리인원 수에 의한 경우
　잉여면적은 종사원 1인당 3.3㎡, 한 사람이 늘어나는 데 따라 1.7㎡를 더한다(주방 성격이나 형태에 따라 1인당 공간확보율은 1.39㎡).

공간수요에 영향을 미치는 다른 요인에는 원자재의 형태, 사용하고 활용하는 조리장비, 판매 가능한 메뉴의 다양성 등이 포함된다. 미리 준비된 음식을 사용하는 편의형 주방은 대개 식재료를 이용한 식단을 사용하는 혼합형 주방보다 더 작은 공간을 필요로 하게 된다.

일반적으로 음식의 준비 또는 작업이 이루어지는 동안 한 장소에 있어야 하는 기계와 장비는 조리작업을 위해 충분한 작업공간을 필요로 하는 종사원보다는 더 작은 공간을 필요로 한다.

대다수 사전조리와 준비활동은 조리시설과 장비 및 종사원의 활동공간을 염두에 둘 때, 장비 및 종사원이 필요로 하는 공간은 가능한 한 넓어야 할 것으로 본다. 다양한 메뉴는 요리 전이나 후에도 주방시설을 계속해서 사용해야 하는 경우가 발생하므로 여러 가지 보온 및 저장관리 시설공간을 필요로 한다.

(2) 작업센터의 배치(placement of work centers)와 이동의 흐름

현대 산업사회에서 순수자연과학의 발달과 그 응용이 날로 증가하고 있으며, 인문·사회학분야에서도 계량적 연구가 시도되어 정확성을 요구하고 그에 따르는 용어들이 자연스럽게 받아들여지고 있다. 특히 인체공학은 산업 전반에서 활용되고 있는 학문이며, 외식산업에서도 주방이나 식당의 시설기준을 설정하는 데 중요한 척도가 된다. 주방계획의 본질적 목표는 인간공학적인 활용의 효율성이다. 즉 주어진 작업의 내외적 환경에서 종사원들의 활동범위를 최대로 이용하는 것을 지칭하는 것이다.

이러한 목표를 달성하기 위해서는 상이한 하위시스템, 또는 가능한 효율성을 높일 수 있는 작업센터(work centers) 간의 이동이 용이해야 한다. 이들 조건을 충족시킬 수 있는 배치는 매우 어려운 것이기는 하나 이동거리 간의 동선이 효율적으로 설계되어야 하는 것이 최우선이다.

주방조리 작업과정에서 이루어지는 이동은 작업을 위해서 필수적이다. 주방공간은 대체로 식품조리의 준비공간, 조리공간, 세척공간 등으로 구분할 수 있는데 준비공간은 기능적으로 식재료의 전처리 공간으로 주로 작업대, 수납장, 냉장고 등이 있고, 조리공간은 조리 관련 장비와 작업대, 냉장고 수납장 등이 유기적으로 연계되어야 작업의 효율성을 높일 수 있다. 종사원이 작업을 위한 활동(action)을 수행하고 한 장소에서 다른 장소로 움직이거나 장비와 식재료 등을 이동하기 위해 공간이 필요하다.

공간의 수요가 서로 다르다는 것을 명확히 구분하는 것은 이동과 흐름의 매우 중요한 전제조건이다. 주방흐름의 결정은 각 작업의 시간과 공간을 정하는 중요한 요소가 된다. 합리적인 주방의 흐름을 결정하는 데 중요한 사항은 다음과 같다.

① 작업동선은 십자교차나 같은 길을 통해서 역행하는 것을 피한다.
② 작업자의 시간과 에너지의 소모를 최소한으로 하는 시간연구 및 동작연구로 신속한 작업과 서비스를 제공하도록 계획한다.
③ 원재료인 식재의 적체를 피하도록 한다.
④ 작업자와 식재의 거리는 최소한으로 한다.
⑤ 설비는 성능을 고려하되 사용이 용이한 것을 도입한다.
⑥ 공간과 설비의 기능을 최대한으로 활용한다.
⑦ 각 작업이 필요로 하는 시간 및 작업 인원 수를 산정한다.

(3) 구역의 환경적 분리

주방의 상이한 기능적 구역은 항상 환경적으로 분리되어 그 역할을 다해야 한다. 예컨대 조리를 준비하는 구역에서 유발되는 심한 소음이나 냄새로부터 고객을 맞이하는 식당 내 홀과의 환경적 분리가 필요하다.

소음은 주방설계 과정에서 흔히 무시되는 과정인데, 과도한 소음은 질병과 직무 불만족 그리고 높은 이직률을 유발한다. 또한 사고와 오류들이 과도한 소음에서 일어난다는 사실도 간과하지 않아야 한다.

데시벨(decibel)은 거의 듣기 어려운 소리에서 가장 큰 소리까지 1에서 대략 130까지의 범위이다. 정상적인 사람의 말은 약 60데시벨이다. 50데시벨까지는 작업수행능력을 떨어뜨리지 않으나 80데시벨 이상이 오래 계속된다면 손상을 받을 수 있다.

식당의 홀 또한 내연벽이나 이중창 등을 설치하여 주방으로부터 제공되는 음식의 맛을 망칠 수 있는 냄새나 소음으로부터 차단되어야 한다.

주방의 모든 부분 특히 냉장장치가 설치되어 있는 구역에는 햇빛이 들어오는 것을 가급적 차단시켜야 하며, 냉장실은 가능한 빛으로부터 멀리 떨어진 곳에 배치해야 한다.

환기시스템은 주방과 식당에 청정한 공기를 공급하며, 적합한 습도와 온도를 유지하고 모든 냄새와 습기, 기름의 증기를 효과적으로 빼내어 식당에 스며들지 않도록 해야 한다. 그

렇게 함으로써 고객의 편안함과 종업원의 작업조건에 직접적으로 긍정적 영향을 준다. 또한 냉난방 효과를 극대화하여 에어컨 비용을 줄이고 주방시스템의 효율도 올릴 수 있다.

음식의 위생 관점에서 보면 주방시설운영은 깨끗한 구역과 더러운 구역으로 나눌 수 있는데, 후자는 종사원, 장비 및 음식이 오염될 수 있는 구역이다. 대표적으로 더러운 구역으로는 화장실(세면장), 세척장, 재료용 고기저장고 및 채소저장고, 요리준비구역, 쓰레기장, 접시세척장 등을 들 수 있다.

또한 '깨끗한 구역'은 뜨겁게 유지되고 있는 모든 곳이며, 불에 요리를 하는 곳, 준비조리를 하는 구역, 샐러드나 후식을 만드는 곳 등 조리하거나 식사에 제공하기 위해 준비된 음식이 취급되거나 보관되는 곳을 말한다. 깨끗한 구역은 식품을 조리하고 가공하는 과정에서 어떤 오염도 인정치 않고 위생적으로 완벽해야 한다.

일반제조업에서처럼 상품의 질적 가치를 유지하거나 상품원가 절감 등의 관점에서 제조업 공정을 설계하듯이 주방도 식음료상품의 질적 향상과 원가절감이라는 두 가지 측면에서 주방시설의 설계와 배치가 이루어져야 한다.

더욱이 주방은 고객에게 제공되는 음식상품이 창출되는 공간이며, 특정한 시간에 다수가 식사할 수 있는 음식을 제공하기 때문에 각 시설의 기능적 연계는 고객에 대한 서비스를 결정하는 중요한 요인으로 작용한다.

서비스를 포함한 음식상품에 대한 질적 가치의 결정에 있어 중요한 요인은 바로 '구역의 환경적 분리'라 하겠다. 제조업에서 종사자들이 공장에서 한 품목의 생산과정에 따라 생산절차표를 사용하는 것과 마찬가지로 주방의 시설배치에서도 이와 유사한 절차에 따라 음식상품이 완성되도록 앞서 제시한 여러 요인을 고려하여 주방시스템을 설계해야 한다.

배치에서 직접적으로 가장 많은 영향을 미치는 요인은 식재료 구매과정과 조리인원, 조리장비 및 서비스부분이다. 또한 기타 요인으로는 식재료 비축공간, 식재료 및 장비 이동공간, 작업과정 중 정체현상, 서비스 공간, 건축구조물, 각종 상황 변동에 대비한 준비 등이다.

(4) 주방배치에 따른 면적조정

단 2, 3보의 움직임으로 필요한 모든 것에 다다를 수 있는 소규모 주방에서는 공간기능의 시스템을 구분하지 않아도 된다. 소규모 공간에서는 인간이나 물건이 동선이 아닌 점으로 취급된다.

주방의 모든 업무가 가장 효과적으로 진행되기 위해서는 설계단계부터 주방의 위치와 규모에 대한 고려가 이루어져야 한다. 조리작업장의 바닥면적은 너무 넓거나 좁으면 안 되는데, 일반적으로 노동시간의 10~20%를 주방배치 동선에 의해 빼앗기기 때문이다. 주방면적의 범위가 너무 넓은 경우에는 효율을 저하시키기 때문에 적정한 소요면적의 재분결정이 무엇보다도 중요하다.

작업용 바닥면적은 그 장소를 이용하는 사람들의 수에 따라 달라진다. 예를 들면 앞쪽에 조리기구를, 뒤쪽에 식기선반을 배치한 통로상의 작업바닥은 한 사람이 움직이기 위해 600mm의 유효 폭이 필요하지만, 여러 사람이 이동하면 작업을 위해서는 최저 900mm 이상이어야 한다. 그러나 작업을 위한 바닥면적에서 기구나 선반에 쉽게 손이 닿는 거리를 생각하면 필요 이상의 넓이는 오히려 피해야 한다. 따라서 사방에 조리기구를 배치하고 한 명의 조리사가 움직이기 위해 필요한 바닥면적은 12~13㎡이다. 주방배치에 따른 소요면적은 메뉴품목에 따라 차이가 있으며, 또한 생산에 요구되는 각 기능의 서비스 유형에 따라 달라진다. 주방배치에 따른 면적을 조정하는 경우 주방에서 가장 중요한 역할을 하는 작업대 배치에는 크게 5종류의 방법이 있다.

이러한 배치방법을 구체적으로 설명하여 보면 다음과 같다.

① 일직선형 작업대 배치(linear arrangement)는 효율 면에서 가장 좋지 않은 배치이다. 이것은 소규모 주방에 적합한 작업대 배치방법이다.

② L자형 배치(L-shaped arrangement)와 U자형 배치(U-shaped arrangement)는 주방작업공간에 설비 배치하는 것이 매우 어려우나, L자형 배치에서 직각은 이동량을 절감시키는 특징이 있으며, 주방공간이 너무 크지만 않다면 U자형 배치도 매우 효율적이다.

③ 세 번째로 마주보는 2선형 배치(parallel face to face arrangement)는 서비스하는 사람이 주방에 출입하여 운반공간이 필요한 장소에 적합하다.

④ 마지막으로 등을 맞댄 2선형 배치(parallel back to back arrangement)는 관리자의 감독기능이 현저히 저하되는 경우가 발생하기 때문에 매우 불리한 점이 있다.

2. 시설의 배치관리

주방시설의 배치기법을 위해서는 작업동선에 대한 이해가 필요하다. 주방의 작업동선은 기능적으로 볼 때 세 부분으로 구분할 수 있다. 첫째로 작업중심공간, 둘째로 독립된 단위주방, 셋째는 독립된 단위주방의 집합체로서 전체 주방이다. 이들의 구성단계는 작업중심공간이 먼저 계획되고, 중심공간이 모여서 하나의 단위주방이 형성되며, 그 단위주방들이 합해져서 전체 주방을 이루는 것이다.

주방의 적절한 크기는 주어진 일정한 공간 안에서 조리와 관련된 업무가 효율적으로 이루어질 수 있는 적절한 규모의 면적이어야 한다. 주방의 면적은 주방의 특성, 기능, 영업형태에 따라 차이가 있지만 조리사 한 사람이 서서 일할 수 있는 공간의 확보비율에 표준치설정 기준을 두어야 한다. 일반적으로 조리사 1명의 표준설정 작업공간은 1.39㎡이며, 주방의 면적은 영업장의 30~40%가 적당하고, 부문별 면적비율은 조리부문 50%, 기물세척부분 30%, 통로 20%로 배분되어 운영되는 것이 바람직하다. 작업대 규격은 남자(170cm 기준)의 경우 길이가 1,820mm, 높이는 860mm가 가장 이상적이다. 주방디자인에서 흔히 잊기 쉬운 것 중 중요한 사항은 인체측정학적인 눈높이이다. 레인지 위에서 배기후드 밑까지의 공간은 사용자의 가시한계 안에 있어야 하며, 특히 조리사의 경우 위생모 착용을 감안하면 후드의 높이는 1,960mm 정도가 불편함이 없다. 또한 배기후드의 폭도 발열기기보다 더 앞으로 돌출되어야 원활한 흡입효과를 볼 수 있다. 유체역학적으로 볼 때 깊이는 600mm 정도 유지해야 뜨거운 기류의 흐름을 부드럽게 유도할 수 있다. 시설배치는 조리식품 생산의 최적 흐름을 위해 외식업소건물의 구조형태, 각 부대업장, 주방생산설비, 식재료 운반장비, 작업통로, 저장창고, 주방 사무실, 보조시설물들과 같은 물적 구성요소의 위치를 공간적으로 적절히 배열해야 한다.

주방시설의 배치모형은 주방시설의 배치형태가 지니고 있는 특성을 고려해야 하며, 각 주방업장별 시설 및 장비의 효율성과 조리상품의 질을 제고할 수 있도록 모형의 기초를 다져가야 한다.

다음으로는 시설배치의 분석으로 외식기업의 주방시설 배치설계는 외식기업의 주방장비(equipment), 도구(utensil), 기기 그리고 작업자 사이의 효과적인 공유영역(interface)을 구축하고 특정 위치 내에서 시설물, 도구, 장비, 인적 자원 등 주방의 시설시스템이 효과적으로 사용될 수 있도록 주방의 내부를 설계해 나가는 과정을 의미한다. 외식기업은 주방시설물의 배치설계를 체계화함으로써 음식요리 및 서비스 시스템의 효율을 개선할 수 있다. 이는 곧 서비스 품질에 영향을 미치고, 인력과 시간을 절약할 수 있으며 고정비용을 낮출 수 있다. 그리고 식재료의 신속한 공급, 숙련된 종업원의 적절한 채용과 배치 등으로 고객의 요구에 유연하게 대처할 수 있게 된다. 일반적으로 생산라인에 따른 시설배치를 다루는 문헌들은 상당히 많지만 대부분 1900년대 초부터 산업공학자들이 생산공정에 대한 시설배치 문제를 해결하기 위해 연구한 방법으로 볼 수 있다.

최근 들어 시설배치에 대한 분석방법 등이 다각도로 다양성을 갖고 체계적 · 현실적으로 개발되고 있지만, 주로 경험적 방법을 토대로 이루어진 전통적 접근방법이 사용되고 있는 실정이다.

따라서 전체 체계를 부분 또는 하위시스템(subsystem)들의 집합으로 정의하여 각 하위시스템에 대한 '최적배치방법'을 구하기 위해서는 경험적인 접근방법과 분석적인 접근방법 양자를 서로 결부시켜 만족할 만한 결과가 나오도록 해야 한다.

1) 주방의 배치

주방에서 배치는 조리작업을 위해 여러 종류의 조리장비를 사용하기 좋고 작업능률을 높일 수 있도록 나열한 것이다.

(1) 배치기준

① 식재료 접근의 용이성 : 식재료의 흐름에 따라 기기류를 배치하며, 식재료에 접근이 용이하도록 배치하면 시간과 인건비가 절약된다. 식재료와 조리된 음식물을 사용될 순서에 따라 배열한다면 운영은 더욱 효율적일 것이다. 작업공간에서 움직임의 흐름이 직선형이거나 L자형일 때 가장 효율적이다. 작업자가 통로를 가로질러 재료를 운반하거나 다른 작업자 주변에서 작업해야 하는 경우가 발생하면 능률은 떨어진다.

② 다른 구역과의 관계와 주의사항 : 한 구역의 배치는 다른 구역과 연계될 수 있도록 설계해야 한다. 각 구역별로 활동이 서로 연계되는 관계에서 차이가 많이 나므로 서로의 관련성을 고려하여 배치해야 한다. 식당의 시설은 싱크대 등과 같이 구역별로 따로 구비해야 하는 기기들이 있으며 비용이 너무 많이 드는 기기들도 있다.

③ 주방의 면적

- 면적 : 주방의 면적은 주방의 특성, 기능, 영업형태에 따라 차이가 있지만 조리사의
수와 조리사 한 사람이 일할 수 있는 공간, 즉 최대 작업영역에 기준을 두어야 한다.
- 배치 활용방안 : 소규모 주방설치 시에 많이 사용되는 방법 중 하나는 전문 주방설치
업체를 이용하는 방법으로 여러 주방의 도면은 검토하여 최적의 주방을 찾아내고,
주방면적을 산정하는 방법으로 전환법과 비슷한 방법이다. 가상적인 형판이나 모형
들을 이용하여 배치안을 만들어 놓고 그것을 이용하여 주방의 면적을 추정하기도
한다.

(2) 배치계획

주방의 조리사가 사용할 수 있는 다양한 시설배치 평가로 개인의 작업영역과 작업장의 장
비 및 장비 사이의 이동 평가를 고려해야 한다. 그리고 조리작업 과정에서 발생할 수 있는
물질적인 흐름과 작업장 사이를 고려한다. 이는 개인의 조리작업 활동과 과정상 물질적인
흐름의 관계 사이에는 직간접적으로 영향이 미치기 때문이다.

① 식재료 흐름의 분석 : 주방의 구역배치는 합리적인 흐름을 준수하는 것이 좋다. 식재
료가 사용될 순서에 따라 장비를 배열한다면 효율성은 증대될 것이다.

② 활동 간 관련분석 : 한 구역의 배치는 다른 구역과 연계되어야 한다. 식재료와 물자의
이동이 많으면 관련성이 높아서 서로 근처에 위치해야 하며 고객의 편의성 증진에 관
련성이 많아도 서로 가까운 곳에 있어야 한다. 작업흐름에 따른 활동 관련성을 공간구
조에 맞게 배열할 수 있는 토대를 마련하는 것이다.

③ 필요면적 산정 : 각 작업 중심점의 면적은 생산설비, 운반설비, 저장설비, 식재료의 이
동과 조리사의 이동을 위한 공간 등을 합하여 필요한 주방면적을 결정하게 된다.

④ 배치대안 개발 : 이상적인 배열의 공간할당을 기본으로 하여 필요한 장비들의 배치도
를 개발하는 것이다.

(3) 주방시설 배치의 분류

① 배치의 배열형태 : 주방의 배치는 상품, 생산량, 경로, 하위시스템, 시간을 고려하여
고객을 위한 주방시설의 목적에 맞게 인력이나 장비, 재료 등을 배치해야 한다. 배치

에는 직선형, L자형, U자형 등이 있다. 각 형태마다 장점과 단점이 있지만 직선형이 가장 효율적인 배치형태이다.

- 직선형 배치(일자형) : 가장 간단한 디자인으로 작업장이 한정되어 있는 경우에 효과적이다. 비교적 규모가 작은 주방에서 이루어지는 형태이다. 또한 이 배치는 가장 단순한 동선을 유지하는 형태이므로 작업의 능률을 높일 수 있다.
- L자형 배치 : L자형 배치는 직선형 배치를 변형시킨 것으로 구부러지는 코너를 이용하여 벽면을 보고 주방기기를 배치하는 것이다. 동선의 최소화가 가능하며 주방 전체를 관리할 수 있어 효과적이다.
- U자형 배치 : U자형 배치는 직선형과 L자형의 배치를 통합하는 방법이다. 한 명이나 두 명 정도의 작업자가 작업하는 공간에서 유용하게 사용할 수 있는 형태이다.
- 병렬형 배치 : 두 개의 일자형 라인으로 배치된 것으로 중간에 복도가 있는 모습이다. 이 배치는 조리된 음식을 모두의 작업센터로부터 가져갈 수 있도록 할 때 필요하다.

② 이동식 기기류 배치 : 가스나 불을 사용하는 기기류는 대부분이 고정시키는 방법을 사용하지만, 신속한 분리장치나 유연성 있는 이음장치를 사용하고 기기류에 바퀴를 달면 이동식으로 사용할 수 있다.

③ 벽 고정식 기기 : 기기류를 벽에 고정시키는 방법이 있다. 보통 벽은 기기의 무게를 견딜 수 있는 구조물이 없으므로 벽 내부에 지지대를 설치한 후 기기를 그 지지대에 고정시킨다.

(4) 유형별 배치형태

① 기능별 배치 : 기능별 배치는 여러 종류의 음식상품을 생산하는 기능을 중심으로 장비를 배치하는 방법이다. 조리상품 생산을 위하여 특정한 기능을 한 장소에 모아서 상품을 생산하는 방식으로, 대량의 상품을 효율적으로 생산할 수 있는 방법이다.

② 상품별 배치 : 상품별 배치는 주방장비들을 특정 메뉴의 공정순서에 따라 배열하기 때문에 작업의 흐름이 좋다. 작업장 간의 식재료 및 상품의 이동은 자동운반장치를 이용하는 경우도 많다. 각 조리과정이 갖고 있는 능력을 최대한 발휘할 뿐만 아니라 전체 조리과정이 원활하게 이루어지도록 균형을 유지하는 것이 중요하다.

③ 과정별 배치 : 과정별 배치는 다품종 소량생산에 적합한 배열형태이다. 조리작업 과정
간의 운반거리를 최소화할 수 있으며, 식재료의 운반량과 운반거리 및 작업자의 이동
거리를 적절하게 고려하여 배치해야 한다.

호텔·외식산업 주방관리실무론

주방시설관리의 실무론

03 PART

호텔 · 외식산업 주방관리실무론

조리작업공간 연구

CHAPTER
11

조리작업공간 연구

CHAPTER
11

제1절 조리작업 연구의 동향

주방에서 종사하는 조리사의 조리작업 연구를 위해서는 인간의 기본적인 신체역학(Bio-mechanics)과 직접적인 관계를 가지고 있는 인체계측학(Anthropometry)에 접근하여 실행해야 한다.

인체계측은 신체 각 부위의 길이와 무게 및 부피, 운동범위 등을 포함하여 신체의 모양이나 기능을 측정하는 것을 다루는 것으로서 모든 작업자의 동작연구와 밀접한 관계를 가지고 있다.

인체를 형태학적 측정으로 접근하는 인체계측은 인체측정 또는 생체측정과 같은 의미로 사용되었는데, 초창기에는 신체인류학(Bodyanthropology)의 한 부분으로 연구되어 오다가 각 민족을 구별하는 수단으로 개발되었다.

인체 치수를 먼저 알아야만 작업자의 경제적 활동가치기준의 판단에 따른 문제의 해결이 되겠다는 것을 발견하여 점차 진보적인 분야에까지 파고들어 최근에는 인체계측의 확대범위로 항공우주복 및 우주비행을 뒷받침하는 시스템의 설계 등 다양한 분야에까지 공헌도가 확산되고 있는 실정이다.

작업자에 대한 인체계측은 인간과 기계 및 장비들을 선택한다든지 배치하고자 했을 때도 인체치수에 대한 자료를 사용해야만 기준의 표본이 되는 것이다.

제2절 작업자의 인체계측방법

조리작업자의 동작연구를 위해서는 먼저 일반적인 작업자의 인체계측결과에 따라 적용의 범위를 설정하는 것이 바람직하다. 인체계측을 위해 지금까지 수집한 방대한 인체측정자료를 여기서 일일이 소개하여 적용하기란 매우 어렵기 때문에 몇 가지 예만을 들기로 한다. 일반적으로 인체치수의 측정방법은 구조적 치수(structural dimension)와 기능적 치수(functional dimension)로 대별하는데, 그 내용을 살펴보면 다음과 같다.

〈인체 부위별 계측치와 편차〉

(단위: m/m)

구 분		1세	5세	7세	9세	11세	15세	17세	성인	60세 이상
신 장	남	774	1071	1171	1281	1375	1621	1684	1651	1553
	x	28	35	47	53	62	72	64	52	74
	여	758	1071	1161	1279	1398	1550	1564	1542	1438
	x	19	40	34	49	61	57	48	50	53
눈높이	남			1059	1164	1248	1505	1555	1542	1435
	여			1046	1159	1282	1439	1453	1431	1319
어깨높이	남	576	822	924	1021	1100	1313	1361	1309	1255
	여	562	828	913	1015	1114	1249	1267	1219	1143
팔꿈치높이	남			716	786	853	1015	1052	1034	936
	여			709	783	868	969	974	952	855
손가락끝높이	남	268	374	423	469	506	610	630	615	580
	여	254	388	424	473	523	586	588	570	537
손가락끝	남			1144	1265	1362	1629	1685	1653	1532
	여			1126	1257	1381	1546	1566	1541	1427
전방팔걸이	남			560	615	665	790	810	795	781
	여						745	760	740	728
어깨너비	남	201	267	290	310	330	385	390	400	409
	여	199	266				370	370	370	375
가슴너비	남			184	196	211	244	263	259	
	여			181	192	207	239	247	262	

구 분		1세	5세	7세	9세	11세	15세	17세	성인	60세 이상
옆가슴넓이	남	127	131	132	138	146	168	179	215	
	여	120	130	125	133	142	159	162	208	
가슴둘레	남			571	609	656	769	825	880	
	여			544	591	654	780	788	824	
앉은키	남	446	607	660	707	745	868	907	911	827
	x	22	23	22	27	32	43	28	31	40
	여	438	610	652	703	747	846	857	856	777
	x	22	26	24	25	35	29	29	29	34
좌면팔꿈치거리	남			182	192	201	236	251	260	210
	여			181	194	211	239	248	257	194
좌우엉덩이너비	남	129	207	218	239	254	290	326	337	356
	여	128	212	219	242	269	313	338	330	352
좌우 무릎에서 발목까지	남	204	328	379	419	461	548	563	567	538
	여	204	336	378	425	461	541	542	534	514
좌우 다리길이	남	384	562	650	715	780	915	900	940	
	여	389	589				900	910	885	
체중(kg)	남	10.1	18.1	20.9	26.2	32.0	49.2	56.2	58.8	
	x	0.9	2.9	2.9	4.5	6.7	7.2	6.0	6.0	
	여	9.3	17.8	17.8	26.0	33.1	49.3	49.8	48.7	
	x	0.6	2.4	2.4	4.1	5.8	5.8	4.0	5.0	

주) x: 표준편차

1. 구조적인 인체치수

구조적인 인체치수 측정방법(structural body dimension)은 측정하고자 하는 사람의 표준 자세에서 움직이지 않도록 고정한 다음 인간의 구조적인 신체 각 부위의 활동범위를 인체 측정기 등으로 측정하는 것을 말한다.

구조적인 인체치수 측정은 설계 및 장비의 배치 등 특수사용의 목적을 위해 측정하는 경우가 있고 반대로 일반적인 용도를 갖고 측정하는 두 가지의 목적을 갖고 있다.

단, 여기의 수치들은 연령이 다른 여러 피측정자들에 대한 것이고, 계측대상자에 따라 계측치들은 약간 차이가 있을 수 있음을 밝혀둔다. 특히 신장과 체중은 연령에 따라 상당한 차이가 있음을 유념해야 한다.

2. 기능적 인체치수 측정방법

디자인과 인간의 이동에 관하여 논한 글 중에 Archie Kaplan은 다음과 같이 논하고 있다. "움직임이란 인간에게는 자연스러운 상태이며 존재 그 자체이다. 인간의 생활 속에서 정지 상태란 없고 눈 깜박거림에서부터 활주에 이르기까지 사람은 자나 깨나 항상 움직이고 있다."

그의 내용을 고찰하여 보면 인간의 심리적 요소뿐만 아니라 공간의 역학적 요소에 이르기까지 기능적인 영향을 가지고 있음을 알 수 있다.

즉 기능적인 인체치수(functional body dimension)는 "인간이 일상생활 중 쉴 새 없이 기능적으로 움직이는 몸의 자세로부터 측정하는 것"을 말한다.

일반적으로 기능적 치수를 이용하고 사용하는 것이 무엇보다도 중요한 것은 신체적 기능을 수행할 때, 각 신체의 부위는 독립적으로 움직이는 것이 아니라 조화를 이루어 움직이기 때문이다.

예를 들어 손을 뻗어 잡을 수 있는 한계(arm reach)는 팔길이만의 함수가 아니라 사실은 어깨의 움직임과 몸의 회전 등 구부려서 손으로 행하는 모든 기능에 의해서도 영향을 받는다.

이러한 여러 변수들 때문에 구조적인 인체치수만을 가지고 모든 공간이나 치수(dimension)문제를 해결하려는 것은 매우 어려운 일이다. 물론 경우에 따라서는 구조적인 인체치수도 사용되고 있지만, 작업과정의 특수성을 고려하여 본다면 대부분은 기능적 치수를 더 널리 사용하고 적용하고 있다.

제3절 작업공간 연구

인간이 일상적인 활동공간과 생산활동의 작업공간(work-space)에서 중요한 문제로 대두되는 것이 바로 작업공간 내의 시설물들을 실제로 사용할 사람들을 고려하여 인체계측학적 근거에 의해서 결정해야 한다고 본다.

특히 주방의 경우 한정된 공간 내에서의 작업과정이 매우 복잡하고 다양한 변수들의 요소를 내포하고 있기 때문에 작업공간의 시설물들은 인간공학적인 측면에서 설계되고 배치되어야 한다. 그런 결과에 힘입어 오랫동안 서서 작업하는 조리사가 작업활동과정에서 발생할 수 있는 과중한 신체적 피로와 내·외적 환경에 의한 정신적 스트레스를 덜 받을 수 있는 계기가 된다.

이러한 원리를 기본바탕으로 정상적인 작업영역과 최대작업영역에 대한 기초자료를 살펴보면 다음과 같이 역학적 내용을 구체적으로 설명할 수 있다.

1. 정상 및 최대작업영역

일반적으로 규정지어지는 작업자가 정상적으로 작업할 수 있는 영역을 규정지어 본다면 다음과 같은 방법을 통해 규명이 가능하다. 즉 인간이 수평면상에서 많은 여러 종류의 작업내용을 시행하고자 할 때, 한쪽 팔은 자연스럽게 수직으로 늘어뜨리고 한쪽 팔만을 가지고 편하게 뻗어 작업업무를 파악할 수 있는 구역을 정상적인 작업영역으로 판단할 수 있다. 또한 양팔을 곧게 펴서 작업업무를 파악할 수 있는 구역을 최대작업영역이라 한다.

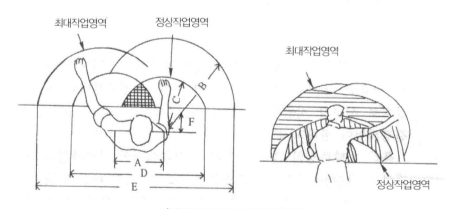

〈정상작업영역과 최대작업영역〉

〈작업대 치수〉

(단위: cm)

치 수	미국인		한국인	
	남	여	남	여
A	40.64	35.56	37.78	34.92
B	67.31	59.69	62.10	57.91
C	39.37	35.56	34.73	32.14
D = 2C + A, E = 2B + A, F = 19cm				

2. 작업대 높이결정

주방조리작업의 다양성과 조리사들의 개인적인 신체적 특성을 고려하여 일정하게 적용시킬 수 있는 어떤 하나의 절대적인 최적 높이를 설정한다는 것은 매우 어려운 일이 아닐 수 없다.

특히 주방조리사들의 평균적인 체격이나 신체의 역학적 특성을 먼저 고려해야 한다. 가능하다면 하루 종일 서서 작업하는 작업공간에 대해 절대적으로 확보해야 할 필수시설인 작업대(work table)의 높이를 결정하는 것이 선행조건이다.

그러나 먼저 작업대 밑받침의 높이 조절범위를 설정해 주어야만 탄력성 있는 조리작업이 진행될 것이다.

조리작업과정에서 일어날 수 있는 관련된 많은 변수들, 즉 신체조건이나 특성 때문에 다른 모든 조리사들에게 일정한 기준에 알맞은 높이의 작업대를 고정적으로 배치하고자 설계한다는 것은 불가능한 일이다. 그렇지만 조리작업내용의 성격과 업장별로 제공되는 음식의 종류에 따라 다음과 같은 지침을 밝힐 수 있다.

조리작업활동에 있어 작업면의 높이는 왼팔이 자연스럽게 수직으로 늘어뜨려지고 오른팔은 수평 또는 약간 아래로 비스듬하게 작업면과 '만족스러운 관계'를 유지할 수 있는 수준으로 정해서 작업대의 높이를 설정하도록 기준을 마련해야 한다.

그러나 만약 작업면이 이보다 높아져 왼팔을 자연스럽게 늘어뜨리지 못하고 조금 올려야 할 때에는 작업자에 대한 작업의 신진대사가(metabolic cost)가 증가한다고 볼 수 있다.

인체계측과 무게중심결정 등의 방법으로 일반적으로 서서 작업하는 사람에게 적절한 작

업대의 높이를 구하고자 할 때, 작업자가 작업대 위에 팔을 올려놓고 자연스러운 자세로 서서 팔꿈치보다 5~10cm 정도 낮은 것을 기준으로 하는 것을 기본원칙으로 한다. 특히 주방 조리작업대의 높이 설정에도 필수적이라는 점을 감안한다면 이는 매우 효율적으로 운영할 수 있는 대안이다.

대부분의 경우엔 작업내용별 특성과 성격에 따라 최적 높이가 달라진다고 볼 수 있는데, 일반적으로 섬세한 작업일수록 기준보다 약간 높아야 하고, 거친 작업에는 기준보다 약간 낮은 것이 인체공학적으로 적합하다는 것을 인식하여 필요한 작업내용별로 적용해야 한다.

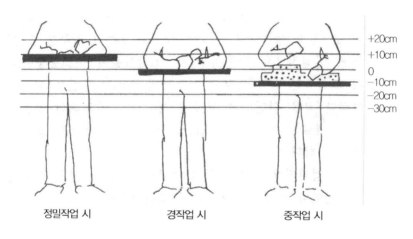

〈입식 작업대의 높이기준〉

3. 작업센터의 규모

주방공간에 대한 작업센터의 규모를 설정하기 위해서는 작업자의 작업활동공간과 작업과정에 필요한 구성요소를 먼저 고려하여 설계하는 것이 기본이다.

조리과정은 특정 목적을 위하여 적절하게 이용될 수 있는 물질들을 구성하고 있는 원자와 같기 때문에 작업센터규모가 조리작업을 위하여 인간공학적 측면에서 적정규모로 규격화되지 못하게 된다면, 조리사들에게 과중한 피로와 스트레스의 부담을 주게 되어 결국은 훌륭한 음식을 조리할 수 없게 된다.

특히 과거와 현재를 고려하지 않은 작업센터의 규모는 조리작업의 방해요인으로 작용하여 조리사들의 건강과 작업능률에 부정적인 영향을 미치게 된다. 더군다나 이처럼 소극적이고 비효율적인 작업센터의 규모를 설정하여 적용시키고, 미래에 있어서도 계속해서 유지된다면 호텔수익에 막대한 영향을 미칠 것이라 생각한다.

따라서 인간공학적 측면에서 인간의 신체와 인체구조의 변화를 충분히 고려해야 함은 물론, 작업의 특성을 다양하게 적용시켜 작업센터의 적정규모를 설정해야 할 것이다.

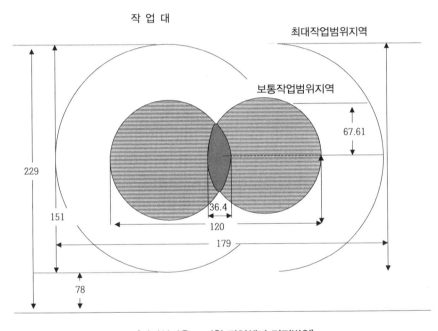

〈적정신장을 고려한 작업센터 결정범위〉

제4절　주방의 작업공간 설정

주방은 "하나의 생산라인(one line system)을 형성하고 있으면서 특성화된 구조기능을 포함하고 있는 종합생산공장이다"라고 해도 과언이 아니다.

주방공간을 설정하기 위해서는 먼저 구매방법에 의해 구입된 식재료를 반입시킬 수 있는 공간과 검수를 위한 검수공간을 확보해야 하는 1차적 공간을 설정해야 한다.

또한 식재료를 가공하거나 그대로 저장창고에 보관할 수 있는 2차적인 저장창고의 공간이 필요할 뿐 아니라, 마지막으로 이러한 식재료를 고객의 주문에 의해 물리적·화학적·기술적인 방법을 가해 음식상품으로 만들 수 있는 3차적인 확보공간, 즉 주방조리활동공간의 설정이 이루어질 수 있는 체계와 구조과정을 거쳐야 한다.

생산기능적인 주방공간에서 만들어낼 수 있는 조리상품의 기능 이외에도 조리인원을 위한 시설의 공간이 확보되는 것도 조리공간 못지않게 중요하다.

주방의 작업공간을 설정하기 위한 계획단계에서 각 기능별 공간의 배분이 주방의 특성과 종류에 따라 세분화되어야 한다.

1. 반입구역 및 검수공간

주방에서 사용하게 되는 모든 식재료의 반입은 메인주방의 저장창고와 근접된 거리에 설정해야 한다. 동시에 검수공간도 마찬가지이다.

반입구역 및 검수공간은 결국 식재료 운반차량의 진입흐름이 쉬운 곳이라 볼 수 있는데, 호텔건물의 위치구조상으로 살펴볼 때, 차량의 진입이 가능한 지하층이 가장 적당한 공간이라 볼 수 있다.

구매한 식재료의 선별과 검수를 위해서는 검수사무실과 식재료의 각 물품을 측정할 수 있는 검품대 및 저울이 비치되어 있어야만 반입되는 식재료를 신속하고 세밀하게 검수할 수 있다. 그리고 충분한 저장공간이 설정되어야 각 식재료 품목별 세부적인 내용을 검토하여 정리할 수 있다.

2. 저장창고

식재료의 저장창고는 청결성을 유지할 수 있는 구역으로서 외부사람의 출입을 철저하게 통제하여야 하는 공간이다. 그렇기 때문에 저장창고는 식재료 구매 및 검수공간과 출고하여 작업할 수 있는 메인주방공간과의 거리가 매우 밀접해야 한다. 그리고 식품의 신선도를 유지하기 위해서는 냉장과 냉동고 및 일반 식재료 저장창고 등 세분화된 충분한 구역정리가 필요하다.

식재료의 보관창고용 냉동고와 냉장고는 메인주방과 아주 가깝도록 적정한 위치를 선택하여야 하며, 또한 통풍이 잘 되면서 햇빛은 직접 닿지 않는 곳이 적당하다. 식재료 저장창고 내의 세균 방지를 위하여 방충망은 필히 설치하여야 한다.

특히 주방에서 사용되고 있는 모든 식재료를 보관하고 저장할 수 있는 충분한 공간도 필요하지만, 조리사들의 작업능률성과를 올리기 위해서 가장 중요하게 생각하는 것이 바로 메인주방 작업공간과 저장창고의 거리가 근접된 공간의 확보이다.

3. 다듬기 구역

식용 가능한 모든 식재료는 반입 후엔 새로운 조리상품으로 만들기 전에 식재료를 씻거나 다듬어서 사용하여야 하는 것이 원칙이다.

그렇기 때문에 식재료 다듬기 공간은 저장공간과 가까운 곳에 설치하는 것이 매우 합리적이고 능률적인 작업성과를 얻어낼 수 있다. 또한 업장별 주방의 규모에 따라 다듬기 구역도 차이를 두어야 한다.

다듬기 공간은 물의 사용과 기구 및 기물의 사용이 많은 지역이기 때문에 환기장치나 온풍장치 및 상하수도와 배수시설이 좋아야 한다.

작업활동공간 구역에서 주방 바닥은 물의 사용이 많기 때문에 바닥 기울기를 일정하게 유지해 주어야 하며, 각 식재료를 구분할 수 있는 작업대가 있어야 하는 관계로 공간의 구역설정은 넓어야 한다.

4. 온요리 구역

온요리 구역을 다르게 표현하면 주주방이라 부르는 경우가 많으나, 현재 호텔의 규모나 영업방법에 따라 명칭은 다소 차이가 있다.

온요리 구역은 주로 스토브를 사용하기 때문에 전열의 온도유지에 지장이 없는 공간이어야 하며, 또한 통풍이 잘 되는 환기시설을 갖출 수 있는 공간도 필요하다.

온요리 구역공간의 시설은 내열과 내수재에 의해 천장에까지 열의 온도가 퍼지기 때문에 재질사용에 유의해야 한다. 바닥공간 및 장비시설공간, 그리고 천장의 환기시설공간 등이 자유스럽고 편리하게 활용될 수 있는 사전계획이 절실히 요구되는 공간이기도 하다.

5. 냉요리 구역

냉요리 구역은 주로 차가운 음식을 모양있게 만들어 고객에게 제공되는 공간이기 때문에 작업대의 배열뿐 아니라, 조명 등 기타 활동공간이 충분하게 설정되어야 한다.

이 공간은 음식을 직접 만들자마자 운반하는 공간이 아니라는 점을 감안할 때, 조리작업의 진행과정에서 일정기간 동안 신선하게 음식을 유지할 수 있으며, 보관할 수 있는 냉장 · 냉동실이 준비되어야 하는 공간이기도 하다.

특히 냉요리 구역은 조리사들의 작업 정도가 매우 정밀하게 진행되는 관계로 작업대의 배치와 높이 설정이 매우 합리적이어야 한다.

6. 식기세척공간 설정

주방에서 만들어진 음식이 고객에게 제공되어 식사가 마무리되면 기물 및 식기를 세척해야 한다. 식기를 세척하는 공간은 물과 함께 사용되기 때문에 상하수도시설이 훌륭하게 만들어져야 한다. 반면에 장비나 기물의 세척과정에서 냉 · 온수시설 또한 철저한 관리기준을 택해야 한다.

또한 잔반처리공간과 냉동처리의 설비가 동시에 가능한 공간을 확보하여 설치되어야 한다.

7. 주방사무실 및 로커룸, 화장실

주방에서 일하는 조리사는 하루 종일 서서 작업하는 관계로 타 업무 종사자들보다 육체적으로나 정신적으로 매우 피곤함이 느껴지는 일종의 중노동에 포함된다. 그래서 조리사들이 충분한 휴식을 취할 수 있고 위생관리를 철저하게 할 수 있도록 이용의 다양성과 편리성을 겸한 시설이 절실하다.

주방사무실에는 식재료의 관리업무, 메뉴구성, 인원관리, 회의 및 상담 등 조리사들의 일반적인 사무처리와 업무를 위한 사무실 기능뿐만 아니라 복지후생보조업무를 담당하는 공간으로서 주로 주방 전체가 한눈에 보일 수 있도록 오픈된 위치가 매우 합리적이다.

주방종사원들을 위한 로커(locker)룸은 조리사들이 유니폼을 갈아입고 샤워 및 휴식을 위해 마련되어야 하는 공간이기 때문에 직원 수와 비례하여 설정되어야 한다. 특히 조리작업공간과 가까운 공간에 배치되는 것도 하나의 동선을 이용한 업무능률에 도움이 될 수 있다. 또한 화장실은 조리사들의 개인위생 및 주방위생과 밀접한 관계를 갖고 있기 때문에 매우 청결해야 하며 남녀 구분이 명확하고 세척시설이 완비된 곳으로 주방과 너무 멀리 떨어져서도 안 되는 공간이다.

제5절 주방의 작업공간소요량 결정

1. 생산율 계산기법

조리작업자들의 기능적 인체치수에 의하여 작업하고자 하는 활동범위인 주방의 총공간소요량을 결정하기 위해서는 각 작업장 및 부서의 이동통로에 대한 공간소요량을 먼저 산정해야 한다.

이를 위해 배치된 설비의 생산율과 소요장비의 대수 및 작업자들의 수를 철저히 조사하여 뒷받침해야만 보다 정확하고 실질적인 내용을 산출할 수 있다.

먼저 조리작업공간의 소요량을 결정하기 위해서는 소요장비에 대한 생산율을 계산해야 한다.

P_{ij} = 조리장비 j의 제품 i 생산율(단위/시간)

T_{ij} = 조리장비 j의 제품 i 표준생산시간(시간/단위)

C_{ij} = 조리장비 j의 제품 i 생산투입시간

n = 제품의 수

M_{ij} = 생산기간 중 조리장비 j의 소요대수

$$M_j = \sum_{i=1}^{n} \frac{\Pi_j \cdot T_{ij}}{C_{ij}}$$

또한 소요작업자 수는 소요장비 대수의 계산과 같은 방법으로 다음과 같이 할 수 있다.

Aj = 작업 j에 필요한 작업자 수

$$Aj = \sum_{i=1}^{n} \frac{\Pi j \cdot Tij}{Cij}$$

각 업장별 조리공간소요량을 결정하는 데에는 위의 식을 기초로 다음과 같은 방법들을 적용할 수 있다.

〈업종별 주방의 면적비율 산정〉

업 종	인 / ㎡	좌석회전율	주방면적(%)	식당면적(%)
고급레스토랑	0.50	5~6	35~45	55~65
중국식 음식점	0.53	5~6	25~35	65~75
일본식 음식점	0.50	4~5	25~35	65~75
스테이크 하우스	0.55	2~5	20~30	70~80
호프집	0.58	1.5~3	15~20	80~85
이태리 식당	0.53	2~3	25~30	70~75
일반 대중식당	0.8	2~3	15~20	80~85

2. 공간소요량 활용방안

1) 생산센터법(production center method)

생산공간센터, 즉 작업공간센터는 일체의 장비와 그 부속시설 및 작업활동공간으로 구성된다. 조리작업자의 작업활동공간이나 시설 및 장비의 공간 및 저장공간은 실질적인 조리작업 활동공간 속에 대부분 포함시켜야 한다.

또한 모든 시설장비와 저장장비 및 기물의 정확한 위치를 생산활동 공간센터 내에 귀속시키거나 배열시킬 경우, 조리작업에 필요한 활동공간 전체에 대한 바닥공간(floor space)까지도 결정되는 것이다.

조리시설장비 및 기물의 총공간 소요량은 다음과 같이 합산되어 계산된다.

> 총공간 소요량 = (유사한 장비 대수) × (장비공간 소요량)
>
> 장비공간 소요량 = 장비 대 부속장비의 소요면적 + 작업면적 + 저장면적 + 복도면적

일반적으로 사용되는 생산센터법의 활용방법은 대부분의 기업체에서 제조공정지역을 설정하는 데 매우 적절한 방법으로 활용되고 있다. 뿐만 아니라 호텔기업은 조리상품을 정교하고 세밀하며 위생적으로 처리하여 고객에게 제공해야 하는 막중한 책임을 갖고 있다는 점을 감안할 때, 호텔주방의 공간소요량을 설정하는 데도 매우 적절하게 활용될 수 있다.

2) 전환법(converting method)

전환법은 현재 각 주방의 업장별 부서가 차지하고 있는 실질적인 공간소요량을 조사하여 현실적으로 작업공간이 넓은지 또는 협소한지를 판단하는 것이 우선이다. 그래서 적정공간 소요량을 산정한 후, 생산량의 증가비율을 고려하여 주방의 총공간 소요량을 추정하는 방법이다.

이러한 방법은 주방공간 중에도 지원 서비스공간 및 식품저장지역의 공간소요량을 결정하는 데 매우 유용하게 활용하여 사용될 수 있다.

3) 개략적인 배치법(roughed-out layout)

개략적인 배치법은 배치에 앞서 가상적인 형판(template)이나 모형들을 이용하여 전반적인 배치안을 만들어 놓고 그것의 배치방법에 따라 공간 소요량을 추정하는 방법이다.

이러한 방법은 최초의 자본투자비용이 막대한 일반 제조기업의 경영에서 적용되는 배치법이다. 그러나 호텔주방과 같이 경영관리의 특수성을 갖고 있는 곳에서 매우 적합한 배치방안으로 설비 배치에도 용이하게 사용할 수 있는 것이다.

4) 공간표준법(space standards method)

전문가들에 의해 추정된 기존의 모범적으로 배치된 것과 일반 산업체에 대한 작업소요공간의 표준을 그대로 사용하거나, 과거의 성공적인 적용사례에 근거한 표준을 설정하여 사용하는 방법이다.

특히 공간표준법을 적용하여 배치안을 활용할 때에는 현재의 경제적 효율성과 활용적 여건에 알맞도록 표준을 조정하여 적절한 면적을 산출할 수 있도록 주의해야 한다.

5) 배율경향 투사법(ratio trend and projection method)

일반제조 기업체에서 대부분 사용되고 있는 기법으로서, 특히 공간소요량의 산정에만 한시적으로 사용되는 방법이다. 그러나 위에서 언급했던 방법들보다는 주방시설의 공간소요량을 산출하기에는 가장 부정확한 방법인 것은 사실이다.

각 부서의 단위면적당 관련있는 요인과의 비율경향을 시계열별로 구한 후 이 비율로 매출액의 예측치를 나누어서 향후의 부서면적을 구한다. 비율은 직접 노동시간/㎡, 생산단위/㎡, 또는 매출액/㎡가 될 수 있다.

 제6절　조리작업활동 평가

1. 평가의 입문

조리작업능률의 원활한 흐름과 주방의 시설개선 또는 배치 및 디자인 설계를 할 때 가장 중요한 요인이 무엇인지를 생각하지 않으면 안 된다. 주방 작업장 내의 작업활동에 따른 시설에 대한 최적의 배열은 다양한 작업장 사이의 작업흐름을 최소화할 때 성취되는 것이다.

조리작업장의 장비 및 기물과 기기배열은 상대적으로 그 흐름이 아주 작은 공간과 시설공간들을 축소시킬 때, 상대적으로 작업활동이 어려워진다는 것은 기정사실이다. 그러므로 아무리 중요한 평가기준을 포함시킨다고 해도 조리작업장의 장비 및 기물과 기기배열을 최소화하는 흐름에는 적합하지 않다.

조리작업장, 즉 주방 내 작업자들의 작업활동에 따른 이동과정을 도표로 나타내어 사용하는 것은 주방조리 작업활동 평가의 기초개념 흐름 및 설계 평가에 있어서 매우 중요한 기법이 된다. 이러한 기법의 일반적인 개념은 조리작업장 내 이동 도표의 사용 결과에 의한 절대적 평가기준으로 주시될 수도 있다.

첫째 개념은 주방 조리작업자가 사용할 수 있는 다양한 시설배치의 평가에 의해 개인의 작업영역과 작업장의 장비 및 장비 사이의 이동평가를 고려한다.

둘째 개념은 이동 도표의 사용에 의한 평가로써, 조리작업과정에서 발생할 수 있는 물질적인 흐름과 작업장 사이를 고려한다.

이러한 두 개념은 정당한 평가기준에 맞는 것으로서 개인의 조리작업활동과 과정상 물질적인 흐름의 관계에 직간접적으로 영향을 미칠 수 있을 것이다. 결과적으로 조리작업자의 활동평가를 위해서는 먼저 동작연구(motion study)를 통해 얻어낸 성과를 도표라는 도구를 사용하여 구체적으로 작성하여 평가해야 한다.

2. 이동흐름의 분석

조리작업활동을 이용하여 조리작업자가 주방 내 조리작업중심의 위치를 확보하고 다른 조리작업자는 원거리 이동을 실행했을 때, 주방의 위치선정 또는 장비 및 기물의 배치평가 기준을 설정할 수 있는 좋은 자료가 된다.

작업장 배치분석에 대한 이동도표의 가장 빈번한 방법은 한 직선상에 놓고 하나의 또 다른 작업장과 이동거리 사이에서 같다고 가정하여 다음의 사항을 살펴볼 수 있다.

〈주방 내의 조리작업자 이동흐름〉

생산그룹	이동의 연속
1	D A B C A C B A
2	C A C B A C A
3	A D A B A
4	D C B D A B C A
5	C A C A D A
6	B C B A
7	D C B

위의 도표에서 보여주는 바와 같이 장비의 배치는 이동도표에 나타난 방법에 의해서 쉽게 평가될 수 있다. 또한 이동도표에 의해서 나타난 자료는 조리작업과정상 조리작업자가 공간과 공간의 이동을 함으로써 평가자료로 축출하여 활용할 수 있는 것이다.

조리작업장이란 말은 주방 내의 기계적 설비뿐만 아니라, 작업기물류, 작업 테이블 등을 배치하여 놓고 조리상품을 만들 수 있도록 공간을 설정해 놓은 장소라 할 수 있다. 이동평가를 실시하기 위해 주방공간의 조리장을 4개로 구분하여 이를 문자로 A, B, C, D로 표시

했다. 이 작업은 위의 도표에서 보여주는 것처럼 다른 생산그룹에 대한 종업원에 의해 작업장과 다양한 활동의 결과를 포함시켰다.

　예를 들어 조리상품을 만들 때, 같은 시간에 똑같은 조리상품의 수를 만든다고 가정한다. 현실적으로 어떤 생산그룹은 다른 것보다 좀 더 자주 만들어지는 것 같은 느낌을 받기 때문에 그 결과는 알맞은 활동 빈번도에 의해 넓혀질 수 있다거나 좁혀질 수 있다고 본다. 조리작업 내에서 조리종사자가 A라는 공간에서 B라는 공간으로 이동할 때, 빈번도를 나타낸 도표이다. 이러한 도표를 아래의 이동차트에 기록하여 차후 이동성·효율성을 분석하기 위한 기초자료를 만드는 과정이다.

〈조리작업장과 종사자활동 사이의 빈번도〉

조리작업장		
시작	종료	빈번도
A	B	3
A	C	4
A	D	2
B	A	4
B	C	3
B	D	4
C	A	6
C	B	5
C	D	0
D	A	4
D	B	0
D	C	2

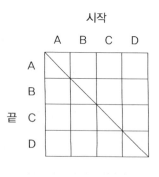

〈이동차트〉

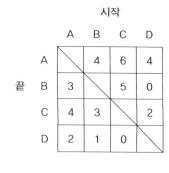

〈이동차트〉

3. 이동도표에 따른 평가기준 구성

조리작업장의 이동도표를 만들기 위해서는 다음 보기의 단계들이 필요하다.

① 1단계 : 4개의 작업장을 일직선상의 장소로 분류하여 똑같이 배열한다(4개의 작업장에서 24가지의 가능한 배열을 기록). 이러한 경우에는 A, B, C, D의 배열을 취하는 것이 매우 적절한 방법이다.

② 2단계 : 1단계에서 보여준 조리작업장의 배열방법을 이용하여 위의 도표에 나타난 것과 같이 4개의 가로줄과 4개의 세로줄이 양립하도록 도표를 구성한다. 작업장의 이 같은 배열은 가로줄과 세로줄을 확실하게 사용할 수 있다. 가로줄(도표의 꼭대기를 가로지르는 수평적인 장소)은 가지각색의 작업장 이동의 '시작'으로 이동하는 것을 암시한다. 세로줄(도표의 양쪽 아래로 내려가는 장소)은 가지각색의 작업장이동 '종료'로 이동하는 것을 보여준다. A에서 A로 또는 B에서 B로 이동하지 않는다면 도표의 오른쪽 구석과 왼쪽 구석을 통과하는 대각선이 그려질 것이다.

③ 3단계 : 위의 도표를 보고 여러 가지 작업장 사이를 쉽게 이동할 수 있다. 예를 들어 숫자 3을 지적할 때는 '이동시작 A'를 1칸 움직이며 '이동종료 B'를 밑으로 2칸 움직여주며 이 같은 방법으로 A와 C의 이동은 시작 A(옆으로 1칸)와 종료 C(밑으로 3칸)이면 된다.

특정한 조리작업장의 장비배열 A, B, C, D는 여러 가지 이동을 특징있게 도표에서 보여준다.

④ 4단계 : 도표에 나타난 것처럼 대각선은 앞으로의 이동방향을 알려준다(왼쪽과 오른쪽의 이동방향을 나타내 보여줌). 작은 칸 위의 중앙 대각선은 뒤로 움직이기 때문에 작업장까지의 거리는 무시한다.

위 도표의 중앙 대각선 부근의 칸(위와 아래)은 불이동(no by-pass)하게 되는 것이며, 다른 하나의 칸이 중앙대각선에 의해 2개의 칸으로 나타나게 되면 두 개의 작업장으로 이동(by-pass)하게 된다.

4. 주방배치의 평가방법

주방의 조리작업자가 주방공간을 이동하여 장비와 장비 간의 공간을 따라 활동하는 과정을 살펴보면 대부분의 경우 주방공간이동의 전체 거리지수를 알 수 있다.

이것은 전체의 움직임(위아래 둘 다)과 조리작업장 내의 조리작업 활동과정에서 나타날 이동(by-pass)이 전체 활동의 복합배수에 따라 같은 요인을 가중시켜 작업장을 이동(by-pass)할 수 있다는 것이다. 그러므로 주방공간의 전체 이동 중 불이동(no by-pass)공간은 하나의 배치평가 요인으로써 복합배수를 포함한다고 볼 수 있다.

이동유형 전체이동 이동요소 지수계산

불이동 주방공간   3+3+0+4+5+2 = 17 ×1 = 17

이동주방공간(A)   4+1+6+0 = 11 ×2 = 22

이동주방공간(B)   2+4 = 6 ×3 = 18

전체지수 = 57

이동요소의 가치는 주방작업장의 배치방법을 바꿀 수 있는 요소로 작용될 수 있다. 특히 전체지수의 수치는 주방의 배치규모를 확대하거나 축소시킬 수 있는 배치평가요소이기도 하다.

예를 들어 이동활동에 나타난 도표 중앙의 대각선에 아주 가까울수록 조리작업자들의 움직임 범위가 커질 것이고, 반면에 대각선에서 멀어질수록 활동범위가 작아질 것이다.

조리작업장의 시설배치를 합리적이고 효율적으로 하기 위한 또 다른 방법은 조리사들의 조리작업활동에 대한 이동움직임에 있어 전진이동과 후진이동을 강조하지 않으면 안 된다. 이것은 전진거리이동과 후진거리이동을 비율화시켜 결정하도록 분리해서 알아볼 필요가 있다.

이동유형 전진이동과 후진이동

불이동거리	$6 \times 1 = 6$	a	$11 \times 1 = 11$
이동거리주방(A)	$5 \times 2 = 10$		$6 \times 2 = 12$
이동거리주방(B)	$2 \times 3 = 6$		$4 \times 3 = 12$

전체지수 = 22 전체지수 = 35

$$전진이동(\%) = \frac{전진이동(22)}{전진이동(22) + 후진이동(35)} = 38/6\%$$

이 같은 방법으로 주방배치기준을 평가한다면 이동도표에 나타난 결과로 대각선 아래에 있다면 수치는 높아질 것이고, 대각선 위에 위치한다면 점점 줄어들 것이다. 이러한 내용을 종합하여 볼 때, 이동차트의 대각선 위에 나타난 결과보다 아래 나타난 결과에 의해 조리사들은 주방공간에서 전진이동이 많아지기 때문에 작업의 효율성을 가질 수 있다는 것이다.

5. 주방 배치평가의 개선방안

주방조리사들의 조리작업활동을 이용한 공간과 공간의 이동도표를 분석하기 위해서 최초의 작업장의 시설배치(A, B, C, D)를 보면, 어떻게 이 배열을 개선할 것인가를 지적할 수 있다.

예를 들면 A와 C 사이의 6은 가장 큰 이동숫자이다. 이 도표 위의 대각선상에 A와 C 사이에 있는 6과 가장 가까이에 있는 장비들과 재배치할 수 있으면 가능하다.

그러므로 BACD와 같은 배열이 될 것이다.

주방작업과정에 있어서 작업자의 이동도표는 BACD로 아래의 그림에 나타난 이동도표와 같이 배열된다. 첫째로 AB에서 BA로 순서가 바뀌어 기록된다. 그리고 도표 안의 두 번째 가로줄과 처음의 두 번째 세로줄도 바뀌어 기록된다.

〈주방공간의 작업자 이동〉

생산그룹	이동 결과
1	D A B C A C B A E
2	E C A C B A C A
3	E A D A B A
4	D C B D A B C A
5	E C A C A D A E
6	B C B A
7	D C B E

From

to		B	A	C	D
	B		3	5	0
	A	4		6	4
	C	3	4		2
	D	1	2	0	

이동유형 (전진이동)(이동요소) (후진이동)(이동요소)

불이동거리　　　　　8 ×1 = 8 11 ×1 = 11

이동거리주방(A)　　　5 ×2 = 10 9 ×2 = 18

이동거리주방(B)　　　1 ×3 = 3 0 ×4 = 0

전진지수 ＝ 21 후진지수 ＝ 29

전체거리지수 ＝ 21 ＋ 29 ＝ 50

$$전진이동거리(\%) = \frac{전진이동(22)}{전진이동(22) + 후진이동(35)} = 38/6\%$$

6. 배치방안결정

배열	거리지수	전진이동의 변화
A B C D	57	38.6%
B A C D	50	42.0%

　배치방안에 따라 전진이동의 변화형태인 BACD 배치방법은 ABCD의 배치와 비교하여 38.6%에서 42.0%로 전진이동의 진보적 변화의 비율을 나타냈다. 그 결과 12.3% 증가에 의해 전체거리 이동이 감소된 상태, 즉 후진이동이 상대적으로 감소상태이기 때문에 주방 조리작업자는 피로와 스트레스를 덜 받게 될 것이다.

　보통 업장별 주방에서 조리작업자 근무시스템 배치에 대한 이동차트 형태를 살펴보면, 직선거리와 작업장의 실용적인 적용한도 내에서 제한되게 되고, 또한 비슷하게 가정될 수 있도록 배열된다. 이동차트에 있어서 기술적 의미의 단순한 변경은 작업장 배열평가를 이용한 것을 따르는 것이지만, 주방의 작업장 거리와 기물 및 기구 사이는 똑같이 적용될 수 없다. 이 방법은 좀 더 현실적 상황에서 이동차트의 적용이 명확하게 확장되는 주방의 배치평가방법으로 활용할 수 있다.

쉬어가기

aflatoxin

1960년 영국에서 봄부터 여름에 걸쳐 10만 마리 이상이나 되는 칠면조가 폐사한 사건이 발생하였을 때 단순히 가금류 질환으로 처리하였으나 조사연구한 결과 급성 간장장해를 일으킨다는 것이 밝혀지고, 이 질병의 원인은 Aspergillus flavus가 강한 형광성 독소를 생산하기 때문인 것으로 확인되었다. 그리하여 곰팡이의 이름을 따서 aflatoxin이라고 명명되었다. 강력한 발암물질로 특히 간암을 유발한다. 쌀·보리·옥수수 등의 탄수화물이 풍부한 곡류를 주요 기질로 하고, 기질수분 16% 이상, 상대습도 809~85% 이상, 온도 25~30℃이다. 방지책으로는 수확 직후 건조하여 수분함량을 낮추고, 저장실의 상대습도를 70% 이하로 유지하여 곰팡이의 번식을 억제해야 한다.

특히 aflatoxin B_1은 자체에 발암성이 있는 것이 아니라 생체 내 간에서 대사되는 과정에서 반응성이 높은 epoxide체가 생성되고, 이것이 DNA와 불가역적인 공유결합을 형성할 수 있으므로 발암성을 띠게 된다. 땅콩버터, 아몬드, 우유, 수입치즈, 분유가 독을 함유한 물질이다.

호텔 · 외식산업 주방관리실무론

CHAPTER
12

주방시설물관리활동

CHAPTER 12

주방시설물관리활동

제1절 시설관리의 개요

외식기업의 주방은 여러 부서의 기능적 시설로 구성된 하나의 종합적인 경영시스템이라 할 수 있다. 이러한 특징을 이루는 과정에서 주방시설의 계획과정에 따른 시스템적 시각은 주방의 통합적 관리와 시설의 기능적 집합이라 할 수 있는 공간의 설계 및 배치를 위해 매우 중요한 역할을 한다.

주방시설의 계획시스템을 적용한다는 것은 음식상품을 생산하는 기능적 생산시스템이기 때문에 효율적이고 합리적인 시설의 배치가 이루어져야 한다.

따라서 주방시설관리의 시스템 수립은 고객과 주방종사원에 대한 공존요소임과 동시에, 음식상품의 질을 결정하는 핵심적 요소로서의 독특한 특성을 지니고 있는 것이다.

주방의 한정된 공간에 다양한 기능을 가지고 있는 시설을 배치하고 그에 따라 관리기능을 유지하기 위해서는 무엇보다도 관리자의 역할과 책임이 중요하다.

주방시설관리의 전략적인 개념을 파악하기 전에 먼저 호텔주방에 대한 구역의 한계를 결정해야 하는 것이 순서이다. 주방의 개념에 대한 구체적인 구역의 한계는 "영업부서 중 조리부 소속으로 조리부서의 장을 중심으로 법정자격을 갖춘 조리사가 레시피(recipe)에 의한 식용가능한 식품을 조리 및 가공처리할 수 있는 일정한 장비와 조리시설의 시스템을 갖추어 놓은 장소"로 그 내용을 요약할 수 있다.

주방시설관리의 전략적 시스템이란 "고객과 주방종사원에 대해 경영자가 경영목표를 달성하기 위해 요구되는 유형적 및 무형적 요소로 구성되어 있는 주방시설을 관리하기 위한 일련의 종합관리기능적 체계"라 정의할 수 있다.

제2절 주방시설물관리의 효과

호텔 및 일반외식업체의 주방은 경영콘셉트과정에서 종사원의 활동동선의 의미를 가장 강조해야 하는 부서로서 기능적 · 공간배분적 · 업무분담적인 역할이 분명하게 규정되어 있어야 한다.

이처럼 업무의 특성과 배분된 공간에서 행해지는 주주방(main kitchen) 종사원의 기능과 활동역할은 주방공간 내에 배치되어 있는 시설의 내용에 따라 많은 차이를 가져올 수 있다.

만약, 주방시설에 대한 설계와 배치가 비합리적일 경우에 파급되는 효과는 다양한 형태로 확산될 것이다.

① 주방공간의 장비와 시설물관리방법이나 절차에 따라 인적 자원들의 불편을 야기할 수 있다.

② 우수한 서비스보다 고객에게 악영향을 줄 수 있는 서비스 지연이 시간적 관념을 더디게 할 수 있다.

③ 주방종사원의 비생산적 활동(extra motion) 범위를 확산 유발할 수 있다.

또한 주방의 종사원이 음식을 만들어 운반하는 장소와 고객이 이용하는 식탁 간에 처리할 수 없는 보다 많은 일거리를 발생시키게 된다. 그러므로 주방의 시설과 장비(equipment)에 대하여 인간공학을 중심으로 한 합리적인 설계는 종사원의 생산성과 음식의 질적 가치(food quality)를 높일 수 있지만, 잘못 설계 · 배치된 장비와 시설은 시스템적 관점에서 여러 가지 문제를 파생시킨다.

이러한 측면에서 주방의 장비 및 시설의 운영설계(operation design)와 배치(layout)는 결국 주방시설장비의 이윤창출 가능성 등을 결정짓기 때문에 주방의 경영관리자는 이러한 제반 요인(factors)에 직접적으로 관심을 가져야 한다.

주방시설관리의 기준에서 보면 비합리적인 관리방향으로 인해 관리시스템적 시설설계와 장비배치과정에서 투입되는 직접비라고 할 수 있는 자본비용(capital costs)에도 결과적으로 크게 영향을 미친다.

결국 주방시설의 설계과정에 있어 보다 많은 공간수요가 요구될수록 보다 많은 자본비용 및 노무비(labor costs)가 더 많이 발생된다는 것이다.

난방시설이나 환기, 냉방, 청소 등 업장의 부대시설 및 시설유지 등과 같은 시설부문에서도 필요이상의 불필요한 비용을 초래하게 되는 경우가 많다. 이러한 맥락에서 볼 때, 음식시설 운영자가 설계 및 배치에 있어 지켜야 될 준수사항을 한시적으로 생각하여 처리한다면, 호텔시설 전체에 크나큰 문제점을 가지게 된다는 점에서 엄격한 규제활동을 해야 하는 것은 당연하다.

업장의 식음료시설(food service facility)은 한번 설계하여 배치하게 되면 시설 자체가 상품성을 내포하고 있기 때문에 시설노후화를 가져오더라도 가능한 한 장기간 사용하는 경우가 대부분이다.

그러나 각 업장에서 판매하는 여러 메뉴를 한시적으로 메뉴변경(menu change)한다든지, 또는 주방시설을 교체하고자 하는 대체시기점을 결정지었을 때는 경우에 따라 새로운 형태의 장비 및 시설을 갖추어야 할 필요가 있다. 그러므로 시설의 설계와 배치에 있어 유연성(flexibility)을 지니도록 주방시설시스템을 설계해야 한다.

현재 업장주방에서 운영하고 있는 시설은 단기적인 측면에서 비추어볼 때 재설계와 새로운 장비를 배치할 필요는 없다고 볼 수 있지만, 새로운 모델링 프로젝트(modeling project)를 수행해야 할 경우가 때때로 나타난다.

그러므로 조리식품을 위한 생산장비나 업장별 식당의 테이블 등 단순한 재배치(rear-rangements)에서조차도 일정한 원칙에 입각해야 함은 매우 중요하다. 결국 호텔주방시설관리 시스템과 각 업장별 식당과의 역할 및 관련성을 충분히 고려한 배치가 이루어져야 하는 것이다.

1. 주방시설관리의 일반원칙

주방시설관리 시스템의 개념적 정의와 주방시설에 대한 장비배치관리의 목적은 "주방종사원의 작업활동공간에 있어 불필요한 활동을 최소화하여 목적하는 음식상품을 생산할 수 있도록 주방시스템을 구축하는 것"이라 할 수 있다.

이러한 관점에서 주방장비 및 시설의 배치관리는 결과적으로는 인적 자원과 물적 자원의 효율적 운영을 통해 경영효율을 최대로 높이는 것이라 할 수 있다. 이러한 목적의 달성을 위한 메커니즘(mechanism)으로서의 주방시스템은 시설과 장비의 기능적 관계를 고려하여 인적 자원 및 물적 자원을 적절히 배치하기 위한 시스템이라 할 수 있다.

주방시설물관리의 역할분담

① 주방시설자재 운반의 최적화
② 조리상품 생산공정의 균형유지
③ 주방시설 활동공간의 효과적 활용
④ 시설물 배치계획에 대한 유연성
⑤ 주방장비 및 설비의 효과적인 이용
⑥ 주방인력의 효과적인 이용
⑦ 조리작업의 안전성
⑧ 조리상품 생산의 경제성

주방장비 및 시설계획에 있어서는 음식상품의 생산량, 생산방식, 설비의 능력, 공정의 체계 등 모든 요인을 고려한 일반원칙을 수립하는 것이 결코 용이한 결과는 아니다.

그러나 주방작업 활동공간의 시설이라는 상대적 중요성을 고려하여 본다면, 효율성을 실현할 수 있는 일반적인 원칙에 입각해야 한다. 그러므로 주방장비 및 시설의 배치계획은 전략적 계획으로서의 성격을 지니고 있을뿐더러, 전략적 계획을 통해 대안을 설정할 수 있다.

주방시설의 전략적 운영은 주방시스템의 효율성과 경쟁력을 높이기 위하여 장기적 측면에서 비추어볼 때, 주방장비 및 시설의 기능적 효율성을 향상시키고 있다.

합리적이고 효율적인 주방시설관리 시스템기법의 방식은 주방운영의 생산성과 상품의 품질향상 등을 접목한 음식상품의 전략적 우위를 달성하기 위한 과정이라 할 수 있다.

이러한 측면에서 주방장비 및 시설 등은 주방시스템의 전략적 우위와 전략적 우위상품의 생산을 위해 전략적 관점의 사고가 절실히 필요해진다.

① 식음료상품에 대한 새로운 아이디어 창출과 선별능력

② 새로운 조리식품의 개발과 시험 및 적용결과의 흡수

③ 판매의 최종설계

④ 체계적인 상품화 계획단계와 생산 및 판매 등의 과정에서 전략적 우위를 지닌 계획의 원칙
   이 수립되어야 한다고 본다.

주방장비 및 시설배치계획에 있어 시설관리를 위한 일반적인 원칙의 기준은 다음의 내용을 포함해야 한다.

주방은 고객의 요구에 대응하는 상품을 생산하는 접점으로서, 음식상품의 질적 가치를 극대화할 수 있고, 주방시설의 합리적인 활용으로 인해 불특정 다수의 고객들에게 만족실현에 의한 수익을 극대화할 수 있다.

2. 주방시설관리자의 역할

주방시설관리자의 중심적 역할은 '통제'와 '관리'에 중점을 두어야 주방운영 전반에 걸쳐 효율성을 발휘할 수 있다. 특히 주방시설관리자는 주방시스템의 설계와 배치에 관한 사전지식이 필요충분조건으로 겸비되었을 때만 주방에서 생산되는 다양한 상품이 원활하게 유통될 수 있는 조정능력이 있을 것이다.

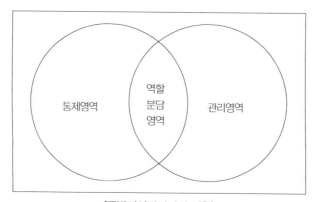

〈주방시설관리자의 역할〉

주방장비 및 설비에 있어서 합리적이고 인간공학적인 시설배치의 기본목적은 생산시스템이 창조한 가치를 고객에게 최상으로 제공하고 기계와 장비, 식자재, 인적 자원 및 서비스 제공을 최적화하는 데 있는 것이다. 그런 과정에서 관리자의 역할분담 내용이 가시화되어 세분화된 체계로 확립될 수 있다.

즉 주방의 종사원과 주방시설의 관계는 주방장비 및 설비와 그에 따른 배치의 상관관계 및 기능적 관계를 고려해야 하는 것이 원칙이지만, 시설관리자의 능력 정도에 따라 주방의 단위생산 효율성과 안전성을 높일 수 있게 된다.

시설관리자의 기능적 관계를 통한 주방시설물의 최적배치에서 나타날 수 있는 역할과정은 상당한 차이를 보인다.

제3절 주방시설관리의 구성요소

1. 관리구축의 목표

주방시설관리 구축의 목표는 아래의 내용 등을 통해 실현될 수 있다.

① 주방시설의 종합적 조화의 원칙(the principle of overall integration)

② 단기운반거리의 원칙(the principle of minimum distance movement)

③ 식재료의 원활한 흐름의 원칙(the principle of flow)

④ 공간활용의 원칙(the principle of cubic space)

⑤ 종사원의 안전도와 만족감의 원칙(the principle of satisfaction and safty)

⑥ 관리운영의 융통성의 원칙(the principle of flexibility)

주방시스템을 구성하는 요소에는 물적 요소뿐만 아니라, 인적 요소가 기능적으로 연계되어 있다는 것이다. 식음료 서비스시설의 대표적인 역할을 담당하는 주방시스템은 식음료상품을 생산하는 기능적 공간이므로 이를 구성하는 관리시스템은 개별적으로 구성되는 요소들의 기능적 관계를 설정하고 그에 따른 내용을 조정하는 시스템이라 할 수 있다.

그러므로 주방시설관리 시스템의 구성요소는 물적 구성요소뿐만 아니라, 인적 구성요소의 종합적 관리방식기능도 포함하게 되어 각각의 분담성격을 명확하게 설정하여 하나의 생

산시스템라인을 구축해야 한다.

2. 주방시설관리의 구성요소 세분화

① 인적 구성요소는 지원주방(support kitchen)과 공급주방(business kitchen)에서 근무하고 있는 종사원과 각 업장별 부서장을 중심으로 구성되어 있는 조리사들이다.

② 물적 구성요소는 품목별 식재료, 주방시설과 장비, 조리기구, 위생도구 등 일련의 식품조리과정에 사용 및 활용되고 있는 물적 요소들이다.

③ 기능적 구성요소는 인적 구성요소와 물적 구성요소를 통합관리과정에서 나타낼 수 있는 기능적 구성요소이다. 즉 조리사의 능력, 주방조리장비 및 기물의 성능 등이다. 인적 구성요소와 물적 구성요소들이 종합적인 기능을 수행해야 주방시설관리 시스템의 운영을 통해 얻을 수 있는 생산성과 안정성을 충분히 발휘할 수 있으며, 고객지향적인 주방운영시스템을 개발함으로써 질 좋은 식음료상품을 공급할 수 있는 기틀이 마련된다.

1) 주방 바닥과 벽

주방시설을 위한 물적 구성요소 중 가장 기초적으로 갖추어야 할 내용은 주방의 바닥과 벽, 천장의 재질을 어떤 종류로 선택하여 사용해야 하는가이다. 주방에서 일하는 조리사의 위생관리와 작업의 효율성을 높이고 재해를 미연에 방지할 수 있도록 적절한 구조로 되어 있어야 한다.

① 위생과 안전성

② 내구성 및 내열성

③ 비용

④ 안락감, 품격성

주방 바닥의 배수구는 1/100의 경사로 시공해야 바닥청소를 하면 물의 고임 없이 자연스럽게 빠져나갈 수 있다. 또한 바닥에 배수구를 직접 관으로 묻는 방법에는 직선설치와 곡선설치가 있으며 배수구의 폭은 20cm가 바람직하다.

미끄럼을 방지하기 위해서는 식재료의 반입구, 냉장·냉동고의 바닥, 주방 바닥 등의 높이가 일정하게 시설되어야 한다.

반면에 벽재는 청소가 쉽고 소음을 최대로 흡수할 수 있어야 하며, 밝은 색상의 타일을 설치해 조명의 빛을 밝게 해야 한다.

주방의 내벽은 바닥에서 1.3m까지 내수성 있는 자재를 사용해야 하고, 또한 벽재로는 세라믹 타일과 스테인리스 스틸제로 구분하여 사용하는 것이 바람직하다.

 급수시설사용의 수량 산출방법

씽크 : 내용적량 x 6-9
취반기 : 취반량 x 5
국솥 : 용량 x 1.5
스팀테이블 : 수도 x 1

급수압력 (kg/㎡)

급수명칭	최저급수압력
Pre Wash	0.7
일반수량	0.35
샤워	0.7
식기세척량	0.5
순간온수량	0.3
식기세척기	0.5
수압세미기	1.0
채소, 식기샤워세정	0.5

2) 주방 천장

주방의 천장은 전기기구의 배선과 기구 등이 부착되어 있어서 화재의 위험성이 높은 관계로 주방 바닥에서 천장까지의 높이는 적절하게 설정하고 주방시설과 장비를 배치할 때 천장높이의 제한으로 인한 어려움을 최소화해야 한다. 그러기 때문에 일반적으로 천장의 소재는 내열성과 내습성이 강한 소재로서 내화보드나 코팅처리된 불연성 소재가 운영 및 관

리에 용이하다.

천장의 높이는 바닥으로부터 2.5m 정도의 높이가 적당하며, 이중천장구조일 경우에는 색채의 밝기에도 고려되어야 한다.

3) 환기시설

주방의 환기시설이란 주방내부에서 발생한 각종 불순공기를 주방 밖으로 보내는 시설을 말한다.

① 조리과정중 발생하는 증기, 기름냄새, 가스, 열, 취기 등을 주방 밖으로 안전하게 배출하고 신선한 공기를 공급하는 것

② 주방기기 및 모터 등으로부터 발생하는 열을 실외로 배출하는 것

③ 연소를 위해 밖에서 주방 안으로 공급하는 것

④ 조리작업의 쾌적한 환경분위기를 유지해 주는 것

 주방환기 배출기준

① 조건이 좋은 주방에서 단순히 환기만 할 경우 30회/초
② 조리열을 배출할 경우 40회/초
③ 조리악취가 심하고 다른 부위로 확산될 우려가 있을 경우 60회/초

4) 조명시설

주방 내부의 조명시설을 위해서는 전반조명과 부분조명으로 나누어 조명을 설치해야 하지만, 일반적으로 전반적인 조명의 밝기는 50~100Lux가 가장 실용성이 있다. 특히 전반적인 조명은 주방의 업무 특성별로 확산조명과 간접조명으로서 나누어 설치해야 하며, 작업내용에 직접 관계될 경우엔 확산조명+간접조명+전반조명을 합쳐서 300~400Lux가 적당하다.

주방조명 반사도

천장 : 80~90%
벽 : 40~60%
바닥 : 21~39%
가구 및 장비 : 26~44%

제4절 주방장비 및 기물관리의 원칙

1. 주방장비 및 기물관리의 의의

호텔이나 외식기업체들의 주방시설과 장비에 대한 조직적·체계적인 관리 및 사용방법의 숙지는 오직 주방종사원들만의 책임이 아니라는 것을 인식해야 한다.

주방관련 모든 종사자들에게 책임과 의무감을 철저하게 주지시켜 관리절차에 따라 주방의 업장별 장비와 기물들을 관리하는 것이 매우 적절한 방법이다. 주방에서 생산하는 모든 조리상품은 1차적 가공처리를 거쳐 화학적인 2차적 과정을 거친 후 마지막 3차의 물리적·기능적 절차를 거쳐 하나의 경제적 상품으로 창출하는 특성을 갖고 있다. 이러는 과정에서 고객의 욕구와 다양한 기호의 특성에 맞도록 기본적인 관리과정을 적용시켜 주어야 한다.

주방장비 및 기물들의 관리목적은 현행 사용품목의 원활한 작업수행을 위한 것임과 동시에 미래 지속적인 기능유지를 위한 것이 궁극적인 목적일 것이다.

이러한 목적을 달성하기 위해서는 먼저 시설물에 대한 사전지식이 필요하다. 사용방법과 용도, 사용연한 및 생산지 등을 파악하여 적절한 기법을 적용시켜야 한다. 다음으로는 사용자의 능력 정도에 따라 시설물을 관리해야 한다. 적재적소에 배치된 시설물과 인원의 배합은 주방운영을 위한 최선의 방법이기도 하다.

① 모든 조리장비와 기물은 사용방법과 기능을 충분히 숙지하고 전문가의 지시에 따라 정

확히 사용해야 한다.

② 장비는 사용용도 이외의 사용을 금해야 한다.

③ 장비나 기물에 무리가 가지 않도록 유의해야 한다.

④ 장비나 기물에 이상이 있을 경우 즉시 사용을 중지하고 적절한 조치를 취해야 한다.

⑤ 전기를 사용하는 장비나 기물의 경우 전기사용량과 일치여부를 확인한 뒤에 사용해야 하며, 특히 수분의 접촉여부에 신경을 써야 한다.

⑥ 사용도중 moter에 물이나 이물질이 들어가지 않도록 항상 주의하고 청결하게 유지해야 한다.

2. 주방장비 및 기물의 구입방법

주방의 장비나 기물의 가치는 장비나 기물의 사용용도와 성능을 만족스럽게 수행할 수 있는 가능성에 따라 평가를 받는다.

주방장비나 기물의 가격이 비교적 소액의 물품이라도 소홀하게 다루면 안 되지만, 모든 장비나 기물의 구입가격이 고액이기 때문에 신중한 선택과 관리가 이루어져야 한다.

주방장비 및 기물구입 관련자는 보통 조리장비나 기물의 사용경험이 부족하고 기능과 사용상의 유의점에 관해서 잘 모르기 때문에, 외국제작자의 카탈로그만 보고 새로운 모델과 신제품이면 무조건 장비나 기물 및 기기가 우수하다고 생각하는 분들이 다분히 있다.

그러나 기물구매자는 사전에 충분한 사용용도와 성능을 검토해야 한다.

쉬어가기

기름의 온도를 손쉽게 알아보는 방법

① 바닥에 가라앉아 좀처럼 표면에 떠오르지 않는다 → 150℃

② 바닥에 가라앉자마자 곧 표면에 떠오른다 → 160℃

③ 중간 정도까지 가라앉았다가 곧 표면에 떠오른다 → 170~180℃

④ 가라앉지 않고 표면에 튀김옷이 퍼진다 → 200℃ 이상

1) 제작주문

주방의 기물과 장비를 제작주문에 의하여 구입하고자 하는 경우에는 음식의 내용과 주방의 특성에 맞도록 주문하여 만들어진 것을 구입한다.

이러한 방법은 음식시설업체의 기준과 규모, 경제적 지불수준, 제작자의 요건 등에 차이를 두고 구입해야 하기 때문에 대부분 구입가격이 비싸다. 그렇지만 영업주방의 특성과 서비스방법에 필요한 요구내용이 일치한 제품이라는 장점이 있다.

특히 유의할 점은 주방의 공간적 특성과 메뉴의 종류 및 서비스 방법에 따라 주문내용을 세분화하여 주문해야 한다는 것이다.

주방장비나 기물을 특정요구에 맞도록 주문하려면 다음의 내용을 고려해야 한다.

제작주문에 영향을 주는 요인

① 메뉴의 내용과 종류 및 분량
② 최대수용능력
③ 주방의 규모와 서비스방법
④ 특별 메뉴개발
⑤ 시설물의 위치변경

2) 카탈로그에 의한 구입

주방시설물 구매자가 카탈로그에 의한 조리장비 및 기물을 구입하고자 할 때에는 제조업체의 표준상품이 나타난 카탈로그를 보고 선택하여 구입한다.

대부분의 관리자는 이 카탈로그에 의해 구입하는 경우가 많은데, 제작기기를 구입할 때보다 정확한 요구사항은 그리 많지 않으나 필요한 요구사항에는 부합되도록 노력해야 한다.

상품광고 또는 기기나 장비가 전시된 전시장에서 기기의 가동성능을 확인한 다음 그 물건을 선택하여 구입하는 방법을 주로 이용하고 있다.

이러한 방법을 통해 구입한 장비나 기물의 효율성을 높이기 위해서는 기능별 사용방법을 숙지하는 것이 우선이다.

 제5절　주방시설물의 종류와 관리방법

　주방에서 사용되는 모든 장비나 기물 및 기기 등은 항상 청결한 상태로 유지해야 하고 일정한 간격을 두고 점검을 실시하여 조리업무에 차질이 없도록 하는 것이 원칙이다.

　주방에서 조리업무 과정상 공간에 배치되어 있는 기물의 종류는 조리장비(cooking equipment)와 기물(utensil)로 구분하여 사용하고 있는데 그 종류와 관리방법을 살펴보면 다음과 같다.

1. 조리장비(cooking equipment)

1) 오븐(oven gas range)

　주방에서 오븐의 사용 정도로 볼 때, 가장 중요한 장비로 여겨진다. 오븐의 연료는 가스(gas)나 전기를 이용하기도 하며, 윗부분은 보통 레인지(range)가 설치되어 있어 각종 팬(pan)을 이용한 조리를 할 수 있다. 그리고 아랫부분은 오븐의 역할로서, 굽거나 익히는(baking, roasting) 요리를 위해 사용할 수 있는 중요한 장비이다.

　관리를 위해서는 항상 오븐 클리너를 이용하여 그을림을 깨끗이 닦아주어야 하며 부패를 방지하기 위해서는 주 2회 이상 청소를 해야 한다.

2) 그리들(griddle)

그리들(griddle)은 두께 10mm 정도의 철판으로 만들어진 번철로써, 달걀요리, 팬케이크(pancake), 샌드위치(sandwich) 등 고기와 기타 재료를 동시에 대량으로 구울 때 주로 사용한다.

그리들(griddle)은 항상 열을 가열하기 때문에 80℃ 정도에서 닦는 것이 기름때도 잘 벗겨지고 관리가 용이하다.

3) 틸팅 스킬릿(tilting skillet)

바닥이 두꺼운 철판으로 만들어진 팬(pan)으로 음식이 완성되면 기울여서 쏟을 수 있기 때문에 굽고, 삶고, 끓이는 등의 용도가 아주 다양하다.

열원은 전기이며, 파열현상을 방지하기 위하여 최고온도 이하에서 사용해야 한다.

4) 조리용 밥솥(rice cooker)

밥을 많이 필요로 하는 단체급식소에서 주로 사용하는 밥솥으로 가스를 열원으로 사용하기 때문에 관리에 유의해야 한다.

항상 청결하게 관리해야 하므로 조리가 끝나면 마른걸레로 닦은 뒤 문을 열어놓고 환기시켜야 한다.

5) 제빙기(ice making machine)

제빙기는 일반주방과 제과 제빵주방에서 사용되는 장비로 필요한 양만큼 주사위 모양의 얼음으로 만들어낸다.

제빙기 사용 시 얼음을 퍼낸 다음에는 반드시 문을 닫아야 한다.

6) 음식절단기(food slicer)

각종 식재료나 음식 및 고기를 필요한 형태로 얇게 썰 수 있는 장비이다. 사용자나 관리자는 날카로운 칼날이 있기 때문에 안전사고에 주의해야 한다.

7) 혼합기(table mixer)

고기나 채소 등을 혼합하는 혼합기로써 주로 소량의 식재료를 섞는 데 이용된다. 장비의 급속한 동작과 멈춤 등의 변속조작은 가능한 한 피해야 한다.

8) 반죽기(chopping machine)

주로 밀가루를 반죽하고자 할 때 이용되는 장비로 채소나 생선 및 육류의 혼합에 이용되기도 한다.

기기가 과열된 상태에서 계속적인 작동은 피해야 한다.

9) 감자 껍질 벗기기(potato peeler)

감자의 껍질을 대량으로 제거하는 기기로 감자의 양이 많은 경우 무리하게 투입하면 안 된다.

10) 튀김기(deep fryer)

각종 튀김요리를 하는 데 이용되는 기기로 튀김조리 시 내용물을 용량 이상으로 넣으면 안 되며, 튀김재료의 수분은 반드시 제거해야 한다. 고열에 의한 기름의 산화를 방지하기 위하여 온도를 적정선으로 유지해야 한다.

11) 대류식 오븐(convection oven)

전기를 이용하여 뜨거운 열을 발생시켜 이 열기로 roasting하는 대류식 전기오븐이다. 단시간 내에 음식을 익힐 수는 있지만, 수분증발로 인하여 딱딱해지는 단점이 있다.

12) 훈제기(smoke machine)

육류나 가금류 및 생선을 이용하여 소시지나 햄을 만들 수 있도록 대량으로 훈제하는 장비이다. 훈제품에 따라 cold smoking, hot smoking으로 온도를 맞추어 훈제한다.

13) 커피머신(coffee machine)

커피 원두의 분쇄에서 추출까지 one-touch로 작동되는 최첨단 커피기기이다. 컴퓨터 회로가 내장되어 있으므로 거기에 충격을 주거나 무리하게 작동하면 안된다.

14) 토스터(toaster)

아침식사 때 대량으로 toast bread를 구울 수 있는 회전식 toaster이다. 전열로 인해 부식되는 열선을 보호해야 하며, 특히 구워진 빵가루의 잔해를 충분히 청소해야 한다.

15) 와플기(waffle baker)

아침(breakfast)에 제공되는 풀빵(waffle)을 굽는 조리기구이다. 사용 전에는 버터나 오일을 바르고 사용해야 하며, 사용 후에는 반드시 표면을 깨끗이 청소하여 보관해야 한다.

16) 혼합기(meat mixer)

고기 등을 혼합하여 갈아내는 기기로 기기의 급속가동이나 정지는 가능한 한 피해야 한다. 사용 후 속에 묻어 있는 고깃덩어리는 깨끗이 청소해야 한다.

17) 주방용 수레(kitchen wagon)

주방 내에서 사용하는 손수레로 식재료나 기물 등을 운반한다.

2. 조리기물(utensil)

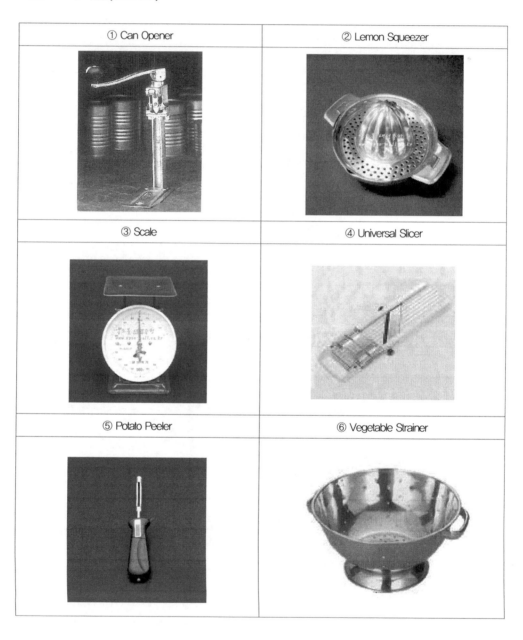

① Can Opener	② Lemon Squeezer
③ Scale	④ Universal Slicer
⑤ Potato Peeler	⑥ Vegetable Strainer

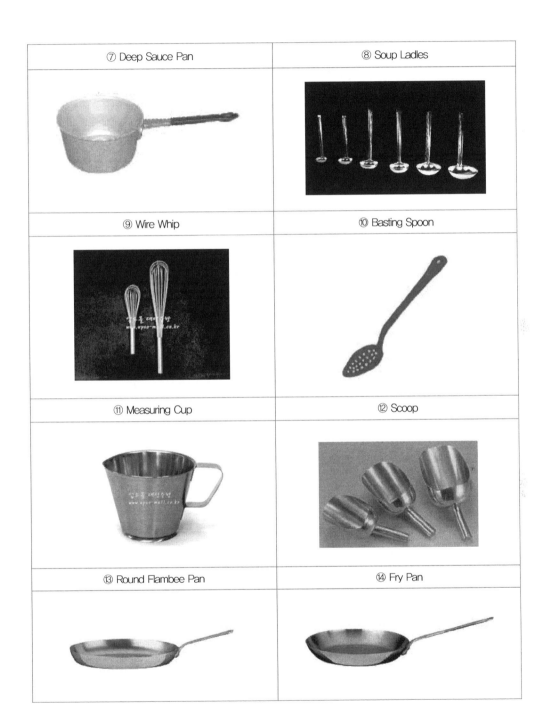

⑦ Deep Sauce Pan	⑧ Soup Ladles
⑨ Wire Whip	⑩ Basting Spoon
⑪ Measuring Cup	⑫ Scoop
⑬ Round Flambee Pan	⑭ Fry Pan

⑮ Fine Mesh Sieve	⑯ Ice—Cream Disher
⑰ Cheese Grater	⑱ Roasting Thermometer
⑲ Nesting Spoon	⑳ Kitchen Fork
㉑ Flour Sieve	㉒ Mixing Bowl

㉓ Assorted Ornamenters	㉔ Wood Rolling Pin
㉕ Muffin Frame	㉖ Madelaine Bun Tray
㉗ Chiffon Pan	㉘ Assorted Nozzles
㉙ Metal Cake Divider	㉚ Ornamenter Ring
㉛ Fish Bone Picker	㉜ Decorating Knifes

㉝ Round Butcher Steel	㉞ Egg Slicer
㉟ Cake Turner	㊱ Pastry Bay
㊲ Spatulas	㊳ Oyster Carcker
㊴ Channel Knife	㊵ Apple Corer

㊶ Parisienne Knife	㊷ Plate Scraper
㊸ Butter Scraper	㊹ Grapefruit Knife
㊺ Cheese Knife	㊻ Fish Knife
㊼ Bread Knife	㊽ Cook's Paring Knife

㊾ French Knife	㊿ Narrow Cook Knife
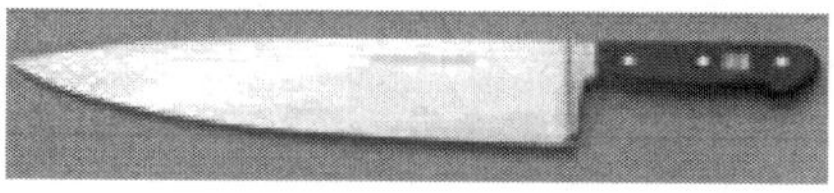	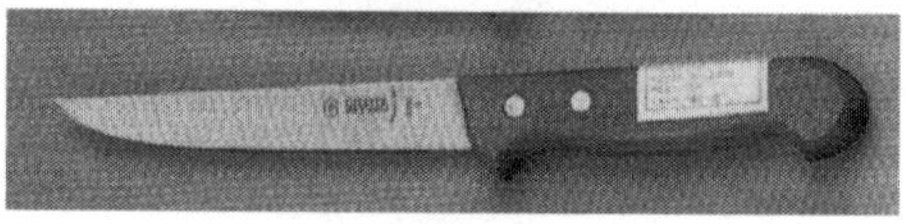
(51) Chef Knife	(52) Bone Knife
	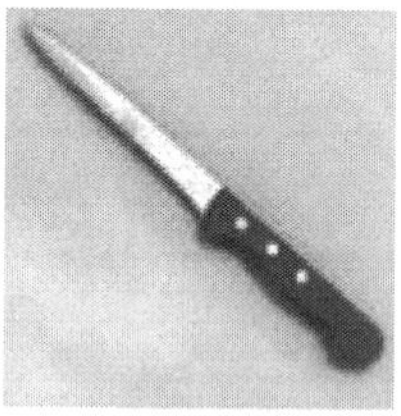
(53) Tomato Corer	(54) Chinese Knife

(55) Cleaver	
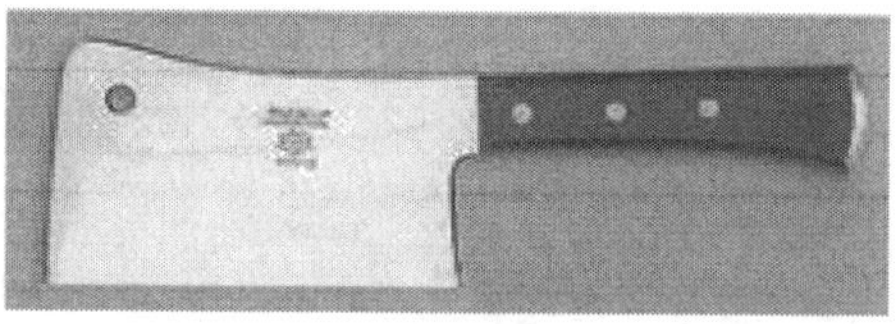	

쉬어가기

MSG란

음식의 구수한 맛을 내는 감칠맛 조미료로 처음에는 MSG(monosodium glutamate) 중심의 아미노산계 조미료와 핵산계 조미료가 단일 조미료로 이용되다가 MSG에 핵산계 조미료를 coating한 복합 조미료가 개발되었다. 그 후 쇠고기나 양념류를 혼합하여 만든 종합 조미료가 개발되었으며 근래에는 천연 및 건강지향 심리를 지닌 소비자들의 욕구에 부응하여 자연식품에서 직접 생산되는 천연계 또는 천연 조미료가 개발되고 있다. 된장이나 간장, 다시마 등은 4원미에 속하지 않은 독특한 맛을 내는데 이것을 감칠맛으로 분류한다. 감칠맛을 지니는 물질에는 아미노산, 핵산계 물질, 유기산 등이 있다.

호텔·외식산업 주방관리실무론

주방시설의 배치관리활동

주방시설의 배치관리활동

제1절 시설배치계획의 개요

총체적인 시설배치계획의 단계와 배치과정 측면에서 리차드 무더(Richard Muther)는 배치계획에 따른 문제를 다루기 위해 체계화된 접근방법을 제안하였다.

리차드 무더가 제시한 배치계획의 구체적인 실행기법은 주방작업공간의 시설에 경제적 활동센터의 물리적 배열에 관한 의사결정단계로 처리할 수 있다는 것이다.

특히 경제적 활동센터의 요소는 조리할 수 있는 주방공간의 조리작업장과 주방장비 및 기계 그리고 기물, 또한 주방조리사 등을 포괄적으로 포함하여 가치를 얻을 수 있는 활동범위이다.

1. 배치계획의 목적

작업을 위해 주어진 공간에서 다양한 기능을 보유하고 있는 주방시설을 경제적이면서 합리적으로 운영함으로써 종사원의 안전과 만족감을 줄 수 있다. 그리고 단위면적당 생산성을 향상시키기 위해 배치계획에 주안점을 두어야 한다.

즉 생산활동에 직간접적 영향요소들인 주방종사원, 식재료, 장비 및 보조설비기구 등을 효율적으로 배치시켜 좀 더 낮은 원가비용으로 음식상품을 생산하여 최대의 이윤을 획득하고자 하는 데 그 목적이 있는 것이다.

주방 시설배치계획의 목적은 주방종사원뿐만 아니라, 주방장비의 최적효율성을 극대화시킬 수 있도록 효과적인 운영에 초점을 맞추어야 한다.

2. 시설배치계획단계

조리작업공간 활동과정에서 나타날 수 있는 공간을 확보하고 동선을 구축한다는 것은 체계적인 조리작업공간을 위한 배치계획의 초기단계이다. 이를 위해서는 기초적인 흐름분석에서부터 최종적인 배치기법의 적용에 이르기까지 단계별 과정을 거치는 것이 원칙이다. 체계적 배치계획단계를 위한 방법으로는 첫째, 일반적 배치계획단계 둘째, SLP단계 셋째, 모듈화 배치계획단계 등의 3단계 과정을 거쳐야 한다.

1) 일반적 배치계획단계

(1) 식재료 흐름의 분석

주방작업활동공간에서 식재료 흐름의 분석은 생산시스템에서 형성되는 모든 요소인 식재료, 작업자(조리사), 시설장비 및 기물과 기기 등을 생산활동과정에서 발생하는 이동과 같이 정량적으로 측정할 수 있는 흐름의 크기를 분석하는 것이다.

조리작업활동간에서 소비되는 원자재 및 물자를 일정한 기간 동안 총이동량과 총이동횟수를 기록하여 표기하는 분석방법이기도 하다.

(2) 활동 간 관련분석

생산활동요인에 의한 활동 간의 관련성을 분석하여 활동관련표(activity relationship chart)를 작성하여 표기하는 방법이다. 이때 두 활동 간의 실질적인 식재료 및 물자의 이동은 그리 많지 않으나, 고객서비스의 편의를 위해서는 두 활동 간의 관련성에 따라 가급적 가깝게 배치해야 한다.

(3) 흐름과 활동관련도 작성

흐름과 활동관련도는 실제 크기상태를 적절하게 고려하지 않은 상태에서 조리작업활동 공간의 규모를 활동 간의 최적에 가까운 지리학적 배열로 나타내어 작성하는 것이다.

(4) 소요면적 결정

각 생산활동에 의해 필요한 공간의 크기와 형태를 사용 가능한 면적과 건물현상 및 자본 등의 제한요인을 고려하여 결정하게 되는데, 각 부서나 작업장의 소요면적은 기본적으로 생산설비, 운반설비, 물자의 이동 및 저장설비 그리고 작업자의 이동을 위한 공간의 합으로 계산하여 소요면적을 결정할 수 있다.

(5) 공간관련도 작성

흐름과 활동관련도의 지리학적 배치를 유지하면서 조리공간 소요면적량이 산출된 경우 각 활동의 상대적인 크기를 추가하여 공간관련도(space relationship diagram)를 작성하는 과정이다.

(6) 배치대안 개발

이론적으로 이상적인 배열을 나타내는 공간관련도를 기본으로 여러 개의 가능한 블록 평면도의 대안을 개발하는 것이다.

(7) 평가 및 선택

개발된 배치대안에 대하여 각각의 장점과 단점을 검토하거나 설정된 평가기준을 근거로 분석하여 최선의 배치계획을 선택하는 것이다.

2) SLP배치계획단계

리차드 무더는 체계적 배치계획단계(systematic layout planning: SLP)의 과정을 4단계로 구분하여 제시하고 있는데, 그 내용을 살펴보면 다음과 같다.

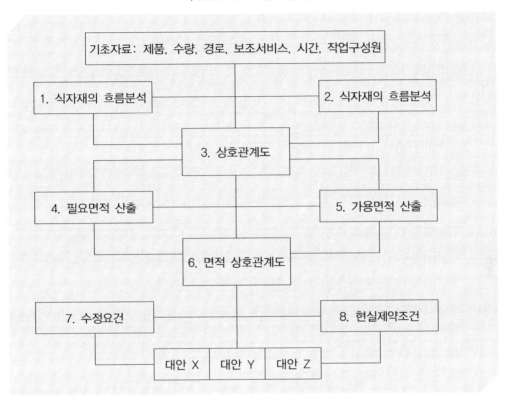

① 제1단계 : 위치선정의 계획단계(location)

주방시설이 배치될 곳의 위치를 정하는 계획으로서, 기존시설을 그대로 사용할 것인지, 또는 새로운 시설로 바꿀 것인지, 아니면 완전히 다른 장소에 배치할 것인지를 계획하는 기초적인 배치계획단계이다.

② 제2단계 : 전반적인 배치계획단계(general overall layout)

배치될 지역과 반대로 상대적인 위치를 결정하는 단계로서, block layout을 형성한다.

③ 제3단계 : 세부적인 배치계획단계(detailed layout plan)

시설을 포함한 모든 주방설비 및 기본적인 물건의 위치까지 구체적으로 확정하여 계획하는 단계이다. 이는 주방공간의 구조분석을 선행적으로 추진한 후에 실천에 옮겨야 하는 계

획단계이다.

④ 제4단계 : 설치계획단계(installation)

구체적인 설치계획을 세우고 이를 공식적으로 승인받은 후 주방의 위치와 규모를 결정함과 동시에 실제로 주방장비 및 기구와 설비를 배치하는 과정을 최종단계로 볼 수 있다.

3) 모듈화배치계획(modular facilities planning)단계

모듈화배치계획은 세계적으로 각광받고 있는 개념으로 표준화(standardization)라고도 하며, 유럽에서 처음 개발되었다.

모듈화의 설비배치계획에 대한 연구의 필요성은 여러 가지 여건변화에 의해서 발생하는데, 특히 공간이나 장비, 생산력 등의 3요소에 의한 변화를 가져오기 때문에 배치계획 자체에 유연성(flexibility)을 주어야 한다는 배치계획의 특성을 갖고 있다.

모듈화배치계획단계는 다음과 같은 활용가치가 있다.

> ① 시설의 유연성(flexibility)
>
> ② 계획의 경제성(design economics)
>
> ③ 시설확장의 용이성(facility expansion)

또한 공간효율과 비용효과를 높일 수도 있으며, 재고능력을 발휘할 수도 있고 작업환경을 개선할 수 있는 유리한 계획단계이다. 모듈화계획방법의 중요한 적용범위는 주방조리 작업공간 내에서 주로 이용되는 통로를 중심으로 각 부서 간 또는 각 업장의 업무형태별로 T형, X형으로 연결해 주는 배치방법이다.

모듈화배치계획의 자체 구조형태가 업무의 원활성을 유지하고 조리작업자의 육체적 피로감을 덜어줌과 동시에 작업능률을 높이는 것이 주요 목적이다.

제2절   시설배치계획의 절차

배치계획을 위한 실제절차는 기존의 배치계획과정을 토대로 설정자료로 활용해야 하며, 아울러 컴퓨터화된 기초적인 배치계획과 적용절차의 내용이 동일한 범주를 벗어나면 안 되는 특징을 갖고 있다. 따라서 적용범위의 틀 속에서 적용절차를 선택해야 한다.

1. 콜린스(Collins)의 시설배치계획절차

콜린스(Collins)의 시설배치계획절차는 포괄적 관점에서 접근했는데, 그 내용은 다음과 같다.

> ① 시설배치의 목적정의
> ② 목적수행에 따른 기본적이고 부가적인 활동 분류
> ③ 각 업장 및 부서 간 상호관련성 결정
> ④ 각 활동에 필요한 소요공간 결정
> ⑤ 시설배치에 관한 각 대안 결정
> ⑥ 각 대안의 평가
> ⑦ 시설배치안 선택
> ⑧ 배치안에 따른 배치 수행
> ⑨ 시설배치형태의 보완과 시설유지계획

2. 이머(Immer)의 배치계획절차

이머(Immer)는 모든 종류의 배치계획 분석에 있어 이 방법이 새로운 시설을 배치할 때보다는 기존의 시설배치를 개선하고자 할 경우에 특히 역점을 두었다.

> ① 종이에 배치문제 기술
> ② 식재료의 흐름선 표시
> ③ 식재료 흐름의 선 및 기계설비 배치의 선(machine line)

3. 나들러(Nadler)의 이상적 배치계획과정

나들러(Nadler)의 이상적 배치계획과정은 실질적 작업과정의 수행절차를 계획한다기보다는 일반적 배치계획의 개념적 관점에서 쉽게 적용할 수 있다. 특히 시설배치계획단계에 있어서는 이상적 시스템 개발과정(ideal system approach)을 함축적으로 적용하였는데, 이러한 내용을 살펴보면 다음과 같다.

---

① '이상적인 이론 시스템'의 목표 설정

② 미래에 성취할 수 있는 '이상적 시스템'으로 개념 정립

③ 기술적으로 수행가능한 '이상적 기술 시스템'의 설계

④ 현재 가능한 '추천 시스템' 설치

위에서 밝힌 이상적 배치계획과정의 단계는 주방의 조리작업활동공간에 직접 적용하기는 약간의 괴리가 있기 때문에 수정·보완의 단계를 거친 후에 적용하는 것이 바람직하다.

4. 애플(Apple)의 시설배치계획절차

애플(Apple)은 시설배치계획절차를 매우 세분화시켜 적용하려는 의도를 보였다. 그러나 실용범위설정의 한계성을 나타내는 항목이었음을 알 수 있다.

---

① 기초자료 수집과 분석

② 생산공정 설계와 그룹화

③ 식자재 흐름의 형태, 운반계획 및 장비선정

④ 각 작업장 계획과 장비 수량결정, 편의시설 계획

⑤ 각 부문 간 관련성 설계, 공간소요량과 공간할당 및 저장공간 결정

⑥ 건물의 형태 결정 후 대략적인 배치안 평가와 수정 및 보완

⑦ 경영진의 승인

⑧ 시설배치 수행

⑨ 배치 완료 시까지 다시 보완

등의 9가지 단계로 설명하고 있지만, 결정적인 대안은 '이 모든 경우에 반드시 필요한 것은 아니다'라고 전제하였다는 것이 특이한 내용이다.

---

5. 리드(Reed)의 시설배치계획절차

리드(Reed)는 시설배치계획에 필요한 절차를 구체적으로 10단계로 설정하여 설명하고 있지만, 조리작업공간에 배치계획을 적용시킬 수 있는 내용으로는 약간 미흡하다.

① 생산제품 분석

② 생산에 필요한 공정 결정

③ 배치계획표(layout planning chart) 작성

④ 작업장 위치결정

⑤ 작업장공간 결정

⑥ 최소한의 복도 및 이동공간 결정

⑦ 사무용 공간 결정

⑧ 기타 편의시설 결정

⑨ 부대시설 조사

⑩ 미래의 설비확장 대비

한편 음식서비스 시설의 배치를 위해서는 배치과정을 모형화하여 범위의 결정, 콘셉트 개발, 타당성 분석, 설계·계획전문가의 참여 등이 포함된 예비적 배치계획을 작성하여야 한다.

제3절 유형별 배치형태

1. 고정배치(layout by fixed position)

고정위치에 따른 시설배치형태는 다음과 같은 경우에 집중적으로 배치하는 방법이다. 생산품이 일정한 곳에서 다량으로 판매되어야 하고 그 생산구조가 복잡다양한 형태를 갖추고 있을 때, 또한 특정생산품을 움직이는 대신 제품생산에 필요한 원재료나 시설설비 및 종사

원 등을 상품의 생산장소로 이동시키는 것이 유리한 경우가 있다. 이럴 때 배치하는 방법이 바로 고정위치에 따른 시설배치형태이다. 대부분의 호텔주방에서는 일정한 공간을 선택적으로 확보하여 다량의 조리상품을 창출해야 하는 특성이 있기 때문에 적용이 가능하다. 또한 일반적으로 제조생산기업체들의 공장이 상품시설 배치를 위한 공간으로 이용되고 있다.

2. 과정별 배치(layout by process)

과정별 시설배치방식은 보통 기계공장의 장비를 배치할 때 흔히 적용되는 배치방법으로 볼 수 있다.

일반적으로 호텔주방에서는 업장별 작업과정이 음식의 종류별로 다른 경우가 많기 때문에 매우 적합한 배치형태이다.

과정별 시설배치를 또 다른 의미로 설명하면 일명 기능별 시설배치(functional layout)라고도 한다. 즉 동일 제품과 기능으로 인해 조리상품을 생산해야 하는 경우 시설을 기능별로 묶어서 배치하는 방법이다.

주방에서 생산하는 음식상품이 동일메뉴나 유사한 메뉴공정의 작업을 한곳에 집중시키고자 할 때 이루어지는 시설배치형태의 대표적인 방법이기도 하다.

특히 호텔주방은 기능별 또는 업장별 작업환경이 매우 다르기 때문에, 지원주방과 업장별 주방의 관련성을 고려한다면 매우 합리적인 배치방법이기도 하다.

3. 상품별 배치(layout by product)

상품별 시설배치형태는 단체급식이나 연회주방, 또는 기내식주방의 케이터링센터처럼 대량생산이나 연속생산업장에서 흔히 볼 수 있는 배치형태이다.

특히 상품별 배치형태는 같은 장소에서 일직선상에 주방시설물을 배치하여 조리작업을 하는 관계로 라인배치(line layout)라고도 한다. 다량의 조리상품이나 단일 또는 2~4종류의 유사메뉴상품을 생산할 때, 그리고 동일한 메뉴를 대량생산하는 경우에 적합하다.

이처럼 상품별 시설배치는 주방시설의 장비들을 특정메뉴상품의 공정순서에 따라 배열하고, 작업장 간의 식재료 및 상품의 이동은 보통 컨베이어와 같은 운반장치를 이용하여 작업의 효율성을 제고시키는 경우가 많다.

4. GT배치

GT배치(group technology layout)는 특정한 메뉴 또는 조리작업 과정상 이루어지는 형태 및 조리작업순서 등의 유사성을 근거로 특정메뉴에 직간접적으로 투입되는 여러 가지 음료 또는 식재료를 분류하여 일정한 그룹으로 모은 다음, 각 그룹의 생산을 위한 설비들을 한곳에 집합시켜 조리작업순서에 따라 배열하는 방법이다.

〈주방시설 배치형태〉

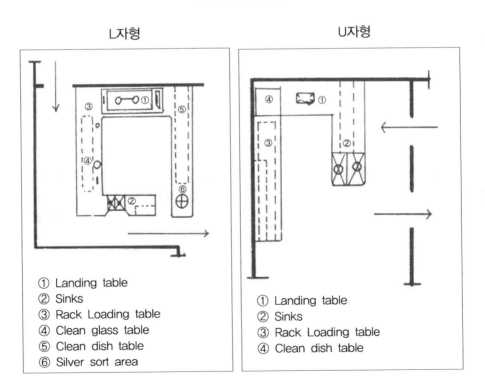

L자형

U자형

① Landing table
② Sinks
③ Rack Loading table
④ Clean glass table
⑤ Clean dish table
⑥ Silver sort area

① Landing table
② Sinks
③ Rack Loading table
④ Clean dish table

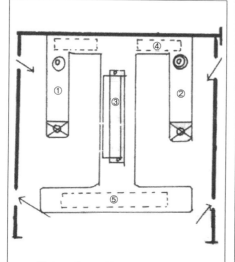

〈쌍방형〉

① Landing table
② Sinks
③ Rack Loading table
④ Clean glass table
⑤ Clean dish table

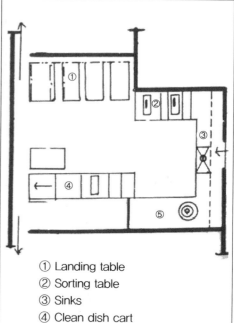

〈병렬형〉

① Landing table
② Sorting table
③ Sinks
④ Clean dish cart
⑤ Cart Storage area

쉬어가기

가정 내 생활용품 세균 수

수세미 – 4만 개의 비브리오균, 600만 개의 살모넬라균

행주 – 20만 개의 비브리오균, 150만 개의 대장균

싱크대 – 8만 개의 살모넬라균, 6만 개의 비브리오균

수저통 – 6만 8,000개의 대장균

이불 – 20~70만 개의 진드기

매트리스(5년 이상) – 1만 개의 이상의 각종 세균

에어컨 냉각핀 – 1cm²당 1,484개의 각종 세균과 500개의 곰팡이균

호텔 · 외식산업 주방관리실무론

주방시설배치분석 및 평가

CHAPTER
14

CHAPTER 14

주방시설배치분석 및 평가

제1절 배치분석의 개요

생산라인에 따른 시설배치를 다룬 문헌은 상당히 많지만 대부분은 1900년대 초부터 산업공학자(industrial engineer)들이 생산공정에 대한 시설배치문제를 해결하기 위해 접근한 방법으로 볼 수 있다.

최근 들어 시설배치에 대한 분석방법 등이 다각도로 이루어져 체계적이고 실현 가능한 쪽으로 개발되고 있지만, 주로 경험적 방법(empirical method)을 토대로 한 전통적 접근방법이 사용되고 있는 실정이다.

따라서 시설배치형태에 따른 배치분석을 위해 접근하는 방법은 전체 체계를 부분 또는 하위시스템(subsystem)들의 집합으로 정의하여 각 하위시스템에 대한 '최적방법'을 구해 특별한 경우 경험적인 접근방법과 분석적인 접근방법의 역할을 서로 결부시켜 만족할 수 있도록 하는 분석방법이다.

1. 기능별 배치분석

시설배치의 형태 중 기능별 배치에 대한 분석의 기준은 여러 종류의 식품조리상품을 생산하기 위해 특정한 기능이 집합된 장소로 주방장비들을 이동해야 하는 원칙을 적용시켜야 한다.

그리고 주방동선의 효율적인 활용은 주방시설 및 장비와 조리사의 작업 이동거리가 가장 최소화되도록 각 기능을 배치해야 하는 것이다.

특히 주방시설과 배치된 장비의 이동거리는 비용과 직접적으로 결부되기 때문에 운반비용이 최소화되는 지점에 각 주방별 작업공간 또는 작업대를 배치해서 분석해야 한다.

기능별 배치분석에 있어서 가장 주의해야 할 점은 장비의 운반비용에 있다. 이러한 운반비용은 각 작업대상물의 운반량 또는 운반횟수와 그 거리 및 단위당 운반비용에 관계되므로, 이를 식으로 표시하면 총운반비용 T/C(total cost)는 다음과 같은 계산식으로 표현할 수 있다.

$$ TC = \sum_{i}^{n} \sum_{i}^{n} Cij\, \Xi j \quad Dij $$

Cij : 작업공간 i에서 j까지의 단위당 운반비
Xij : 작업공간 i에서 j까지의 운반량 또는 운반횟수
Dij : 작업공간 i에서 j까지의 운반거리
n : 공정수

이러한 기능별 배치분석에서 주안점을 둔 것은 동일한 공간배치에서 총운반비용인 T/C를 최소화하는 데 있는 것이다.

즉 Cij는 Dij에 의해 결정되고, Xij는 고정되어 있으므로 Dij가 최소가 되도록 하는 것이 기능별 배치분석의 목적이다.

2. 상품별 배치분석

상품별 배치분석은 특정한 상품의 조리과정에 따라 생산설비를 배치하는 것이기 때문에 일정한 작업흐름에 따르는 것이 매우 바람직하다.

이러한 배치분석에서는 작업라인의 균형이 매우 중요시된다. 상품별 배치에서는 각 조리

과정이 갖고 있는 능력을 최대한 발휘할 뿐만 아니라, 전체 조리과정이 원활하게 이루어지도록 균형을 유지하는 것이 우선적으로 다루어져야 할 문제이다. 또한 조리작업과정이 동일 공간에서 특정상품을 위한 배치기법이라는 점을 감안할 때, 라인효율에 대한 분석을 시행하는 것이 매우 합리적이다.

$$
\text{라인효율(E)} = \sum_{I=1}^{R} \frac{t_i}{n \cdot c}
$$

단,   n : 업장별 수

c : 라인의 사이클 타임

ti : 조리과정의 순소요시간

k : 라인을 구성하는 조리메뉴의 수

3. 과정별 배치분석

과정별 배치분석을 위한 기법에서는 각 조리작업과정 간의 운반거리를 최소화하는 것이 매우 중요하다. 주방의 업장별 조리작업과정이 서로 상이한 형태에서 이루어지기 때문에, 과정별 배치분석은 도식법이 가장 많이 활용되고 있으며 효과적이다.

도식법 중에서 대표적으로 이용할 수 있는 방법이 바로 프롬 투 차트(from to chart) 혹은 마일리지 차트(mileage chart)기법이다. 이러한 기법의 구체적인 활용방안은 조리작업순서에 따라 식재료의 운반량과 운반거리를 마일리지 차트에 나타내어 조리작업 간의 배열과 거리의 표시를 나타내는 것이다.

즉 조리작업순서에 따라 주방시설을 배치하여 작업자의 불편을 덜어주기 위한 배치분석법이다. 조리작업과정에 따라 식재료의 운반량과 운반거리 및 작업자의 이동거리를 적절하게 환산하여 배치할 수 있도록 최선의 방법을 결정하는 분석법이다. 특히 조리사의 과정별 이동공간분석을 위해서는 동작연구(motion study)와 시간연구(time study)를 동시에 실행과정에 적용시켜야 한다. 동작연구란 조리사들이 작업공간에서 최대와 최소작업활동범위를 체계적으로 파악하는 것이며, 시간연구란 일정한 작업을 선택하여 같은 공간에서 동시에 실시한 결과를 시간으로 계산하는 방법이다.

제2절 분석방법의 절차

1. 분석방법의 고려요인

분석방법의 검증을 위해 선정한 3개 호텔의 기존 주방시설배치안을 중심으로 작업순서에 따른 장비배치 현황을 분석하기 위하여 크로스 차트기법(cross chart method)을 이용했다.

이 분석방법의 특징은 효율적인 장비품목들의 배치를 위한 방법으로서, 기존의 장비배치와 새로운 장비배치를 비교하여 상대적인 가치와 효율성을 나타내준다.

이 방법에서 고려해야 될 요소는 다음과 같다.

첫째, 조리작업에 필요한 모든 장비

둘째, 조리작업과정 중 그냥 지나치는 장비의 수

셋째, 작업과정의 형태

첫 번째 요인에 의해서 조리작업에 필요한 장비품목들 사이의 동작빈도를 계산할 수 있으며, 두 번째 요인에 의해서 거치지 않고 그냥 지나친 품목들의 수를 알 수 있고, 세 번째 요인에 의해서 작업과정의 형태가 전진이동, 또는 후진이동인지를 알 수 있다.

전진이동은 특정메뉴의 조리순서에 따라 배치된 장비품목들을 차례로 이용할 수 있는 움직임을 말하며, 후진이동은 특정메뉴를 선택하여 조리하는 데 있어 장비품목들이 순서대로 배치되지 않음으로써, 이동하였던 과정을 반복하여 장비품목을 다시 이용하게 될 때를 일컫는다.

2. 도표도식방법

전진이동은 크로스 차트분석방법의 도표에서 대각선 아랫부분에 기입하고, 후진이동은 대각선 윗부분에 기입함으로써 가치율과 효율성을 판단할 수 있다.

그리고 장비품목들이 일직선상으로 배치되지 않고 대칭적으로 배치되어 있는 것은 '0' 표

시를 해두고, 일직선상에 대칭을 이루는 장비품목에 'X' 표시를 하여, 동작빈도 수를 계산할 때에는 '0' 표시된 장비의 수는 빼고, 'X' 표시된 장비의 수만 계산한다.

　여기서는 크로스 차트분석기법에 기입할 내용과 분석을 위하여 특정 메뉴품목을 프라이드 포테이토칩의 조리작업과정으로 선택하였다.

　첫 번째 단계에서는 냉장고에서 감자를 꺼내고,

　두 번째 단계에서는 싱크대에서 씻고, 껍질을 벗기고,

　세 번째 단계에서는 작업대에서 슬라이스하여 팬에 담아,

　네 번째 단계에서는 오븐의 스팀을 이용하여 감자를 삶는다.

　다섯 번째 단계에서는 삶은 감자를 믹서기에서 갈아,

　여섯 번째 단계에서는 작업대로 가지고 와서 양념을 하고 혼합하여 모양을 만들고,

　마지막 단계에서는 프라이어에서 튀기는 일련의 7개 과정으로 한정하여 분석하고자 한다.

제3절　가치 및 효율성 분석방법

1. 가치성 및 효율성 분석공식

〈분석방법의 공식〉

$$\text{가치성} = \frac{\text{전진운동}}{\text{후진운동}} \qquad \text{효율성} = \frac{\text{전진운동}}{\text{전진운동} + \text{후진운동}} \times 100$$

2. 사례호텔 분석

1) A호텔

A호텔 메인주방의 장비배치에 대한 크로스 차트분석기법을 통하여 얻어낸 결과치이다.

그 내용을 설명하면, 일직선상 양쪽에 싱크대를 설치하고, 각각 싱크대 옆으로 가스레인지의 가스그릴을 배치하고 있다.

〈A호텔 메인주방의 크로스 차트〉

	냉장고	싱크대	프라이어	오븐	작업대	냄비와 팬	믹서기	합 계
냉 장 고								
싱 크 대	1							
프 라 이 어					7			1
오 븐						4		1
작 업 대		2					6	1
냄비와 팬					3			
믹 서 기				5				
합 계	1	1		1	1			3 / 4

한쪽에는 튀김기(deep fat frier machine), 다른 쪽에는 가스오븐, 가스프라이어 장비품목들을 배치하고 있다. 작업대 및 냄비와 팬은 이들 품목의 맞은편에 위치시키고, 그 반대쪽에는 reach in refrigerator, 믹서기, meat slice, meat chopper 등이 배치되어 있는데 이를 크로스 차팅(cross charting)한 것이다.

A호텔 경우 냉장고가 싱크대 및 작업테이블과 상당한 거리를 두고 있기 때문에 프라이드 포테이토칩을 조리하기 위하여 감자를 출고시키는 데는 상당한 어려움이 있다는 것을 알수 있다. 물론 reach-in refrigerator에서 출고할 때에는 상황이 달라진다.

이러한 장비배치에 대한 가치와 효율은 다음의 표에서 보는 바와 같이 가치율은 8/6로 약 1.3이고, 효율성은 4/7로 약 57%이다. 가치율과 효율성의 값이 높을수록 훌륭한 장비배치라고 할 수 있다. 그런데 A호텔 경우에는 가치율 면에서는 상당히 낮은 값이며, 특히 효율성 면에서는 57%로 보통의 장비배치밖에 안 되고 있어 효율적인 장비배치가 이루어지고 있지 않은 것으로 판단할 수 있다.

〈A호텔 시설배치의 가치 · 효율성 분석방법〉

대각선으로부터의 단계	이 동 수 (효율성)	가 치
전진 이동		
1	2	2
2	0	0
3	2	6
4	0	0
합 계	4	8
후진 이동		
1	0	0
2	3	6
3	0	0
4	0	0
합 계	3	6

2) B호텔

B호텔의 경우 기존 주방에 배치되어 있는 주조리공간의 장비 및 기물, 기기 시설배치 내용을 살펴보면, 1개의 독립된 뜨거운 음식을 조리하는 주방시설을 운용하고 있음을 알 수 있다. 그리고 콜드 키친(cold kitchen), 베이커리 숍(bakery shop), 부처 숍(butcher shop)을 달리 운용하고 있는 것이 특징이다. 또한 2개의 작은 주방시설을 같이 운용하고 있는데 이들 주방은 연회홀(banquet-hall)과 인접한 곳에서 운용되고 있다.

뜨거운 음식을 조리하는 조리 주방시설의 배치는 크게 3개 선상으로 되어 있으며, 중앙선상에 작업대를 중심으로 한쪽에는 믹서기, 싱크대, 가스레인지, 그릴, 오븐, 프라이어, 스킬릿 등의 장비품목들이 배치되어 있고, 다른 쪽에는 핫박스, 냉장고 등이 배치되어 있다. 이러한 주방시설 및 장비배치를 기초자료로 하여 크로스 차팅분석방법에 의해 가치와 효율성을 계산하여 나타낸 결과는 다음과 같다.

B호텔의 메인주방시설 배치도면을 기초로 하여 분석한 결과를 살펴보면, 물론 가치와 효율성의 측면에서는 각각 가치율 7/5(1.4)로서 그리 좋은 수치는 아니지만, 효율성은 5/7(71%) 등으로 상당히 합리적인 배치라고 생각할 수 있다.

〈B호텔 메인주방의 크로스 차트〉

	냉장고	싱크대	작업대	냄비와 팬	프라이어	오븐	믹서기	합 계
냉 장 고								
싱 크 대	1							
작 업 대		2					6	1
냄비와 팬			3					
프라이어						7		1
오 븐				4				
믹 서 기					5			
합 계	1	1	1	1	1			2 5

　　그러나 장비배치의 효율성 면에서는 71%로 대체로 높은 편이나, 믹서기가 일련의 장비배열에 포함되지 있지 않기 때문에 믹서기를 사용하고자 할 경우에는 직접 가져와야 하거나, 다른 작업센터로 옮겨서 이용한 후 다시 원래의 작업대로 되돌아오게 되는 동선으로 상당히 불편함을 내포하고 있다. 이러한 현상으로 조리사들은 주방공간에서 불필요한 이동횟수가 늘어나 작업동선에 문제점이 있다고 본다.

〈B호텔 시설배치의 가치·효율성 분석방법〉

대각선으로부터의 단계	이 동 수 (효율성)	가 치 율
전진 이동		
1	3	3
2	2	4
3	0	0
4	0	0
합 계	5	7
후진 이동		
1	1	1
2	0	0
3	0	0
4	1	4
합 계	2	5

3) C호텔

C호텔의 경우 크게 4개의 선상에 장비품목들을 배치하였던 것이 독특하며, 옆으로 감자 껍질 벗기는 기구(potato peeler machine), 냉장고, 믹서기, 슬라이서 등을 배치하고 있다.

첫 번째 선상에는 브레이징 팬, 프라이어, 가스레인지 등을 배치하고 있고, 그 다음에 작업대를 배치시켜 놓고 있다. 세 번째 선상에는 싱크대, convection, 가스오븐 등의 품목을 배열하고 있고, 네 번째 선상에는 스팀 커틀을 위치시키고 있다.

아래 그림에 의하면 C호텔의 장비배치에 대한 분석방법의 내용은 아래에서 보는 바와 같이 가치 면이나 효율성 면에서 상당히 높아 상기의 두 호텔에 비하면 비교적 효과적인 장비배치를 하고 있음을 알 수 있다.

〈C호텔 메인주방의 크로스 차트〉

	냉장고	싱크대	오븐	작업대	냄비와 팬	프라이어	믹서기	합계
냉 장 고								
싱 크 대	1							
오 븐					4			1
작 업 대		2					6	1
냄비와 팬				3				
프 라 이 어				7				
믹 서 기			5					
합 계	1	1	1	2				2 5

물론 효율성 면에서는 B호텔과 같으나 A호텔보다는 71%로 상당히 높게 나타났으나, 가치율에 있어서는 1.74보다 높은 2.0의 가치를 보이고 있어 장비와 장비 간의 이용가치가 매우 합리적이며 효율적이라 볼 수 있다.

〈C호텔 시설배치의 가치 · 효율성 분석방법〉

대각선으로부터의 단계	이 동 수(효율성)	가 치
전진 이동		
1	2	2
2	2	4
3	0	0
4	1	4
합 계	5	10
후진 이동		
1	0	0
2	1	2
3	1	3
4	0	0
합 계	2	5

그러나 브레이징 팬, 프라이어, 가스레인지와 같은 품목과 일직선상에 convection이나 가스오븐이 배열되지 않아 작업대를 놓고 넘나들어야 하는 문제점을 가지고 있다. 그러나 2인 1조가 되어 조리작업을 할 경우에는 상당히 효과적인 장비배치가 될 수 있다.

제4절 장비품목 간의 상관관계분석

1. 상관관계분석의 개념

여기에서 말하는 상관관계분석(correlation analysis)은 조리작업을 하는 데 영향을 미치는 장비들의 상관관계가 아니고 얼마나 유사한 장비들 간의 배치로 구성되어 있는가를 분석하는 것이다.

상관관계분석의 기본적인 목적은 다음의 내용을 극대화시키고자 하는 것이다.

 상관관계분석의 기본 목적

① 조리동선을 최대한 축소한다. 즉 조리사들의 활동범위를 최대한 좁히기 위함이다.
② 작업시간을 가능한 한 단축시키고,
③ 작업노력을 줄임으로써 허용노동량을 감소시키고, 작업능률을 향상시키는 데 초점을 둔
   상관관계분석이다.

   이러한 분석의 수행은 곧 인간공학적인 장비배치의 목적을 달성하는 데 기본적인 건축블
록(building block)이 될 것이다.

   현재 운영하고 있는 주방배치를 살펴본 결과 대부분의 주방시설 장비배치는 장비를 이용
할 작업자의 의견이 전혀 반영되지 않았던 것으로, 실제 주방종사원가 그러한 장비들의 배
치에 익숙해지기를 바라는 형태의 장비배치가 계속되고 있는 실정이다.

   이것을 토대로 조리사들의 의견을 수렴하여 장비와 장비 간의 관계성 분석과 크로스 차
팅(cross charting) 연구방법을 이용함으로써 문제로 대두되는 장비배치를 사전에 발견할 수
있으며, 그에 따른 적절하고 합리적인 인간공학적 측면에서 장비배치를 제시하여 줄 수
있다.

   크로스 차트 분석은 장비배치 시의 문제와 대체적인 장비배치안의 가치 및 효율을 제시해
여 준다. 주방에서 사용하는 장비와 장비 간의 관계를 분석했던 것이다. 특히 관계성을 분
석하기 위해 먼저 특정메뉴를 선정하고 그 메뉴를 조리하는 데 필요한 장비품목들을 선택
하여 비교하는 것이 매우 바람직하다.

2. 상관관계분석 모형의 개발

   여기에서는 프라이드 포테이토칩이라는 메뉴를 선정하고, 그에 필요한 장비품목을 7가지
로 제한하여 조리사들에게 인간공학적 측면에서 가장 편리하게 조리작업을 할 수 있는 최
상의 장비배치에 대해 의견을 제시하도록 하였다.

〈장비품목들의 상관관계분석 모형〉

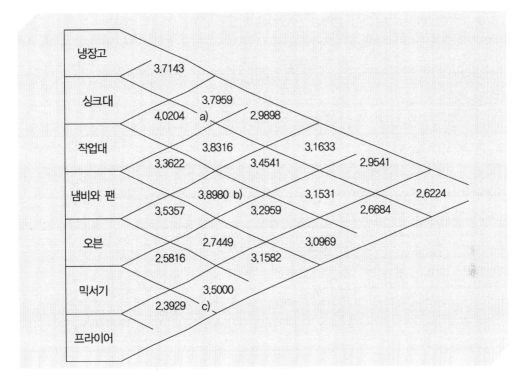

장비품목 간의 상관관계는 장비품목 간 상관관계가 거의 없음을 나타내는 1에서부터 아주 깊은 상관관계를 나타내는 5까지의 점수제를 도입하여 시행하면 된다.

위 모형에서 보는 바와 같이 (a)와 (b)지점은 상관관계가 가장 높은 품목들로 싱크대와 작업대, 작업대와 오븐임을 나타내고 있다. 반면에 (c)지점은 가장 낮은 점으로 믹서기와 프라이어 장비품목 간은 상관관계가 가장 낮은 품목들임을 보여주고 있다.

3. 분석결과 측정

상관관계분석을 통해 확인한 내용을 구체적으로 살펴보면 다음과 같다.

먼저 싱크대와 작업대의 관계가 4.0204로 가장 깊은 관계를 가지고 있다. 이것은 주로 작업대에서 모든 사전조리가 행해지기 때문이며, 식재료를 씻고, 닦고, 불필요한 식재료를 제거하는 경우 싱크대가 가까이 있을 때 인간공학적으로 노동력을 덜고, 불필요한 동작을 줄

일 수 있기 때문으로 파악된다.

둘째, 작업대와 오븐의 상관관계는 3.8980으로 메인주방인 경우의 설문응답자가 대다수임을 고려할 때 타당한 관계로 해석할 수 있다. 메인주방에서는 오븐이 매우 다양하게 사용되고 있어 작업대와 가까이 있는 것이 효율적이라는 점에서 높은 상관관계가 있는 것으로 파악된다.

셋째, 냉장고와 작업대의 상관관계는 3.7959로 보통 이상의 깊은 관계가 있음을 나타내고 있다. 이것은 모든 식재료가 냉장고에서 작업대로 옮겨지기 때문으로, 냉장고와 작업대가 가까이 있으면 조리작업의 노력을 상당히 덜 수 있는 데서 나온 결과치라고 할 수 있다.

넷째, 냉장고는 싱크품목과 상관관계가 3.7143으로 나타났는데, 이것은 냉장고에 식재료를 일단 손질하여 넣거나, 꺼낼 때 사전조리작업을 하기 위하여 서로 관계를 유지해야 하고, 반면에 냉장고 청소를 위하여 냉장고와 싱크대가 가까운 곳에 같이 배치되었을 경우 조리사들이 작업하기 편리하기 때문에 높은 상관관계를 보이는 것으로 해석된다.

다섯째, 작업대 및 냄비와 팬의 상관관계는 식품을 졸이고, 삶고, 끓이고, 구웠던 모든 조리 음식물작업대에서 정리하고 손질하여 냄비와 팬에 담는 작업이 이루어지기 때문에 냄비와 팬과 같은 장비품목들은 작업대 아랫부분이나 근처에 배치되어야 함을 의미하는 것이다.

특히 작업대와 오븐 간의 상관관계가 3.8980, 프라이어 장비품목들과 각각 3.0969, 3.5000으로 높은 상관관계를 보이는 것은 작업대에서 사전조리작업이 행해지고 바로 오븐이나 프라이어에서 굽거나 익히거나, 튀기거나, 음식의 색깔을 내기 때문에 오븐이나 프라이어가 작업대 근처에 배치됨으로써 작업능률을 올리는 데 그 목적이 있다.

그러나 오븐과 프라이어의 상관관계도 3.5000로 높은 관계를 보여주고 있는데, 이것은 상관관계가 없는 장비품목으로 생각하기 쉽다.

그러나 이 품목 모두가 작업대와 높은 상관관계를 갖고 있을 뿐만 아니라 메뉴품목 중 튀김작업에 의해 색깔을 입히고, 오븐에서 메뉴 속을 익히는 특정한 조리상황이 발생하기 때문에 설문대상자들은 작업대와 오븐, 프라이어 장비품목과의 상관관계가 아주 높으며, 오븐과 프라이어 장비품목 간에 중간 정도의 상관관계를 부여함으로써 작업대 근처에 오븐과 프라이어가 같이 배치되는 것이 적합하다는 것을 의미한다고 추측할 수 있다.

제5절 주방시설배치 평가

1. 배치공간 구성

주방시설배치의 공간구성에 대한 콘셉트(concept) 요소는 설계과정에서 다음과 같이 2가지가 동시에 나누어지는 것으로부터 묘사된다. 첫째는 개인별 작업대를 기능적 지역이나 기능분야를 포함해 하나로 통합하는 것이다.

둘째는 종합설비에서 기능적인 지역과 분야별 배열이다. 예를 들자면 식재료 및 장비의 입고, 저장, 준비, 생산과 세척지역 및 비생산지역, 휴게실, 라운지, 주방사무실은 배치공간의 구성상 기본형태로 모여 있어야 한다.

1) 식재료나 생산품

① 간단한 방법으로 생산해야 하는 경우 생산과정이 기본적으로 추진될 수 있도록 디자인되어야 한다.
② 살아 있는 식재료는 가공단계 중 최소량으로 요구되어 사용해야 한다.
③ 식재료의 크기, 형태, 포장은 가공에 적합하게 이루어져야 한다.
④ 설계상 재료와 생산품은 수분, 먼지, 균, 온도 변화 등의 손해요인으로부터 보호되어야 한다.
⑤ 생산물이나 재료의 수작업으로 인한 변화에 유연하게 대처할 수 있도록 배치공간이 준비되어야 한다.
⑥ 식재료 저장공간의 확보 정도에 따라 공급한다.
⑦ 식재료 저장창고는 재고설비를 가지고 있어야 한다.
⑧ 잔고 식재료와 저장 시 낭비물을 위해 공간설비를 확보한다.

2) 장비와 시설물

① 장비 배치 시 설비 공급은 가공을 요구하는 것으로 통합해야 한다.
② 시설의 최대사용은 미리 계획되어야 한다.

③ 배치는 가능한 한 시설과 기계가 경제적으로 유용하게 공급되도록 해야 한다.

④ 배치는 시설이용이 쉽게 준비되어야 한다.

⑤ 저장공간은 손을 사용하는 도구와 시설을 위한 준비가 있어야 한다.

⑥ 시설의 유연한 사용을 위한 준비공간이 필요하다.

⑦ 배치는 이용할 수 있는 장치와 이동할 시설을 준비해야 한다.

⑧ 시설관리를 위한 충분한 접근공간이 준비되어야 한다.

⑨ 설비의 적당한 공기구멍이나 배출구가 준비되어야 한다.

⑩ 배치의 원칙은 시설손상을 방지해야 한다.

3) 조리작업자

① 배치방법은 위험물 제거로부터 조리작업인을 보호해야 한다.

② 적당한 공기와 햇빛이 통과할 수 있는 공간을 준비해야 한다.

③ 먼지, 곰팡이, 기타 불쾌한 요소로부터 보호되어야 한다.

④ 배치과정은 부산한 행동들로부터 자유롭게 흐름을 가질 수 있도록 통로와 작업공간의 확보가 필요하다.

⑤ 배치의 원칙은 생산적 · 물리적 환경을 조성해야 함을 원칙으로 한다.

⑥ 작업대의 디자인은 작업인의 높이에 적합해야 한다.

⑦ 작업대 배치는 적당한 작업공간이 공급되어야 한다.

⑧ 작업기계의 레이아웃(layout)은 유용하며 능률적인 것 모두를 기초로 해야 한다.

⑨ 색깔 암호는 동일한 도구 · 시설 · 위험물 등에 활용한다.

⑩ 배치계획과정은 활동예상인원과 그들을 위한 공간이 준비돼야 한다.

배치단계에서 조리작업자들은 단골고객이나 급한 환자 이동을 위한 적당한 공간이 준비돼야 한다.

4) 이동

① 배치는 작업인과 재료의 이동이 쉽도록 준비해야 한다.

② 작업대 밖과 안의 흐름이 부드럽게 되도록 준비해야 한다.

③ 배치는 역행의 이동을 방지해야 한다.

④ 복잡한 교차를 최소화한다.

⑤ 재료이동의 지연을 최소화한다.

⑥ 배치에 있어 단골손님이나 환자의 이동을 위한 적당한 공간과 통로를 만들어야 한다.

⑦ 재료는 작업인의 최소거리에서 건네지게 해야 한다.

⑧ 이동은 가능한 짧은 거리여야 한다.

⑨ 공간의 배열은 최소 이동이 되어야 한다.

⑩ 중요한 이동은 언제든지 가능하도록 이동공간을 확보해야 한다.

5) 주방공간의 특징

① 적당한 높이와 청결성을 유지해야 한다.

② 문 너비를 충분히 계획하여 출입에 지장을 초래하지 않도록 해야 한다.

③ 배치계획에서 능률적인 측면복도를 이용한다.

④ 인테리어벽은 이동에 방해를 주지 말아야 한다.

⑤ 설비 출입에 문이 있어야 한다.

⑥ 기둥공간과 위치는 이동이나 작동에 방해되지 말아야 한다.

⑦ 식재료 검수 및 입고시설은 저장공간과 밀접하게 근접된 위치에 있어야 한다.

⑧ 건물의 자재는 청결과 관리에 용이해야 한다.

2. 작업공간의 흐름

조리작업공간의 흐름은 조리작업자가 작업활동에 필요한 공간확보를 위한 평가가 우선적으로 요구되어야 할 것이다. 작업공간흐름이 가장 좋은 경우는 주방장비 배열이 최소의 이동흐름을 갖고 있어야 하며, 종사자들의 활동공간에서 최소의 움직임과 거의 같아야 한다. 이처럼 종사자에 의해 우선적으로 식재료가 움직이지만 기계적인 컨베이어시스템을 이용하여 이동흐름을 갖고 있는 경우도 있다. 조리작업공간의 원활한 흐름을 위해 적재적소배치기법에 따라 적절한 공간을 확보하고 이동흐름에 필요한 통로공간을 충분히 확보할 필요성이 있다.

 작업공간흐름의 원칙

① 흐름은 가능한 한 일직선 라인(one line system)을 통과해야 한다.
② 겹치는 흐름이나 복잡한 것은 최소화되어야 한다.
③ 조리작업의 작업흐름 역행은 최소화한다.
④ 옆으로 통과하는 것은 최소화하여야 한다.

이런 흐름의 원리는 사람이나 재료 흐름의 응용여부와 배치과정에서 먼저 살펴봐야 한다. 그런 다음 일직선 라인에서 흐름의 유지를 위해 작업공간, 조리장비 및 기물·기기와 조리 작업자 간의 일치성을 가져야 한다. 또한 작업공간흐름에 따른 개념설정은 가장 중요하게 여겨져야 하는데, 그 이유는 작업공간흐름의 정도가 최단거리 이동의 원칙을 따라야 하기 때문이다.

3. 배치의 표준

주방의 작업활동 흐름도에서 가장 중요한 작용을 하는 것이 표준배치방법이다. 최종적인 배치가 이루어지기 전에 주방공간의 확보규정과 서비스방법, 메뉴구성, 조리인원, 조리작업 에 필요한 장비 등의 구체적인 내용이 리스트업(listup)되어 있어야 한다.

다음은 주방의 표준배치에 따른 고려사항이다.

① 적정한 기자재의 배치 : 모든 기자재들은 경제적인 면이 고려됨과 동시에 작업 시 불편함이 없는 위치를 확보하는 데 주력해야 한다.

② 적정한 기자재의 사용 : 일부 기자재들은 두 곳이나 그 이상의 작업공간에서 사용되므로 작업장에서 이용할 때 불편이 없는 중간적인 위치에 배치될 수 있도록 사용상의 고려점을 인식해야 한다.

③ 전문적인 기술과 효과적인 배치 : 기자재의 배치에 있어 전문인력의 동선을 고려하지 않는 경우가 있다. 이것은 작업자의 동선을 증가시킴과 동시에 식재료의 동선을 필요 이상 증가시키기도 한다.

④ 안전성 흐름만을 고려한 기자재의 배치 : 이러한 배치는 작업과정상 위험요소를 가져

올 수도 있다. 예를 들어 프라이어를 싱크대 옆에 배치하였을 경우 대단한 위험 가능성을 가져오는 경우도 있다. 높은 온도의 기자재를 복잡한 통로나 출입구 근처에 두는 행위 또한 위험한 배치이다. 만약 다른 공간을 확보하지 못했을 경우에는 보호막을 두거나 충분한 공간을 확보해야 한다.

⑤ 적정 공간의 활용, 외형과 형태만을 고려한 배치는 작업공간의 확보를 어렵게 할 수도 있다.

⑥ 소음과 냄새를 일으키는 환경요소에 대한 적절한 제거장치이다.

4. 배치의 외형

조리작업공간 내 기자재의 효율적인 배치에는 일자형이나 복합형 또는 확장된 일자형 등이 있다. 아래의 예들은 일반적인 배치기법으로 사용되고 있는 기본형들이다.

① 일자형 : 이것은 가장 간단한 디자인이다. 그러나 이 스타일의 경우 기자재의 숫자나 작업장이 한정되어 있는 경우에 좋은 방법이다. 일자형은 주로 벽을 따라 배치하거나 주방의 중앙부에 배치하는 형이다. 즉 소규모의 주방시설물 배치에 적절하게 사용될 수 있다.

② 엘(L)자형 : 이것은 수정된 일자형 주방배치로서, 제한된 일자형 공간에서 사용되기도 한다. L자형의 외형은 두 개의 그룹으로 나누어 작업하는 경우에 매우 효과적인 방법이다.

다시 말해 한 그룹은 L자형의 한쪽인 하나의 일직선 라인에서 일을 하고 다른 한 그룹은 그 외의 일직선 라인에서 일을 할 수 있다.

③ U자형 : U자형 작업장 배치법은 한 명이나 두 명 정도의 작업자가 있는 공간에서 유용하게 사용할 수 있는 형태이다. 유일한 단점은 일자형의 배치가 불가능하다는 것이다.

④ 평행배치(작업대 뒷면끼리 마주보게 하는 방법) : 이 배치는 두 개의 평행라인으로 작업대끼리 등을 맞대고 있는 형태이다. 기자재들이 중앙으로 오게 하는 배치방법이다. 때로는 작업대 사이에 벽을 두기도 한다. 이러한 형태에서 가장 주의할 점은 청결성과 상호 연관성이 전제되어야 한다는 것이다. 이 형태에서는 싱글 카노피 후드가 사용되

므로 반드시 공기배출구가 마련되어야 한다.

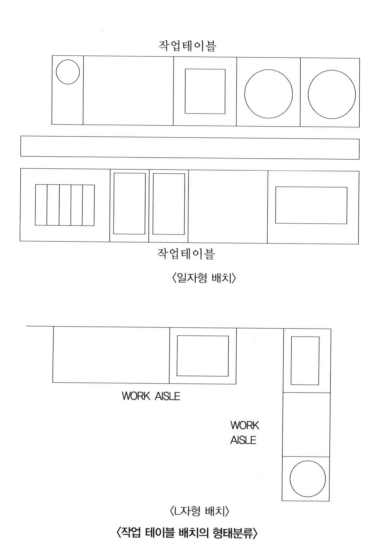

〈일자형 배치〉

〈L자형 배치〉

〈작업 테이블 배치의 형태분류〉

⑤ 평행(작업대의 앞면을 서로 마주보는)형태 : 이것은 두 개의 일자형 라인으로 배열된 것으로 중간에 복도가 있는 형태이다. 매우 평범한 배치형태로 많은 작업장에서 사용되는 형으로, back-to-back배치일 경우 한 개의 평행라인으로 배열되어 있지만 두 개의 평행라인으로 분리되어 있다.

또한 T자형이나 오픈된 사각형 모양은 배치문제를 해결해 주는 좋은 방법이 되기도 한다. 이따금 서클타입이나 커브형이 사용되기도 하나, 이런 경우에는 계획단계에서 신중함을 요한다. 왜냐하면 기존의 기자재들은 일자형에 어울리게 생산되기 때문이다. 원형의 경우 주방의 중앙에 섬을 연상시키는 형으로 배치하거나 커브 모양의 배치는 좋은 예가 되기도 한다.

마지막의 배치형은 혼합형이다. 가장 많이 사용되는 배치형으로 소규모의 단순한 배치에 사용되고 있다.

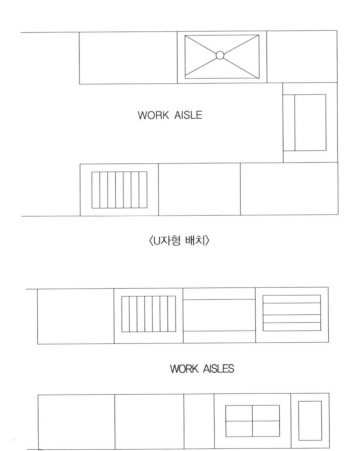

〈U자형 배치〉

WORK AISLES

〈평형배치〉

쉬어가기

소금과 마시는 테킬라

소금과 레몬 혹은 라임을 테킬라와 함께 먹는 이유는 멕시코의 기후와 밀접한 연관이 있다. 멕시코는 열대지방이어서 건조하기 때문에 멕시코인들은 테킬라를 마실 때 소금과 레몬, 라임을 섭취함으로써 염분을 보충하고 신맛의 과즙을 섭취한다.

또한 멕시코인들의 식습관과도 연결될 수 있는데 멕시코 요리는 대부분 맵기 때문에 매운맛을 희석시키기 위해 소금이나 레몬즙 등을 뿌려먹는 습관이 있다. 이로 인해 테킬라를 마시면서 소금과 레몬을 섭취하게 됐다는 것이다.

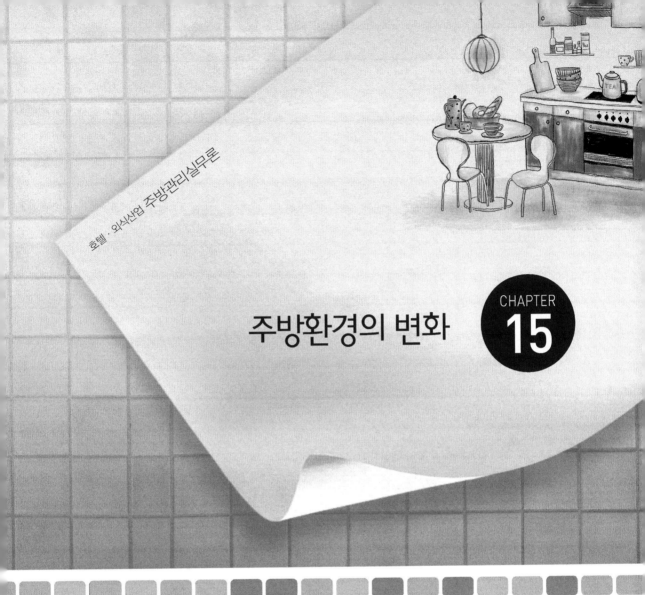

호텔 · 외식산업 주방관리실무론

주방환경의 변화

CHAPTER
15

주방환경의 변화

제1절 기술발달을 통한 전기주방의 변화

1. 전기주방의 도입

1) 기존의 주방형태

기존의 주방은 아궁이를 이용하는 전통적인 형태의 주방에서 점점 발전하여 호텔 등의 등장과 함께 현대식의 주방구조를 이루게 되었다. 이러한 주방에서 가장 중요한 측면 중 하나가 가열기구인데, 현재까지 이러한 가열기구는 가스를 기반한 시설이 주를 이루고 있다.

2) 전기주방의 도입배경

① 환경적 측면

환경에 대한 관심은 날이 갈수록 높아지고 있고, 이에 따라 높은 에너지 효율에 가스냄새 및 CO_2 배출량을 감소시켜 주는 전기주방 기기가 점점 관심을 받고 있다. 와전전류로 조리하여 가스냄새가 나지 않고, CO_2 배출량이 거의 없어 조리공간 온도가 낮아지는 등 쾌적한 주방환경에도 도움을 준다.

② 효율적 측면

인덕션레인지 등의 전기주방 기기는 기존의 연소식 가스 조리기기에 비하여 가열효율 등이 매우 뛰어나다. 인덕션레인지는 '유도가열방식'을 이용하여 음식물을 익히는 기구로서, 가스레인지의 가스 역할을 전기의 자력으로 대체한 방식이다. 이 인덕션레인지를 사용할 경우 LPG 대비 62%, LNG 대비 41% 이상의 에너지비용을 절감시킬 수 있다. 에너지비용은 적게 들지만 열출력은 가스레인지보다 높은데, 11Kw의 레인지로 물 100L를 끓이는 시간이 3구 가스레인지 버너보다 10분 더 빠르다. 이는 순간출력이 가스레인지에 비해 높기 때문이다.

③ 기술적 측면

전기주방의 가열기기인 인덕션레인지의 열출력은 센서로 조절되기 때문에 다양한 효과를 얻을 수 있는데 대표적인 것 중 하나가 '불 조절'이다. 불 조절의 측면은 숙련된 노하우가 필요하지만 인덕션레인지를 사용할 경우에는 이러한 부담을 줄일 수 있다. 세세하게 가열단계를 조절할 수 있기 때문에 조리메뉴얼만 숙지한다면 숙련자가 아니라도 어렵지 않게 적절한 조리를 할 수 있다.

④ 안정성적 측면

가스를 사용한 주방의 경우 화재나 화상, 가스누출 등 다양한 안전사고가 일어날 위험이 있지만 전기주방의 경우에는 이러한 안전사고에 대하여 어느 정도 대비를 할 수 있다. 가스를 사용하지 않기 때문에 가스사고가 일어날 염려가 없고 조리기구 자체도 상단면 등이 뜨겁지 않기 때문에 안전사고에 대하여 안심할 수 있다.

3) 전기주방의 도입

전기주방이란 '가스'를 대신하여, 주방 전체의 동력을 '전기'로 대체하는 주방을 말하는 것으로 '전화주방(電化廚房)'이라고도 한다. 전기주방은 위의 환경적, 효율적, 기술적, 안정성적 측면에 기인하여, 현재 곳곳에서 사용되며 도입되고 있다.

2. 전기주방

1) 전기주방 기기

현재 분야(한식, 양식, 중식 등)를 막론하고 대부분의 외식업소에서는 전기보다 일반레인지(97.1%), 낮은 레인지(98.3%), 테이블용 로스터(95.2%) 등의 가스기기에 의존하고 있다.

전기주방 기기는 가열방식에 따라 크게 인덕션(Induction Heating), 하이라이트(Highlight), 핫플레이트(Hotplate)의 3가지로 구분할 수 있다.

① 인덕션(induction heating)

인덕션은 전기유도물질(강철, 철, 니켈 또는 다양한 종류의 합금)로 만들어진 식기를 전류에 의해 만들어진 전기(자기)에너지를 사용하여 가열하는 방식이다.

원리는 레인지 상판 아래에 있는 코일에 전류를 보내면 코일에 자력선이 발생되고 이 자

력선이 상판 위에 놓인 냄비의 바닥을 통과할 때 냄비의 재질에 포함된 저항성분(철성분)에 의해 와전전류를 생성시키는 것이다.

냄비 바닥에서 발생한 와류전류는 냄비 자체만을 발열시키므로 레인지 상판이 달구어지지 않고 그릇만 뜨거워지는 유도가열이 일어난다. 냄비를 들면 가열이 즉시 멈추어지며, 냄비가 닿는 부분에서만 에너지가 생성되므로 에너지효율이 90% 이상인 고효율 에너지 절약 기기이다. 또한 청소가 간편하고, 산소소모나 유해가스 배출이 없는 친환경적인 조리기기이다.

② 하이라이트(highlight)

하이라이트는 리본히터가 발열하여 발생한 열이 상판 유리를 통과하여 조리용기에 전달되는 방식의 전기 조리 기기이다.

③ 핫플레이트(hotplate)

핫플레이트는 주철판 아래 마그네슘이 매립되어 있는 코일히터가 발열해 열을 일으키는 히터 방식의 전기기기이다.

〈인덕션레인지, 하이라이트, 가스레인지의 특징 비교 및 차이점 분석〉

구분	인덕션레인지	하이라이트	가스레인지
안전성 & 유해성	매우 안전 화재 0%, 화상위험 낮음 유해가스 미발생	위험 화재위험 낮음 화상위험 높음	매우 위험 화재, 화상위험 높음 유해가스 발생
열효율	매우 높음(약 90%)	낮음(약 60%)	매우 낮음(약 45%)
조리시간(물 1L 기준)	약 4~5분	약 7~8분	약 7~8분
조리속도	빠름	느림	느림
청소	매우 쉬움	쉬움	번거로움
장점	안정성 인체무해, 친환경 경제성 쾌적 조리환경 빠른 조리시간 청소/휴대 용이 다양한 가능	사용용기 제한 없음 편리성, 안정성 쾌적 조리환경 청소 용이	사용용기 제한 없음 직화구이 가능
단점	사용용기 제한 (용기바닥 철, 스테인리스 용기, 인덕션 전용 용기)	상판 유리의 온도가 높아 화상위험 낮은 열효율 느린 조리시간	인체, 환경 유해가스 배출 화재, 화상 위험 높음 안정성 낮음 청소 불편 조리 중 열이 다량 발생

2) 전기주방의 특징

* 인덕션

전기 주방기기의 대표격인 인덕션은 기존에 사용해 왔던 연소식 기기와 비교해 열효율이 높고 안전하며, 디지털방식으로 세밀한 온도조절이 가능하다는 장점을 가지고 있다.

① 안전

다양한 안전보호장치(과열 방지, 그릇 감지, 자동전원장치)

인덕션은 전류 과부하 시 자동으로 전원을 차단

용기가 없을 때 혹은 용기의 재질이 적당하지 않을 경우에도 자동으로 전원이 차단됨

액화가스로 발생하는 누설, 폭발, 화상 등의 위험이 없다.

② 고효율

92% 이상의 열효율과 절전

③ 용이한 조작

각종 온도조절기능 : 120~240℃ 사이에 7단계 온도조절

마이크로컴퓨터의 온도자동유지기능

음식조리 시, 알맞은 불의 세기와 시간을 정해줌

* 전기주방

우리보다 한 발 앞서 전기주방을 적극 도입하고 있는 일본에서는 전기주방의 장점을 5C로 요약하고 있다. 즉 Cool, Clean, Control, Cost, Compact이다. 시원하고 깨끗하며 사용이 간편하고 에너지비용이 절감되며, 주방면적을 최소화할 수 있다는 것이다.

① Cool

전기주방은 기기의 원리상 가열하는 용기에만 열이 집중되므로 주변온도를 상승시키지 않아 주방의 열기를 낮출 수 있어 고온다습하지 않은 시원한 주방을 만들 수 있다.

② Clean

전기주방기기는 가스식 주방기기 사용 시에 배출되는 이산화탄소 등의 온실가스 배출량을 절대적으로 줄일 수 있어 친환경적일 뿐만 아니라, 청소나 관리가 용이하기 때문에 깨끗하게 사용할 수 있는 주방을 만든다.

③ Control

전기주방은 숙련된 불 조절이 따로 필요하지 않고 매뉴얼과 기기에 따른 조리로 인하여 숙련되지 않은 조리사도 사용하기가 비교적 쉽다. 또한 전기주방은 온도 25℃, 습도 80% 이하를 유지함으로써 위생사고를 미연에 방지하는 데 효과적일 뿐 아니라 주방인력의 근무조건을 향상시킴으로써 이직률을 낮춰 안정적인 운영을 가능케 하는 역할도 한다.

④ Cost

위에서도 계속 설명했지만 전기주방은 90% 이상의 열효율로 인하여 비용절감과 효율적인 자원 사용의 효과를 얻을 수 있다.

⑤ Compact

전기주방기기는 기기마다 배기시설을 별도로 갖추지 않아도 된다는 시설상의 이점으로 인해 주방면적을 최소화함으로써 홀면적을 넓힐 수 있다는 장점이 있다.

제2절 스마트 테이블과 주방공간

1. 스마트 테이블

'똑똑한 주방, 스마트 + 주방'

스마트 기술의 발달로 스마트한 가전기기들과 시스템을 주방에 적용시켜 사용자에게 보다 편리함과 효율성을 부여한다.

① 안전하게

칼이나 위험한 도구들은 빌트인으로 안전하게 보관해서 사용자나 아이들이 다치지 않게 한다.

주방을 사용하지 않을 때에는 위아래에서 도어가 올라오게 된다. 도어가 닫히면 마치 주방이 없고 벽만 있는 것 같아 깔끔해 보인다.

② 깔끔하게

콘센트를 보이지 않게 설계하여 주방이 깔끔해 보일 수 있다.

설거지한 식기의 물기가 깔끔히 빠지도록 자체적으로 설계해서 청결한 주방을 유지할 수 있다.

③ 편리하게

콘센트를 일체형으로 만들고, USB포트를 설치하여 태블릿PC나 기타 전자기기들도 사용할 수 있으므로 활용성이 높다.

저울을 처음부터 식기꽂이나 조리대에 설치해서 조리 시 용이하게 사용할 수 있다.

선반의 높낮이를 사용자의 키에 맞게 조절할 수 있어 인체공학적인 주방이 된다.

유기적으로 변경이 가능하고 사용자에게 편하도록 설비되어 있다.

④ 기타 기능

조리대 자체에 미니홈바를 설치하여 음료의 보관을 용이하게 한다.

진공포장 가능한 호스를 내장해서 채소 등을 신선하게 보관할 수 있다.

개수대 수도의 높낮이 조절이 가능해서 세척이 어려운 큰 채소나 과일도 쉽게 세척할 수 있다.

〈전기주방의 특징〉

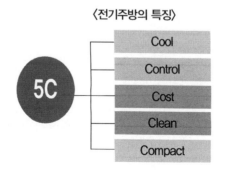

2. 스마트 테이블

Smart : 똑똑한, 영리한

Smart Table : Smart tech + Table

디자인이나 실용성에 고객이 원하는 기술과 디자인을 가지고 있는 제품

스마트 테이블의 중요한 기능 : 인터넷, 스마트폰, PDA폰 등과 상호 연결가능

3. 스마트 테이블의 적용활동

1) 여러 가지 스마트 테이블

① 메뉴와 주문, 오락기능을 가진 스마트 테이블

가장 보편화된 기능을 가진 테이블

메뉴를 미리 볼 수 있고, 그에 대한 정보를 제공한다.

앉은 자리에서 주문을 주방으로 보낼 수 있고 웨이터가 음식을 제공한다.

기다리는 시간 동안 혹은 음식을 먹고 나서 게임을 즐길 수 있도록 여러 가지 기능을

가지고 있다.

② 시각적 효과를 극대화한 I-bar

특별한 기능을 가지고 있지는 않지만 미적인 효과를 높인 테이블

테이블에 LED센서가 있어 올려놓는 컵, 휴대폰, 열쇠, 손 등을 인식한다.

③ 정보 제공 택을 인식하는 스마트 테이블

테이블에 컵을 내려놓으면 테이블에 제공된 음료에 관한 정보를 시각화하여 보여준다.

컵 밑부분에 커피 종류와 원산지 등에 따라 각기 다른 택이 붙어 있어서 테이블에 장

착된 카메라가 인식, 정보를 제공한다.

④ 웨이터가 없는 첨단 시스템 레스토랑

공중의 금속 레일을 통해 손님에게 음식을 제공하는 테이블

인건비를 50% 이상 절약할 수 있어 최저의 가격으로 최고의 음식을 제공할 수 있다.

2) 스마트 테이블의 활용

① 사무실 등 업무에 활용

책자 등 불필요한 인쇄물 출력을 방지할 수 있고 역동적인 스마트 테이블로 보다 나은 업무환경 조성

② 어린이 학습활동

스마트 테이블로 어린이들의 학습능률을 높이고 재미있는 학습활동이 가능함

③ 고객편의를 위한 서비스 기능

백화점, 공공시설, 공항, 호텔 등 여러 분야에서 고객의 편의를 위해 스마트 테이블 설치 및 활용

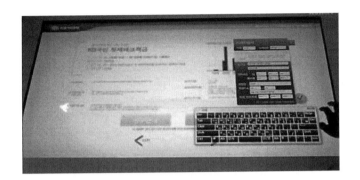

④ 외식공간 → 스마트 테이블 도입 → 이터테인먼트(eat + entertainment = eatertainment : 음식을 먹으며 즐기는 것)

단순히 식사만 하는 공간이 아닌 문화와 오락 등 콘텐츠를 접목시켜 이터테인먼트화 되는 식당이 많아지고 있다.

3) 스마트 테이블 도입 사례

① 마인즈스톰社 : 영국에 본사를 둔 회사. 유럽 각국에서 상용화된 테이블

• 오로라 : 외식업체, 호텔로비 등에서 사용 가능

캔버스기능, 테이블에 그림을 그리거나 영상을 가져와 테이블 디자인 가능

식당의 메뉴판 확인, 주문, 계산까지 가능

• I-bar : 전시부스나 BAR에서 활용 가능. 재미요소 보완

　현재 런던의 소호나이트클럽에서 24에서 사용됨

　손님들이 게임을 즐길 수 있고, 업주의 광고도 삽입 가능

② 타이드&솔비 포스

• 스마트 테이블 : 현재는 SELF 주문만 가능

　하지만 스마트 테이블은 고객이 상품에 대한 정보, 주문, 결제, 인터넷 서핑까지 가능한
테이블

• 스마트 키오스크 : 터치스크린을 사용, 테이블에서 직접 주문이 가능

우리나라에 조금씩 상용화되는 중

⊙ Case study 1. 베니건스 더 키친

그룹 바른손의 종합외식업체인 베니건스는 '최단기간 방문고객 1천만 명 돌파', '일일 매출 세계 신기록 달성' 등의 기록과 함께 단일매장 매출 1위로 가장 경쟁력 있는 외식 브랜드로 평가받고 있다.

1995년 11월에 1호점 베니건스 대학로점을 오픈했고 현재 서울, 경기, 대전, 부산, 대구, 창원, 울산에 25개 매장을 운영 중이다.

베니건스 더 키친은 베니건스의 세컨드 브랜드로서 젊은 감각의 인테리어와 다양한 메뉴 구성이 특징이다.

현재 베니건스 강남점에서는 태블릿PC를 활용해서 주문을 받고 있다.

• 태블릿PC로 주문하는 과정		

태블릿PC 메뉴판	터치하면서 메뉴를 찾을 수 있다.	메뉴를 주문하는 모습

각 테이블마다 고유의 주문 비밀번호가 있다.	비밀번호를 입력하면 주문이 주방으로 들어간다.	주문 내역에 옵션메뉴가 포함되어 있으면 고객이 직접 선택할 수 있다.

고기의 굽기나 소스의 종류 등을 고객이 직접 선택하는 옵션메뉴가 끝나면 주문이 완료된다.		

• Case study 2. INAMO restaurant

영국 런던에 위치한 오리엔탈 퓨전 레스토랑

테이블 위에 프로젝터를 설치, 음식을 보면서 주문할 수 있다. 손님이 터치 스크린 방식의 메뉴를 열면 그때부터 손으로 클릭한 음식의 이미지가 접시 위에 쏘아진다. 접시에 그려진 음식이 마음에 들면 엔터를 누르면 된다. 주문은 조리실로 전달되고 웨이터가 음식을 서빙해 준다.

이나모의 사장은 옥스퍼드 출신의 29세 청년 사업가 노엘 헌윅이다. 간단하게 음식을 주문하면 편리하겠다는 생각이 지금의 프로젝터 시스템으로까지 발전했다.

테이블 위에 프로젝터 설치
프로젝터에서 테이블 보를 바꿔주고 메뉴 미리 보기 제공

사진을 보고 주문한 음식은 주방으로 전달
음식이 만들어짐

주방 실시간 보기 제공
그 외 게임이나 주변 정보 검색 가능

제3절   주방관련법과 제도 연구

1. 주방관련법과 제도의 개념

주방을 포함한 하나의 외식업체를 설립하기 위하여 필요한 법 제도 및 법규를 의미한다. 이에는 「위생법」을 포함한 여러 가지 건축에 관한 「설비법」, 「소득세법」, 「부가가치세법」 등의 관련된 법규를 모두 의미하며, 이것들이 지켜져야만 하나의 외식업체가 설립되는 것이다. 외식업체를 설립하기 위해, 경영자는 기본적으로 음식에 관한 것도 알아야 하지만, 이런 법 제도 또한 숙지하고 있어야, 어떠한 상황에서도 유연하게 대처할 수 있다.

음식점 영업을 위한 첫 단계 준비사항은 "어느 업종을 선택할 것인가?"이다. 음식점 영업 「식품위생법」에서는 '식품접객업'이라고 하는데, 그 세부영업의 종류는 6가지(휴게음식점, 일반음식점, 단란주점, 유흥주점, 위탁급식, 제과점)로 분류된다.

시장·군수·구청장에게 신고해야 하는 업종으로는 휴게음식점, 일반음식점, 위탁급식 및 제과점 등이 있는데, ① 휴게음식점영업은 주로 다류, 아이스크림류 등을 조리·판매하거나 패스트푸드점·분식점 형태로 음식류를 조리·판매하는 영업, ② 일반음식점영업은 음식류를 조리·판매하면서 식사와 함께 부수적으로 음주행위가 허용되는 영업, ③ 위탁급식영업은 집단급식소를 설치·운영하는 자와의 계약에 의하여 그 집단급식소 내에서 음식류를 조리하여 제공하는 영업을 말하며, ④ 제과점영업은 주로 빵, 떡, 과자 등을 제조·판매하는 영업으로서 음주행위가 허용되지 않는 영업을 말한다.

시장·군수·구청장으로부터 허가를 받아야 할 업종에는 단란주점과 유흥주점이 있는데, ① 단란주점영업은 주로 주류를 조리·판매하는 영업을 말하며, ② 유흥주점영업은 주로 주류를 조리·판매하면서 유흥종사자를 두거나 유흥시설을 설치할 수 있고 손님이 노래를 부르거나 춤을 추는 행위가 허용되는 영업을 말한다.

2. 주방관련법 제도의 범위

1) 음식점 창업 시 사전준비사항

음식점영업을 위한 첫 번째 준비사항은 업종을 선택하는 것인데, 그 세부영업의 종류는 영업형태에 따라 6가지로 분류된다.

음식점을 창업하기 위해서는 먼저 「식품위생법」에 정해진 영업의 종류를 보고 어떤 종류의 음식점을 할지 업종을 선택해야 한다. 「식품위생법」에 정해진 영업의 종류로는 휴게음식점, 일반음식점, 단란주점, 유흥주점, 위탁급식, 제과점이 있다.

업종을 선택한 후에는 음식점을 할 입지와 장소를 선택해야 하는데 이 때 건물의 용도가 음식점영업에 적합한지 확인해서 필요하면 용도변경을 해야 한다.

또한 음식점의 상호를 정해야 하고 영업신고와 사업자 등록을 해야 하는데, 영업신고를 하기 위해서는 식품위생교육을 받는 등 미리 해야 할 일들이 많다.

2) 입지

용도지역에 따른 음식점 입지제한 및 음식점영업을 위한 건축물의 용도변경 음식점은 그 업종에 따라 입지가 가능한 지역이 법령으로 규정되어 있다. 그러므로 음식점 창업자는 점포의 입지를 선정할 때 자신이 물색한 점포지역에, 선택한 업종의 허가 또는 신고가 가능한지 여부를 반드시 확인해야 한다. 예를 들어 일반음식점의 경우 주거지역 중 준주거지역, 상업지역, 공업지역에서 영업이 가능하다.

또한 일반음식점은 「건축법」상 2종 근린생활시설로 정해져 있어야 한다.

만일 건축물의 종류가 본인이 하고자 하는 음식점영업에 부적합한 경우에는 건축물의 용도변경을 해야 한다. 기존의 용도에 따라 용도변경 허가신청, 용도변경 신고 혹은 건축물대장 변경신청을 해야 한다. 사례의 일반음식점은 제2종 근린생활 시설에서만 영업이 가능하므로 단독주택 또는 숙박시설의 경우 건축물의 용도변경허가신청 또는 건축물의 용도변경 신고 등을 통해 일반음식점영업이 가능한 2종 근린생활시설로 용도를 변경해야 한다. 다만 제1종 근린생활시설을 2종 근린생활시설로 용도를 변경하는 경우에는 건축물 대장변경신청만으로도 가능하다.

3) 상호 결정과 상호권 보호

음식점은 상호를 갖게 되는데 우리나라는 상호자유주의를 취하고 있기 때문에 원칙적으로 어떤 상호라도 쓸 수 있지만 다른 사람의 상호권 보호 등을 위하여 몇 가지 제한을 두고 있다.

상호권이란 영업자가 그 영업활동을 위하여 적법하게 선정 또는 승계한 상호의 사용에 관하여 가지는 경제적 이익을 말한다.

「상법」은 상호권을 법적으로 보호하기 위해서 상호권자에게 '상호사용권'과 '상호전용권'을 부여한다. 따라서 부정한 목적으로 타인의 영업으로 오인할 수 있는 상호를 사용하지 못한다. 국내에 널리 인식된 상호의 경우 「부정경쟁 방지 및 영업 비밀 보호에 관한 법률」에 적용받아 3년 이하의 징역 또는 3천만 원 이하의 벌금이 부과된다.

상호를 등기하면 상호전용권의 내용이 강화된다. 즉 「상법」은 타인이 등기한 상호를 동일한 서울특별시, 광역시, 시, 군에서 동종 영업에 상호로 등기하지 못한다고 규정하여 등기 상호권자의 권리를 보호하고 있다.

4) 영업신고와 사업자등록

음식점을 하려면 시장·군수·구청장에게 신고를 해야 하는데, 이것을 영업신고라고 한다. 영업신고는 특별한 제한 없이 누구든지 할 수 있지만 기존의 그 자리에서 영업을 하던 사람이 위법행위를 해서 폐쇄명령을 받은 때는 6개월이 경과하지 않으면 그 영업장소에서 같은 종류의 영업을 하기 위한 신고를 할 수 없다.

또한 영업신고를 할 때 구비해야 하는 서류가 있는데, 이 서류들을 갖추려면 미리 해야 할 일이 있다.

우선 대한요식업중앙회에서 식품 위생교육을 받고 교육 이수증을 제출해야 한다. 또한 수돗물이 아닌 지하수 등을 사용하는 경우에는 수질검사 성적서를 제출해야 한다. 식당이 1층에 있지 않은 경우, 영업장으로 사용하는 바닥면적의 합계가 100제곱미터 이상이거나 지하층의 경우 66제곱미터 이상인 때에는 안전시설 등 완비증명서를 제출해야 한다. 그리고 식당 영업자와 종업원은 건강진단을 받고 결과서를 제출해야 한다.

영업신고를 하고 나면 사업자등록을 해야 한다. 사업자등록이란 납세의무를 갖는 사업자를 세무관서의 대장에 수록하는 것을 말하는데, 신규로 사업을 개시하는 사람은 사업을 개시한 날로부터 20일 이내에 관할 세무서장에게 사업자등록을 신청해야 한다. 사업자등록은 단순한 사업사실의 신고로서 소관 세무서장에게 소정의 사업자 등록신청서를 제출함으로써 성립된다. 다만 사업자등록은 반드시 본인 명의로 해야 한다. 명의를 대여하는 것은 불법이고 명의를 빌려준 사람도 큰 피해를 입을 수 있다.

단란주점이나 유흥주점 형태의 영업을 하려면 법에서 정한 시설기준에 적합한 시설을 갖추고 구비서류를 갖춰 시장, 군수, 구청장의 영업허가를 받아야 한다.

5) 액화석유가스 사용시설

음식점 영업자가 조리 등을 목적으로 액화석유가스를 사용하기 위하여 액화석유가스 사용시설의 설치공사를 완공하면 반드시 그 시설을 사용하기 전에 한국가스안전공사의 완성검사를 받아야 한다.

대상	액화석유가스 사용자
내용	액화석유가스 특정사용자는 액화석유가스 사용시설의 설치공사나 산업통상자원부령으로 정하는 변경공사를 완공하면 그 시설을 사용하기 전에 완성검사를 받아야 하며, 정기적으로 정기검사를 받아야 함
처리기관	한국가스안전공사
수수료	저장능력에 따라 1만 7천 원~39만 원 다방 1만 7천 원

대상	액화석유가스 사용자
제출서식	액화석유가스특정사용시설검사신청서 -시설위치도 및 시설 설치도면 2부(2201-1 LPG시설 검사업무 처리지침 별지 제3호 서식) -저장능력 산정표 -(저장능력 200kg 초과 시에 한함, 2201-1 LPG시설 검사업무 처리지침 별지 제7호 서식) -시공현황(2201-1 LPG시설 검사업무 처리지침 별지 제2호 서식) -소형저장탱크 설치 제외 행정관청 인정공문 사본(500kg 이상 용기저장 시에 한함)
제출서류 및 확인서류	1. 제출서류 -비파괴시험성적서 및 관계 도면 -RT필름 보관증 -PE배관 융착성적서 -내진설계서(개별 저장능력 3톤 이상의 지상저장탱크에 한함) -특정설비 검사합격 증명서 2. 현장에서 확인해야 할 서류(제출하지는 않고 현장확인만 하는 서류) -방폭전기기기 검정합격증(모든 시설에 한함) -배관재질 확인서(KS마크 등에 의한 확인이 불가능한 경우에 한하며, 재질확인서가 없을 경우 에는 두께측정으로 확인) -시공자 및 시공관리자 정기교육 이수증(교육 미이수 경우에는 이수 계도)

6) 안전시설

음식점은 많은 사람이 이용하는 다중이용업에 해당되며, 이에 따라 음식점을 창업하려는 자는 「다중이용업소 안전관리에 관한 특별법」에 적합한 안전시설 등을 설치하고, 안전시설 등의 설치 전 및 안전시설들의 공사를 마친 때에는 소방정에게 그 완공에 관한 신고를 하며, 교부받은 안전시설등완비증명서를 음식점 영업허가를 신청하거나 신고할 때 시장·군수·구청장에게 제출해야 한다.

설치해야 할 소방시설의 종류	설치기준	특례기준
① 소화기 또는 자동확산소화 용구	영업장 안의 구획된 실마다 설치할 것	

설치해야 할 소방시설의 종류	설치기준	특례기준
② 간이스프링클러설비	영업장에는 간이스프링클러설비를 「소방시설 설치 유지 및 안전관리에 관한 법률」 제9조제1항에 따른 화재안전기준에 따라 설치할 것	영업장의 구획된 실마다 간이스프링클러헤드 또는 스프링클러헤드가 설치된 경우에는 그 설비의 유효범위 부분에는 간이스프링클러설비를 설치하지 않을 수 있음
③ 유도등·유도표지 또는 비상조명등	영업장 안의 구획된 실마다 유도등·유도표지 또는 비상조명등 중 하나 이상을 「소방시설 설치 유지 및 안전관리에 관한 법률」 제9조제1항에 따른 화재안전기준에 따라 설치할 것	
④ 휴대용 비상조명등	영업장 안의 구획된 실마다 휴대용비상조명등을 「소방시설 설치 유지 및 안전관리에 관한 법률」 제9조제1항에 따른 화재안전기준에 따라 설치할 것	
⑤ 피난기구	영업장 안의 피난기구를 「소방시설 설치 유지 및 안전관리에 관한 법률」 제9조제1항에 따른 화재안전기준에 따라 설치할 것	
⑥ 비상벨 설비 또는 비상방송설비	영업장 안의 구획된 실마다 비상벨설비 또는 비상방송설비를 「소방시설 설치 유지 및 안전관리에 관한 법률」 제9조제1항에 따른 화재안전기준에 따라 설치할 것	

7) 하수처리시설

음식점 창업에 사용되는 점포에는 하수나 분뇨를 적절하게 처리할 수 있는 개인하수처리시설인 오수처리시설이나 정화조를 갖추어야 하고, 특히 정화조의 경우 해당 건물의 용도에 적합한 용량의 정화조가 갖추어져야만 영업의 허가 또는 신고가 가능하므로 사전에 창업업종과 관련하여 이를 확인한 후 계약을 체결해야 한다.

8) 음식물쓰레기 처리

해당 지방자치단체의 조례에서 정하는 일정 규모 이상의 휴게음식점 및 일반음식점 영업자는 해당 지방자치단체의 조례로 정하는 바에 따라 음식물류 폐기물의 배출 감량 계획 및 처리 실적 제출, 음식물류 폐기물의 발생량과 처리 실적 등의 기록·보존 등을 준수할 의무가 있다.

적용법	부과항목	부과금액		
		1차 위반	2차 위반	3차 위반
「폐기물 관리법」	1. 음식물류폐기물 배출방법을 위반한 경우(법 제15조 관련)			
	가. 음식물류폐기물을 구청장이 정한 전용봉투 또는 전용수거용기에 배출하지 아니한 경우	5	10	20
	나. 재활용할 수 없는 일반쓰레기와 혼합 배출하는 경우	5	10	20
	2. 음식물류폐기물 감량의무 사업장으로서 생활폐기물배출자에 해당하는 자가 음식물류폐기물 배출방법 등을 위반한 경우(법 제12조 관련)			
	가. 감량의무 사업장의 처리 및 배출방법에 따라 음식물류폐기물을 처리 또는 배출하지 아니한 경우	20	50	100
	나. 음식물류폐기물 감량의무이행 계획신고서(변경신고서 포함), 연간 음식물류폐기물 발생 및 처리실적 보고서를 제출하지 아니하거나 음식물류폐기물 관리대장을 기록 · 보존하지 아니한 경우	10	20	30
	3. 음식물류폐기물 보관시설 또는 용기의 설치, 개선 · 대체 기타 필요한 조치명령을 위반한 자(법 제12조 관련)	100	300	400

9) 「식품위생법」

「식품위생법」은 영업의 위생적 관리 및 질서유지와 국민보건위생의 증진을 위해 식당을 경영하는 영업자와 종업원이 지켜야 할 사항을 규정하고 있다. 자세한 사항은 「식품위생법 시행규칙」에 있는데, 그중 중요한 내용을 설명하자면 먼저 위해음식의 판매금지의무가 있다.

식당에서는 위해식품을 판매하거나 판매할 목적으로 채취, 제조, 수입, 가공, 사용, 조리, 저장 또는 운반하거나 진열해서는 안 된다.

여기서 위해음식이란 식품, 식품첨가물, 기구 또는 용기 · 포장에 존재하는 위험요소로서 인체의 건강을 해하거나 해할 우려가 있는 음식물을 말한다.

구체적으로 보면 썩었거나 상하였거나 설익은 것으로서, 인체의 건강을 해할 우려가 있는 것, 유독, 또는 유해물질이 들어 있거나 묻어 있는 것, 병원미생물에 의하여 오염되었거나 그 염려가 있어 인체의 건강을 해할 우려가 있는 것, 영업허가를 받지 않았거나 신고하지 않은 사람이 제조 또는 가공한 것, 안전성 평가의 대상에 해당하는 것으로서, 안전성 평가를 받지 않았거나 안전성 평가결과 식용으로 부적합한 것, 수입이 금지된 것이나 수입신고를 해야 하는데도 신고하지 않고 수입한 것 등이 여기에 해당된다. 위해음식을 판매하면 7년 이하의 징역이나 1억 원 이하의 벌금형을 받거나 징역형과 벌금형을 모두 받을 수도 있다.

또한 쇠고기, 쌀, 생선 등 농수산물을 판매할 때에는 그 원산지를 표시해야 한다.

이때 육류의 경우에는 축산물 판매업자가 발급한 육류의 원산지 등을 기재한 영수증 또는 거래명세서 등 원산지 증명서류를 육류 매입일부터 6개월 이상 보관해야 한다. 쌀이나 배추김치의 경우도 쌀, 배추김치 또는 배추의 원산지를 기재한 영수증 등 원산지 증명서류를 매입일부터 6개월 이상 보관해야 한다.

3. 음식점에 대한 행정처분

음식적 영업자가 「식품위생법」을 위반하면, 행정청은 해당 음식점의 영업을 취소하거나 일정한 기간 동안 영업을 정지하는 등의 행정처분을 하게 된다. 행정처분에는 시정명령, 영업정지명령, 허가의 취소명령, 영업소의 폐쇄명령 등이 있다.

허가취소명령은 허가를 받아 영업하는 영업자가 중대한 위반행위를 한 경우에 허가를 취소함으로써 영업하지 못하게 하는 것을 말한다.

영업정지명령은 영업자가 위반행위를 하는 경우 6개월 이내의 기간을 정하여 영업의 전부 또는 일부를 정지함으로써 그 기간 동안 영업을 못하게 하는 것을 말한다. 영업소의 폐쇄명령은 신고를 하고 영업을 하는 영업자가 위반행위를 하는 경우에 영업소 패쇄명령을 하고 신고대장을 말소하는 것을 말한다. 폐쇄명령을 받고도 계속 영업을 하면 영업소 폐쇄조치를 하게 된다. 영업소의 간판, 기타 영업표지물을 제거·삭제하고, 그 영업소가 적법한 영업소가 아님을 알리는 게시문을 부착하고 시설물, 기타 영업에 사용하는 기구 등을 사용할 수 없도록 봉인한다.

1) 행정심판의 청구대상 및 청구기간

식당을 하다가 행정처분을 받으면 영업에 치명적인 손실을 입게 된다. 만일 행정관청의 처분이 잘못된 것이라거나 행정처분의 사유는 인정하지만 행정처분의 정도가 너무 가혹하다고 생각하면 행정심판을 청구할 수 있다.

행정심판의 대상이 되는 행정처분은 시정명령, 폐기 등의 처분, 시설의 개수명령, 영업정

지명령, 허가의 취소명령, 영업소의 폐쇄명령 등이 있다. 다만 행정심판 청구는 처분이 있음을 안 날부터 90일 이내에 제기해야 하고, 어떠한 사정으로 처분이 있었음을 알지 못하였다 하더라도 처분이 있은 날부터 180일 이내에 청구해야 한다.

두 가지의 청구기간 중 어느 하나라도 기간이 지나면 당해 심판청구는 부적법한 심판청구가 된다.

행정심판과 별도의 권익구제수단으로는 행정소송이 있다.

행정처분을 받은 음식점영업자는 행정심판을 거치지 않고 곧바로 행정소송을 제기할 수도 있고 행정심판과 행정소송을 동시에 진행할 수도 있다.

2) 영업자지위승계신고

식당을 하다가 어떤 이유로든 주인이 바뀌게 될 때 창업 때와 같은 절차를 그대로 밟는 것은 불합리한 일이다. 그런 경우에는 영업자지위승계신고를 하면 된다. 식당을 매매한 때의 양수인, 영업자가 사망해서 상속받은 때의 상속인 등이 여기에 해당한다. 영업자의 지위를 승계한 사람은 1개월 이내에 식품의약품안전처장, 특별자치도지사, 시장·군수 또는 구청장에게 신고해야 한다. 1개월 이내에 신고를 하지 않으면 「식품위생법」에 의해서 처벌을 받게 된다. 따라서 부모님이 운영하시던 음식점을 물려받게 되면 1개월 이내에 영업자지위승계신고를 해야 한다.

3) 변경사항에 대한 허가·신고사항

일반음식점영업을 하다가 신고한 사항 중 영업자의 성명, 식당의 상호, 소재지 등 중요한 사항을 변경하려는 때에는 시장·군수·구청장에게 신고해야 한다. 이때 신고사항변경신고서를 작성한 후 영업신고증을 첨부해서 신고관청에 제출하면 된다. 이러한 변경신고를 하지 않으면 「식품위생법」에 따라 처벌을 받게 된다. 따라서 음식점을 운영하다가 상호를 바꾸고 싶은 경우에는 반드시 신고를 해야 한다.

4. 모범음식점의 선정기준

위생등급기준에 따라 위생관리상태 등이 우수한 일반음식점은 식품의약품안전처장 또는 시장 · 군수 · 구청장으로부터 모범업소로 지정받을 수 있다.

모범업소로 지정되면 위생검사면제, 융자지원 등 각종 지원을 받게 된다.

모범업소의 지정기준은 「식품위생법시행규칙」에 정해져 있는데 주요한 내용은 다음과 같다.

- 청결을 유지할 수 있는 환경을 갖추고 내구력이 있는 건물이어야 한다.
- 마시기에 적합한 물이 공급되며, 배수가 잘 되어야 한다.
- 주방은 공개되어야 한다.
- 식기 등을 소독할 수 있는 설비가 있어야 한다.
- 화장실에는 1회용 위생종이 또는 에어타월이 비치되어 있어야 한다.
- 종업원은 청결한 위생복을 입고 있어야 한다.
- 친절하고 예의바른 태도를 가져야 한다.
- 1회용 물컵 등 1회용품을 사용하지 않아야 한다.

모범음식점으로 지정받고자 하는 식당의 영업자는 '모범업소 지정 및 운영 관리지침'에 정해진 모범음식점지정신청서를 작성해서 해당 시장 · 군수 · 구청장에게 제출한다.

참고문헌

- 김기영, 호텔주방의 시설배치관리시스템 모델개발에 관한 연구, 경기대학교 대학원 박사학위논문, 1995.
- 김기영 외, 식음료 서비스실무론, 대왕사, 2000.
- 김기영 외, 외식산업관리론, 현학사, 2003.
- 김기영 외 2인, 외식산업관리론, 현학사, 2003.
- 김은하, Changing Korean 리포트, 대홍기획, 2003.
- 나정기, 메뉴관리론, 백산출판사, 2004.
- 대홍기획 마케팅컨설팅그룹, 소비의 심리학, 2003.
- 롯데호텔, 조리업무, 1990.
- 문숙재·여운경 공저, 소비자트렌드 21세기, 시그마프레스, 2001.
- 박경수, 인간공학, 영지문화사, 1992.
- 박기용, 외식산업경영학, 대왕사, 2004.
- 배병렬, 고객가치창조, 도서출판 석정, 1997.
- 삼성경제연구소, CEO infomation 352호, 370호, 2002.
- 서성한, 소비자 행동의 이해, 박영사, 2000.
- 식품산업과 영양, 2000년 5월호.
- 신재영 외, 식음료서비스관리론, 대왕사, 2001.
- 신재영 외, 호텔·레스토랑 식음료 서비스 관리론, 대왕사, 2001.
- 원융희, 현대 호텔식당 경영론, 대왕사, 1993.
- 윤태환 외, 주방경영론, 백산출판사, 2005.
- 윤태환 외, 최신호텔외식실무, 백산출판사, 2005.
- 이상도·정충희, 인간계측에 의한 표준 작업영역에 관한 연구, 대한산업공학학회지, 제2권 1호, 1976.
- 이순용, 생산관리론, 법문사, 1988.
- 이학식·안광호·하영온 공저, 소비자행동—마케팅 전략적 접근, 지문사, 2002.
- 이호진 외 2인, 인간척도와 실내공간계획, 대건사, 1995.
- 장병만, 설비계획, 경문사, 1991.
- 최주락 외, 메뉴기획관리론, 백산출판사, 2001.

• 한국관리기술원, 작업방법설계와 작업측정, 창지사, 1987.

• 한삭명, 주방시설관리론, 석학당, 2008.

• 홍기운, 최신외식산업개론, 대왕사, 2003.

• 황춘기 외, 주방관리론, 지구문화사, 2011.

• 飯野香, 廚房設備の設計と積算, 麗島出會, 1977.

• 中村年子 外 7人, 給食管理, 中央法規, 1991.

• Archie Kaplan, "Designing for Man in Motion," AIA Journal, November 1971.

• Barnes, R., Motion and Time Study(6th ed.), John Wiley & Sons Inc., 1983.

• Crack, M., & Renolds, F. D., "An inadept profile of the department store shopper," Journal of Retailing, 54(2), 1978.

• David V. Pavesic, "Psychological aspects of menu pricing," International Journal of Hospitality Management, Vol. 8, No. 1, 1989.

• Donald E. Lundberg, The Hotel & Restaurant Business(6th ed.), N.Y. : VNR, 1994.

• Edward D. Engoron, and James H. Myers, "Benefit Structure Analysis Methodology", Proceeding, Annual Chain Operations Exchange, 1987.

• Grandjean, E., Fitting the Task to the Man, Taylor & Francis, 1981.

• Gril Bellamy, "Menus That Sell," Restaurant Hospitality, March 1992.

• Hart, Christoper W. L., and Gregory D. Casserly, "Quality: A Brand−New Time−Tested Strategy", The Cornell H.R.A. Quarterly, Vol. 26, 1985.

• Hirschman, E. C., "Difference in Consumer Purchase Behavior by Credit Card Payment System," Journal of Consumer Research(6), 1980.

• Jack D. Ninemeier, Management of Food and Beverage Operation, AH & MA, 1995.

• Jack D. Ninemeier, Principles of Food and Beverage Operations, AH & MA, p. 115.

• James Keiser, "Cost Control in Foodservice," VAR's Encyclopedia of Hospitality Management, Vol. 5, No. 4, 1986.

• John C. Birchfield, Foodservice Operations Manual, USA, 1979.

• Kate Drew, "Menu−spolied for Choice," International Journal of Hospitality Management, N.Y. : NCR, 1988, p. 71.

• Lee M. Kreul, "Magic Numbers : Psychological Aspects of Menu Pricing," The Cornell H.R.A. Quarterly, Vol. 31, No. 2, 1982.

• Leslie John, & J. R. Ritch, "Services Attribute and Situational Effects on Consumer Preference for Restaurant Dining," Journal of Travel Research, Fall 1987.

참고문헌

- Mahmood A. Khan, Concepts of Foodservice Operations and Management, 2nd ed., VNR, 1991, p. 41.
- Mahmood A. Khan, VNR's Encyclopedia of Hospitality and Tourism, VNR, 1993, p. 89.
- Panero, J., and M. Zelnik, "Human Dimensions and Interior Space," The Whitney Library of Design, Watson—Guptill Publications, 1979.
- Philip Kotler, John Bowen, and James Makens, Marketing for Hospitality and Tourism(2nd ed.), Prentice—Hall, 1999.
- Shore, R. H., and J. A. Tompkins, "Flexible Facilities Design," AIIE Transactions, Vol. 12, No. 2, June 1980.
- Tichauer, E., "Industrial Engineering in the Rehabilitation of the Handicapped," Proceedings of the 18th Annual Institute Conference and Convention, American Institute of Industrial Engineers, 1976.
- Wayne Gisslen, Professional Cooking(second edition), John Wiley & Sons, Inc., 1989.
- www.burgerking.co.kr
- www.images.google.co.kr
- www.meetings.grandhyattseoul.co.kr
- www.mkclub.com

■ 저자 소개 ————————————————————————————————

김 기 영

현) 경기대학교 관광대학 외식조리학과 교수
한국조리학회 명예회장
한국조리사중앙회 이사
한국외식연감 편찬위원장
경기대학교 대학원(경영학 박사)
영국 Surrey대학 교환교수
혜전전문대학 호텔조리과 교수
CIA(al), I.C.I.F(이탈리아), Le Cordon Bleu(프) 외 다수 국가 조리연수

전 효 진

현) 전주대학교 문화관광대학 외식산업학과 교수
경기대학교 일반대학원 외식조리관리학과(박사)
경기대학교 일반대학원 외식조리관리학과(석사)
경기대학교 외식조리학과(학사)
한국외식연감 편찬위원
사)한국외식경영학회 이사
경희대학교/동서울대학/전주기전대학 등 강사 및 겸임교수

저자와의
합의하에
인지첩부
생략

호텔·외식산업
주방관리실무론

2014년 9월 10일 초 판 1쇄 발행
2021년 3월 10일 개정판 4쇄 발행

지은이 김기영 · 전효진
펴낸이 진욱상
펴낸곳 백산출판사
교 정 편집부
본문디자인 편집부
표지디자인 오정은

등 록 1974년 1월 9일 제406-1974-000001호
주 소 경기도 파주시 회동길 370(백산빌딩 3층)
전 화 02-914-1621(代)
팩 스 031-955-9911
이메일 edit@ibaeksan.kr
홈페이지 www.ibaeksan.kr

ISBN 978-89-6183-554-1 93590
값 18,000원